DEUTSCHE AKADEMIE DER WISSENSCHAFTEN
ZU BERLIN

Forschungsgemeinschaft der naturwissenschaftlichen, technischen
und medizinischen Institute

ÜBER WISSENSCHAFTLICHE GRUNDLAGEN DER MODERNEN TECHNIK

Herausgegeben von

HERMANN KLARE · HANS FRÜHAUF · HANS GUMMEL · EBERHARD LEIBNITZ
ROBERT ROMPE · KURT SCHRÖDER · ERICH THILO

REIHE A: TAGUNGEN

BAND VII

METALLISCHE SPEZIALWERKSTOFFE

AKADEMIE-VERLAG · BERLIN
1963

METALLISCHE SPEZIALWERKSTOFFE

Vorträge, gehalten auf dem internationalen Kolloquium für metallische Spezialwerkstoffe des Forschungsinstituts der Deutschen Akademie der Wissenschaften zu Berlin aus Anlaß seines 10jährigen Bestehens am 22. und 23. November 1962 in Dresden

Mit 125 Abbildungen und 8 Tabellen

AKADEMIE-VERLAG · BERLIN
1963

Redaktion:

Abteilung Presse und Berichtswesen
der Deutschen Akademie der Wissenschaften zu Berlin

Erschienen im Akademie-Verlag GmbH, Berlin W 8, Leipziger Straße 3—4

Lizenznummer: 202 · 100/469/63
Gesamtherstellung: VEB Druckerei „Thomas Müntzer" Bad Langensalza
Bestellnummer: 2104/A/7/63 · ES 20 F 9 · Preis: DM 38,—

INHALTSVERZEICHNIS

Akademiemitglied Prof. Dr. Dr.-Ing. Friedrich Eisenkolb

Direktor des Forschungsinstituts für metallische Spezialwerkstoffe der Deutschen Akademie der Wissenschaften zu Berlin
Direktor des Instituts für Werkstoffkunde der Technischen Universität Dresden

BEGRÜSSUNG UND ERÖFFNUNG DER KONFERENZ „METALLISCHE SPEZIALWERKSTOFFE“

Meine sehr geehrten Damen und Herren,

hochverehrte Gäste,

liebe Kolleginnen und Kollegen!

Es ist mir eine große Ehre, Sie zu unserem wissenschaftlichen Kolloquium, das wir anläßlich des zehnjährigen Bestehens unseres Instituts veranstalten, in so großer Zahl begrüßen zu können. Als wir uns entschlossen, diese Veranstaltung durchzuführen, hatten wir nur mit einer begrenzten Teilnehmerzahl gerechnet, die sich vor allem aus den Kreisen einfinden würde, mit denen uns seit Jahren gemeinsame Arbeit verbindet. Unsere Vorbereitungen sollten deshalb in einem verhältnismäßig bescheidenen Rahmen gehalten werden. Zu unserer angenehmen Überraschung konnten wir aber bald, nachdem unser Beschluß zur Abhaltung einer wissenschaftlichen Konferenz bekannt wurde, feststellen, daß für die metallischen Sonderwerkstoffe ein außerordentlich großes Interesse besteht. Wir bedauern es deshalb aufrichtig, daß wir unter den gegebenen räumlichen Verhältnissen nicht alle Wünsche nach Einladungen berücksichtigen konnten, die an uns herangetragen worden sind. Wir haben aber von der Deutschen Akademie der Wissenschaften zu Berlin die Zusage erhalten, daß die auf unserem Kolloquium gehaltenen Vorträge und Diskussionsbeiträge als Band VII der Schriftenreihe „Über wissenschaftliche Grundlagen der modernen Technik“ im Akademie-Verlag, Berlin, veröffentlicht werden, so daß wir den Interessenten, die heute nicht unter uns sind, eine Information über unsere Tätigkeit geben können.

Gestatten Sie mir nun, daß ich Sie alle, die Sie hier erschienen sind, auf das herzlichste willkommen heiße!

Mein besonderer Gruß gilt dem Vertreter des Staatssekretärs für Forschung und Technik, Herrn Dr. K. Förster, dem wir für seine vielmals bewiesene Unterstützung unserer Tätigkeit zu großem Dank verpflichtet sind. Unter unseren Gästen befinden sich der Vorsitzende der Sektion für Maschinenbau der Deutschen Akademie der Wissenschaften zu Berlin, Akademiemitglied Prof. A. Jante, und der Vorsitzende der Unterkommission für Metallphysik der Sektion für Physik der Deutschen Akademie der Wissenschaften zu Berlin, Herr Prof. Dr. G. E. R. Schulze, Mitglied der Sächsischen Akademie der Wissenschaften zu Leipzig, denen ich für ihr Erscheinen und das damit unserem Institut bekundete Interesse vielmals danke. Wir fühlen uns sehr geehrt dadurch, daß das Mitglied des Forschungsrats der Deutschen Demokratischen Republik, Direktor des Forschungsinstituts für Nichteisenmetalle in Freiberg/Sa., Herr Prof. Dr. W. LANGE, und der Leiter des Zentralen Arbeitskreises für Forschung und Technik Pulvermetallurgie beim Forschungsrat der Deutschen Demokratischen Republik, Herr Prof. Dr. C. AGTE an unserer Tagung teilnehmen. Ich begrüße Sie auf das herzlichste und danke Ihnen für Ihr Erscheinen.

Eine stattliche Zahl von Gästen aus dem Ausland und aus der Deutschen Bundesrepublik ist unserer Einladung gefolgt. Mit großer Herzlichkeit begrüße ich die starke Delegation aus der Tschechoslowakischen Sozialistischen Republik mit Akademiker Prof. Dr. F. PÍŠEK, dem korrespondierenden Mitglied der Tschechoslowakischen Akademie der Wissenschaften Prof. Dr. P. RYŠ, Herrn Prof. Dr. J. KUBELÍK und dem Vertreter des Ministeriums für Schwermaschinenbau der ČSSR, Herrn Ing. Č. VÁŠA. Ich begrüße unsere Gäste aus der Volksrepublik Polen, unter ihnen das korrespondierende Mitglied der Polnischen Akademie der Wissenschaften Prof. Dr. A. SMOLIŃSKI aus Warschau und Herrn Dozent Dr. W. RUTKOWSKI aus Kraków. Ich begrüße unsere ungarischen Freunde, unter denen sich das ordentliche Mitglied der Ungarischen Akademie der Wissenschaften, Direktor des Eisen-Forschungsinstituts in Budapest, Prof. Dr. J. VERÖ befindet. Ich begrüße weiter das Mitglied der Akademie der Rumänischen Volksrepublik, Rektor der Technischen Hochschule in Cluj, Prof. Ing. A. DOMŞA, der uns seit vielen Jahren als hervorragender Fachmann der Pulvermetallurgie bekannt ist und jetzt zum erstenmal in die Deutsche Demokratische Republik kam. Eine ganz besondere Freude ist es mir, zwei Gäste aus der Deutschen Bundesrepublik begrüßen zu dürfen. Es sind dies die Herren Dr. A. SIXTUS, Abteilungsleiter der Forschungsanstalt der Allgemeinen Elektrizitäts-Gesellschaft in Frankfurt/Main, und Dr. W. JELLINGHAUS, Abteilungsleiter im Max-Planck-Institut für Eisenforschung in Düsseldorf. Die seit vielen Jahren mit ihnen bestehenden freundschaftlichen Beziehungen auf dem Gebiet der metallischen Sonderwerkstoffe finden ihren Ausdruck und ihre Fortsetzung darin, daß sie an unserer Zehnjahrfeier teilnehmen. Ich begrüße weiter den Wissenschaftlichen Sekretär der Forschungsgemeinschaft der naturwissenschaftlichen, technischen und medizinischen Institute der Deutschen Akademie der Wissenschaften zu Berlin, der unser Institut angehört, Herrn Dr. H. WITTBRODT. Wir freuen uns sehr darüber, daß er es trotz starker Inanspruchnahme einrichten konnte, zu uns zu kommen. Ich begrüße ferner den Vertreter des Stadtbezirks Dresden Süd, in dem unser Institut liegt, Herrn Dipl.-Ing. R. DRESSEL, sowie die Vertreter der Sozialistischen Einheitspartei Deutschlands und der Gewerkschaft.

Leider war es einer Reihe von Persönlichkeiten, die wir sehr gern bei uns gesehen hätten, nicht möglich zu kommen. Der Präsident der Deutschen Akademie der Wissenschaften zu Berlin, Herr Prof. Dr. W. HARTKE, mußte infolge Erkrankung in letzter Minute absagen. Er hat mich gebeten, Ihnen seine besten Grüße zu übermitteln, und wünscht der Konferenz einen erfolgreichen Verlauf. Der Vorsitzende des Forschungsrats und Mitglied des Staatsrats der Deutschen Demokratischen Republik Herr Prof. Dr. P. A. THIESSEN, dessen unmittelbares Interesse an den metallischen Sonderwerkstoffen uns allen wohlbekannt ist, hat uns wie folgt geschrieben: „Ich darf Ihrer wichtigen Veranstaltung vollen Erfolg wünschen und bin überzeugt, daß Sie und Ihr Mitarbeiterstab auch im nächsten Jahrzehnt große Erfolge in Ihrer wissenschaftlichen Arbeit erzielen werden."

Die besten Grüße und Wünsche sind uns vom Vorsitzenden des Vorstandes der Forschungsgemeinschaft der naturwissenschaftlichen, technischen und medizinischen Institute der Deutschen Akademie der Wissenschaften zu Berlin, Herrn Prof. Dr. H. Klare, zugegangen, der leider verhindert ist, zu kommen, da zum gleichen Zeitpunkt eine andere, ihn unmittelbar betreffende wissenschaftliche Tagung stattfindet. Sehr bedauern wir es, daß es Herrn Prof. Dr. F. Sauerwald, Halle, nicht möglich war, zu uns zu kommen. Er hat seinem Glückwunsch zu unserem zehnjährigen Bestehen dadurch persönlichen Ausdruck verliehen, daß er uns eine auf pulvermetallurgischem Wege in seinem Institut erstmalig hergestellte Plakette überreichte. Herr Prof. Dr. F. Sauerwald hat uns damit eine große Freude bereitet, und ich danke ihm von dieser Stelle aus herzlich dafür. Wir wissen es sehr zu schätzen, daß Herr Prof. Dr. F. Sauerwald, der an der Schaffung der wissenschaftlichen Grundlagen der Pulvermetallurgie so hervorragenden Anteil hat, uns in dieser Weise auszeichnet.

Zahlreich sind die Grußadressen, die uns aus dem Ausland zugegangen sind. Besonders herzlich sind die Glückwunschschreiben des Sekretärs der Klasse für technische Wissenschaften der Ukrainischen Akademie der Wissenschaften in Kiew und deren korrespondierenden Mitglieds, Prof. Dr. Samsonow, und des Mitglieds der Ukrainischen Akademie der Wissenschaften und Direktors des Forschungsinstituts für Metallkeramik und Speziallegierungen, Prof. Dr. Franzewitsch, über die wir uns sehr gefreut haben.

Wir werden versuchen, Ihnen heute und morgen einen Überblick über unsere Tätigkeit zu geben. Unserem Programm konnten Sie entnehmen, daß zunächst von seiten der Institutsdirektion in zwei Übersichtsvorträgen über den Aufbau des Instituts und die Arbeit in seinen zwei Bereichen berichtet wird. Es schließen sich Fachvorträge über eine Reihe von uns bearbeiteter Themen an, wobei auch jüngere Mitarbeiter des Instituts zu Wort kommen sollen. Diese Vorträge können nur eine Auswahl sein, wir hoffen aber, sie so getroffen zu haben, daß sie unsere Tätigkeit kennzeichnen. Schließlich soll im letzten Teil der Konferenz eine Aussprache erfolgen, der wir nützliche Anregungen für unsere weitere Arbeit zu entnehmen hoffen.

Während der Tagung ist Gelegenheit gegeben, das Institut zu besichtigen.

Gestatten Sie mir, meine Damen und Herren, auch Worte des Dankes an unsere Regierung zu richten. Der Beschluß unserer Regierung, ein Forschungsinstitut zu errichten, das zur Erforschung und Entwicklung von metallischen Spezialwerkstoffen bestimmt ist, geht auf die Erkenntnis der großen Bedeutung dieser Werkstoffe zurück. Metallische Spezialwerkstoffe werden zwar mitunter nur in sehr kleinen Mengen benötigt, sie sind aber für die Industrie unentbehrlich, und von ihrer Qualität hängen oft ganz erhebliche Werte ab. Ihre Entwicklung ist zweckmäßigerweise von der Forschung auf dem Gebiet der metallischen Massenwerkstoffe getrennt durchzuführen. Unsere Regierung hat deshalb ausreichende Mittel bereitgestellt, um auf diesem Sondergebiet erfolgreiche Arbeit zu gewährleisten, die dem wissenschaftlichen Fortschritt im allgemeinen und unserer Volkswirtschaft im besonderen zugute kommt. Alle Mitarbeiter unseres Instituts sind der Regierung der Deutschen Demokratischen Republik für die großzügige Förderung zu großem Dank verpflichtet. Sie können diesen Dank am besten dadurch zum Ausdruck bringen, daß sie alle ihre Kräfte dafür einsetzen, neue Erfolge für die Zukunft zu erreichen, unsere Produktion wirksam zu unterstützen und damit beizutragen, das Ansehen unserer Republik zu stärken.

Indem ich Sie nochmals auf das herzlichste begrüße und Ihnen dafür danke, daß Sie zu uns nach Dresden gekommen sind, möchte ich hiermit unsere wissenschaftliche Konferenz offiziell eröffnen.

Grüße der Gäste

Nach den Begrüßungs- und Eröffnungsworten von Akademiemitglied Prof. Dr. Dr.-Ing. Friedrich Eisenkolb entboten die Gäste der Tagung ihre persönlichen Grüße und die der von ihnen vertretenen Institutionen:

Dr. H. Wittbrodt im Auftrage des Vorstandes der Forschungsgemeinschaft der naturwissenschaftlichen, technischen und medizinischen Institute der Deutschen Akademie der Wissenschaften zu Berlin; Akademiemitglied Prof. Dr. F. Píšek als Vertreter der Tschechoslowakischen Akademie der Wissenschaften; Akademiemitglied Prof. Dr. J. Verö als Vertreter der Ungarischen Akademie der Wissenschaften und Direktor des Eisen-Forschungsinstituts in Budapest; Akademiemitglied Prof. Ing. A. Domşa als Vertreter der Akademie der Rumänischen Volksrepublik und der Technischen Hochschule in Cluj; Dozent Dr. W. Rutkowski als Vertreter der Berg- und Hütten-Akademie in Kraków; Prof. Dr. C. Agte als Leiter des Zentralen Arbeitskreises für Forschung und Technik Pulvermetallurgie beim Forschungsrat der Deutschen Demokratischen Republik; Prof. Dr. W. Lange als Vertreter der Gruppe Hüttenwesen des Forschungsrats der Deutschen Demokratischen Republik und Direktor des Forschungsinstituts für Nichteisenmetalle in Freiberg/Sa.

Akademiemitglied Prof. Dr. Dr.-Ing. FRIEDRICH EISENKOLB

Direktor des Forschungsinstituts für metallische Spezialwerkstoffe der Deutschen Akademie der Wissenschaften zu Berlin
Direktor des Instituts für Werkstoffkunde der Technischen Universität Dresden

DER AUFBAU DES FORSCHUNGSINSTITUTS FÜR METALLISCHE SPEZIALWERKSTOFFE UND DIE ARBEIT IM BEREICH PULVERMETALLURGIE

Bereits im Jahre 1950 fanden im damaligen Zentralamt für Forschung und Technik der Staatlichen Plankommission der Deutschen Demokratischen Republik Besprechungen statt, die zum Ziel hatten, die Entwicklung von metallischen Sonderwerkstoffen aufzunehmen. Besonderes Interesse galt den pulvermetallurgischen Werkstoffen und den Werkstoffen mit besonderen physikalischen Eigenschaften. Ursprünglich bestand die Absicht, für beide Werkstoffgruppen getrennte Forschungsstätten zu schaffen. Während der Beratungen zeigte es sich aber, daß bei der Entwicklung dieser hochwertigen Werkstoffe viel Gemeinsames vorliegt, denn zahlreiche metallische Werkstoffe mit besonderen physikalischen Eigenschaften kann man pulvermetallurgisch gewinnen. Man entschloß sich deshalb, unserer Regierung den Vorschlag zur Gründung eines für beide Bereiche zuständigen Instituts zu unterbreiten. Die Anregung, auch noch einen dritten Bereich anzuschließen, der sich mit der Oberflächenbehandlung metallischer Werkstoffe zu beschäftigen habe, konnte dagegen nicht aufgegriffen werden, da der Umfang des neuen Instituts zu groß und seine Tätigkeit zu heterogen geworden wäre. Im Auftrag des Zentralamts wurde bald mit der Projektierung begonnen, und die ersten Mitarbeiter wurden eingestellt. Sie wurden zunächst in Räumen des Instituts für Werkstoffkunde der damaligen Technischen Hochschule Dresden untergebracht und nahmen dort ihre Forschungstätigkeit auf.

Die offizielle Gründung des Instituts erfolgte im Jahre 1952, wobei bereits sein heutiger Name festgelegt wurde. Während des Aufbaus war das Institut Industrieministerien unterstellt, bis es schließlich im Jahre 1958 der Forschungsgemeinschaft der naturwissenschaftlichen, technischen und medizinischen Institute der Deutschen Akademie der Wissenschaften zu Berlin angeschlossen wurde. Kurz nach seiner Gründung erhielt das Institut sein eigenes Statut, das bis zur Übernahme in die Deutsche Akademie der Wissenschaften zu Berlin in Kraft blieb und dann von einer im Inhalt ähnlichen Institutsordnung abgelöst wurde.

Die Aufgabenstellung lautet:

Das Forschungsinstitut führt technisch-wissenschaftliche Forschungs- und Entwicklungsarbeiten auf dem Gebiet der metallischen Spezialwerkstoffe in Übereinstimmung mit den staatlichen Plänen der Deutschen Demokratischen Republik durch. Dazu gehören vor allem die Forschung und Entwicklung in der Herstellung und Anwendung pulvermetallurgisch erzeugter Werkstoffe sowie metallischer Werkstoffe mit besonderen physikalischen Eigenschaften, die Auswertung der

Laboratoriumsergebnisse im betriebsmäßigen Versuch, die Mitarbeit bei Standardisierungsarbeiten für die oben erwähnten Werkstoffe, die Beratung der staatlichen Organe und der Betriebe bei der Überleitung von Arbeitsergebnissen des Forschungsinstituts in die Praxis und die systematische Auswertung der Fachliteratur.

Das Institut befindet sich in unmittelbarer Nähe der Technischen Universität Dresden, so daß schon aus der gegebenen Lage eine enge Zusammenarbeit mit dieser gewährleistet ist. Die Pläne für das Institutsgebäude wurden vom Ent-

Abb. 1a. Ansicht des Instituts

wurfsbüro der damaligen Technischen Hochschule Dresden unter der Leitung von Prof. Dr. W. Henn ausgearbeitet. Der weitere Ausbau geschah unter Leitung von Prof. Dipl.-Ing. F. Schaarschmidt. Der Bau erfolgte in drei Abschnitten. Zuerst wurde eine Werkhalle errichtet, die vor allem die technologischen Einrichtungen und Werkstätten aufnehmen sollte. Die Mehrzahl der wissenschaftlichen Mitarbeiter war zu dieser Zeit noch im Institut für Werkstoffkunde der damaligen Technischen Hochschule untergebracht, der für dieses Entgegenkommen besonderer Dank gebührt. Mit der Errichtung des Hauptgebäudes begann 1952 der zweite Abschnitt. Dieses Gebäude beherbergt die meisten wissenschaftlichen Laboratorien, das Konstruktionsbüro, die Verwaltungsräume und die Bibliothek. Schließlich folgte 1956 der dritte Abschnitt mit einem Erweiterungsbau, der für die Durchführung größerer Versuche unbedingt benötigt wurde. Das Baugeschehen war 1961 im wesentlichen abgeschlossen. Für die nächste Zeit sind nur im Zusammenhang mit der Erfüllung der Forschungspläne notwendig werdende bauliche Maßnahmen kleineren Umfangs vorgesehen. Das Institut besitzt zur Zeit eine nutzbare Fläche von 7935 m². Davon entfallen 5006 m² auf den wissenschaftlichen Bereich, 1245 m² auf die Betriebstechnik, 947 m² auf die Verwaltung und 737 m² auf die Verkehrsflächen.

Die Dringlichkeit der Entwicklung von metallischen Sonderwerkstoffen machte es erforderlich, noch während des Baus mit einer beschränkten Zahl von Mitar-

Abb. 1b. Große Halle mit den Metallpulverpressen

beitern und mit Unterstützung der Technischen Hochschule Dresden die Forschungsarbeiten aufzunehmen. Sie wurden, sobald sich das ermöglichen ließ, in den eigenen Institutsräumen fortgesetzt.

Das Institut beschäftigte zu Beginn des Jahres 1962 insgesamt 251 Mitarbeiter, davon 34 Wissenschaftler. Die Entwicklung der Belegschaft in den letzten 10 Jahren sei durch ein Diagramm (Abb. 2) veranschaulicht. Ihm ist zu entnehmen, daß vor allem die Zahl der wissenschaftlichen Mitarbeiter — der Physiker, Chemiker, Metallurgen und Werkstoffkundler — und die Zahl der sie unterstützenden Fachkräfte rasch anstieg, während die Stärke der Verwaltung und die Zahl der Hilfskräfte, wenn man von den beiden ersten Jahren absieht, nahezu gleich blieben. Eine Vergrößerung der Belegschaft ist nicht geplant.

Die Struktur des Instituts ist aus Abbildung 3 ersichtlich. Die wissenschaftliche Tätigkeit des Instituts wird im wesentlichen in den Bereichen Pulvermetallurgie

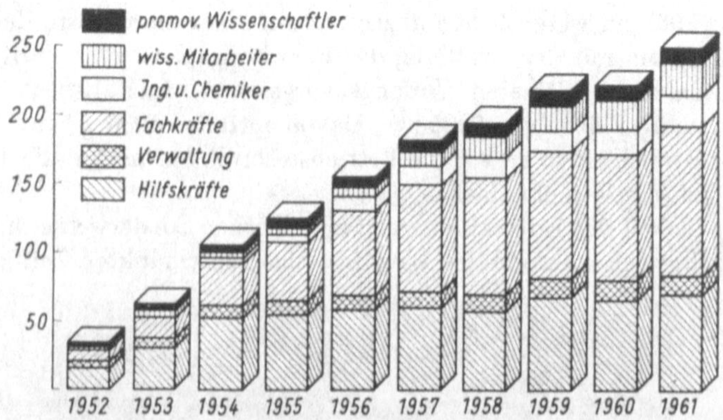

Abb. 2. Entwicklung der Belegschaft des Forschungsinstituts für metallische Spezialwerkstoffe 1952 bis 1961

und physikalische Sonderwerkstoffe durchgeführt. Aber auch in den drei der Direktion unmittelbar unterstehenden Abteilungen für Metallographie, analytische Chemie und Werkstoffprüfung wird selbständige Forschungs- und Entwicklungsarbeit geleistet, obwohl diese Abteilungen hauptsächlich für die Unterstützung der genannten beiden Bereiche vorgesehen sind. Insgesamt bestehen 30 wissenschaftliche Arbeitskollektive.

Die Unterteilung der Bereiche in eine wissenschaftliche und eine technologische Abteilung hat sich als sehr zweckmäßig erwiesen. In der Mehrzahl der Fälle befaßt sich die wissenschaftliche Abteilung zunächst mit den Grundlagen für die Entwicklung oder Nachentwicklung eines metallischen Sonderwerkstoffs. Danach folgen die Versuche in den technologischen Abteilungen. Dort werden die günstigsten Herstellungsbedingungen ermittelt. Sie führen dann zur Aufstellung der Arbeitsvorschrift für die Anwendung in der Industrie. Die Grundlagenforschung ist eine sehr wesentliche Aufgabe des Instituts; dieselbe Bedeutung wird aber auch der wirtschaftlichen Anwendung der entwickelten Werkstoffe beigemessen. Dar-

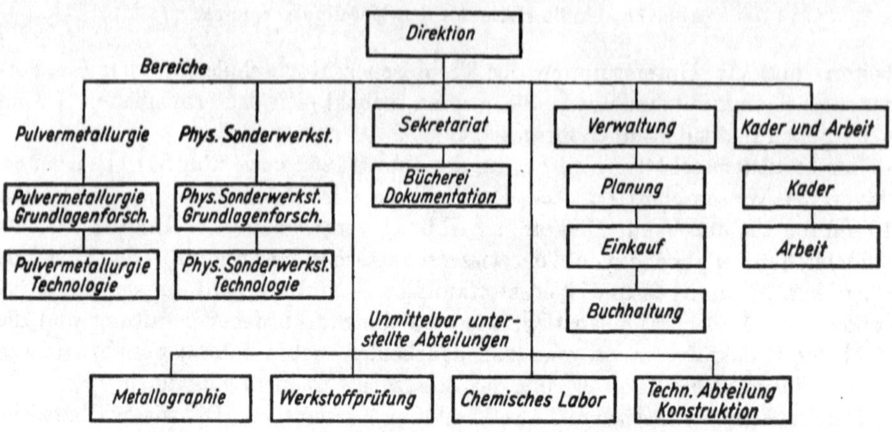

Abb. 3. Strukturplan des Forschungsinstituts für metallische Spezialwerkstoffe

aus ergibt sich von vornherein eine sehr enge Zusammenarbeit mit Betrieben und anderen artverwandten Instituten sowie eine sehr aktive Beteiligung von Mitarbeitern des Instituts in den wissenschaftlichen und wirtschaftlichen Gremien unserer Republik. Die vom Institut entwickelten oder verbesserten metallischen Sonderwerkstoffe werden in erster Linie vom Maschinenbau und von der Elektrotechnik benötigt. Aber auch die chemische Großindustrie und die Kerntechnik sind an den Arbeitsergebnissen des Instituts stark interessiert, da zum Bau der benutzten Maschinen und Apparate metallische Sonderwerkstoffe verwendet werden. Es sei hervorgehoben, daß metallische Spezialwerkstoffe außer einer bestimmten chemischen Zusammensetzung einen besonderen Zustand besitzen müssen, durch den sie erst die verlangten Gütewerte erhalten. Die dazu erforderliche Bearbeitung wird auf den zahlreichen Einrichtungen durchgeführt, die in den technologischen Abteilungen der beiden Bereiche sowie in der leistungsfähigen Werkstatt zur Verfügung stehen.

Auf eine für ein Forschungsinstitut besonders wichtige Einrichtung möchte ich noch hinweisen. Es ist unsere Bibliothek, die wir im Laufe der Jahre aufgebaut haben. Wir verfügen heute über 2200 Bücher, deren Inhalt vorwiegend unsere engeren Fachgebiete betrifft. Dazu kommen noch 620 Zeitschriftenbände. Wir beziehen eine ansehnliche Zahl von Fachzeitschriften, die in unserem Lesesaal ausliegen und von allen Wissenschaftlern eingesehen werden können. Fast die Hälfte davon sind westdeutsche und ausländische Fachzeitschriften. Darüber hinaus haben unsere Mitarbeiter noch die Möglichkeit, die Bibliothek der Technischen Universität Dresden für ihre Arbeiten zu benutzen, wie auch umgekehrt den Wissenschaftlern der Technischen Universität unsere Bücherei zur Verfügung steht.

Das Institut arbeitet nun seit zehn Jahren. Eine Fülle von Forschungsthemen wurde in diesem Zeitraum behandelt und auch abgeschlossen. Ein Diagramm (Abb. 4) gibt darüber Auskunft. Bis zum Jahre 1956 stiegen die Aufträge kontinuierlich an. Mit dem Jahr 1957 kam es scheinbar zu einem Rückgang im Arbeitsumfang. Das war jedoch keineswegs der Fall. Zu diesem Zeitpunkt war man dazu

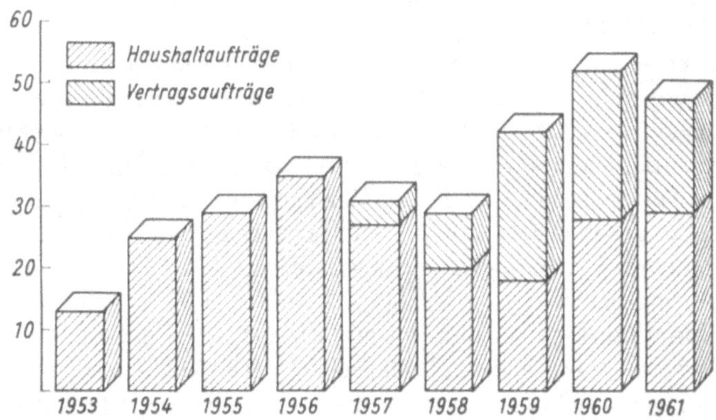

Abb. 4. Entwicklung der Forschungsarbeit des Forschungsinstituts für metallische Spezialwerkstoffe 1953 bis 1961

übergegangen, die Forschungstätigkeit zu größeren Komplexen zusammenzufassen und Vereinbarungen mit anderen Institutionen zu treffen, denen von der Regierung bestimmte Aufgaben zugewiesen worden waren, die diese aber nicht allein, sondern nur mit Hilfe des Forschungsinstituts lösen konnten. Diese Aufgaben nahmen einen wesentlichen Teil der Institutskapazität in Anspruch, insbesondere in den Jahren 1959 bis 1961, in denen zeitweise mehr als die Hälfte der bearbeiteten Themen auf die Vertragsforschung entfiel. Nach Erledigung dieser Aufgaben sowie bedingt durch bestimmte Maßnahmen in der Umgestaltung unserer Wirtschaft ist neuerdings die Vertragsforschung gegenüber der Forschungstätigkeit, die das Institut als unmittelbare vom Forschungsrat bestätigte Aufgaben ausführt, zurückgetreten. Ich bitte zu beachten, daß in dem Diagramm nur die Zahl der Aufträge ausgewertet wurde — ohne Rücksicht auf die dafür aufgewendeten Mittel.

Für den Umfang der wissenschaftlichen Tätigkeit möge auch die Zahl der Veröffentlichungen in anerkannten Fachzeitschriften des In- und Auslands Zeugnis ablegen. Insgesamt wurden in den zehn Jahren seit Bestehen des Instituts 120 Arbeiten veröffentlicht; dazu kommen noch 14 Buchbeiträge. In dieser Zahl sind noch nicht die 12 größeren Beiträge enthalten, die in dem in den nächsten Wochen erscheinenden zweibändigen Werk „Fortschritte der Pulvermetallurgie" gebracht werden. Auch die Zahl der angemeldeten und erteilten Patente sei in diesem Zusammenhang erwähnt. In der DDR wurden bisher 30 Patente über Verfahren und Werkstoffe, die im Institut entwickelt wurden, angemeldet. Davon wurden 19 erteilt. Ein großer Teil der Erfindungen der Institutsangehörigen wurde auch in der Deutschen Bundesrepublik und im Ausland zum Patent angemeldet.

Zehn Jahre sind in der Geschichte eines Instituts nur ein kleiner Zeitraum. Aber die ersten zehn Jahre, in denen der Aufbau unseres Instituts erfolgte, waren sehr inhaltsreich und von entscheidender Bedeutung. Wir wollen nicht verhehlen, daß auch bei uns Schwierigkeiten auftraten. Bei deren Überwindung erwies es sich am deutlichsten, was eine gute Zusammenarbeit zwischen den Wissenschaftlern, die für die spätere Arbeit verantwortlich sind, und den staatlichen Stellen vermag. Allen, die geholfen haben, das Institut zu errichten und leistungsfähig zu gestalten, sei aufrichtig gedankt!

Wir konnten bereits in den ersten Zeiten des Institutsbaus viele Besucher begrüßen, die uns mit wertvollen Ratschlägen halfen. Ich möchte hier nur die beiden Besuche besonders erwähnen, die uns der im Jahre 1960 verstorbene Vizepräsident der Akademie der Wissenschaften der UdSSR, Prof. J. P. Bardin, in den Jahren 1953 und 1955 abstattete. Wir konnten mit ihm und mit den sich in seiner Begleitung befindlichen engeren Mitarbeitern viele Probleme besprechen, die beim Bau eines Forschungsinstituts auftreten. Wir werden ihn stets in dankbarer Erinnerung behalten.

Ich erwähnte eingangs schon die Unterstützung, die uns die damalige Technische Hochschule und jetzige Technische Universität Dresden geleistet hat, indem sie es uns ermöglichte, unsere erste Tätigkeit in den Räumen des Instituts für Werkstoffkunde aufzunehmen, obwohl dieses Institut durch die angestiegenen Studentenzahlen stark beansprucht war. Die Zusammenarbeit zwischen der

Technischen Universität Dresden und unserem Forschungsinstitut konnte im Verlaufe der Jahre immer weiter ausgebaut werden. Heute wirken 6 maßgebende Mitarbeiter des Forschungsinstituts an wichtigen Lehrveranstaltungen der Technischen Universität mit, und eine beachtliche Zahl von Studien- und Diplomarbeiten aus dem Bereich der Sonderwerkstoffe wurde mit voller oder teilweiser Hilfe des Forschungsinstituts durchgeführt. Darüber hinaus unterstützen sich die Technische Universität und das Forschungsinstitut gegenseitig durch gemeinsame Benutzung von Spezialeinrichtungen und veranstalten gemeinschaftlich Kolloquien über Werkstoffprobleme. Die gegenseitige Hilfe hat sich für die Tätigkeit beider Institutionen vorteilhaft ausgewirkt.

Eine gute, im Interesse unserer Volkswirtschaft liegende Zusammenarbeit besteht auf dem Werkstoffgebiet auch mit einzelnen großen Betrieben der DDR. Sie verfolgt vor allem das Ziel, die im Institut entwickelten neuen Werkstoffe und Verfahren zu deren Herstellung möglichst bald in unseren Werken einzuführen. Eine notwendige Voraussetzung dafür ist, daß wir in engem Kontakt mit der Industrie bleiben, diese auf die sich ergebenden Maßnahmen vorbereiten und uns andererseits ihre Anregungen nutzbar machen. Wenn auch ein erheblicher Teil der Institutsarbeit als Grundlagenforschung einzuschätzen ist, so werden doch jene Arbeiten, die in nächster Zukunft praktisch verwertbar sind, ein beträchtliches Maß der Gesamttätigkeit ausmachen. Hinzu kommen noch die zahlreichen Beratungen und Untersuchungen, mit denen ein Forschungsinstitut der Industrie bei der Beseitigung von Schwierigkeiten oder auftretenden Fehlern behilflich sein kann. Die Kenntnis dieser Verhältnisse und deren richtige Beurteilung hat bei uns immer im Vordergrund gestanden. Deshalb wird es nicht überraschen, wenn in unserem letzten Jahresbericht z. B. erwähnt wird, daß das Institut mit 30 Industriebetrieben und Industrieinstituten zusammenarbeitete und mit 15 von ihnen eigene Verträge abgeschlossen hatte. In diesem Zusammenhang ist auch auf die sozialistischen Arbeitsgemeinschaften hinzuweisen, in denen Angehörige des Instituts mit denen anderer Gremien gemeinsam wichtige, vordringliche Themen erfolgreich bearbeiten konnten.

Ich komme nun zum zweiten Teil meines Referats, in welchem ich über die Tätigkeit des Bereichs Pulvermetallurgie, wie sie sich in einigen Schwerpunktaufgaben entwickelt hat, sowie über die sich daraus ergebenden Perspektiven berichten will.

Ich möchte von der Situation ausgehen, wie sie vor etwa 12 Jahren gegeben war. In der DDR bestanden damals 3 größere Betriebe für pulvermetallurgische Erzeugnisse, die unterschiedliche Fertigungen durchführten. Im VEB Eisen- und Hüttenwerke Thale waren es Sintereisenerzeugnisse für den Maschinen- und Gerätebau, im VEB Hartmetallwerk Immelborn gesinterte Hartmetalle und Dauermagnete und im VEB Berliner Glühlampenwerk Halbzeuge und Feinstdrähte aus Wolfram und Molybdän für die Elektroindustrie. Die anderen Werke, die noch Pulvermetallurgie betrieben, standen den drei genannten nach. Jedes der Werke hatte eine eigene Entwicklungsstelle, die sich vornehmlich betriebseigenen Aufgaben widmete und damit ausgelastet war. Vor 1939 spielte die deutsche Pulvermetallurgie im Weltmaßstab eine hervorragende Rolle. Durch den Krieg und seine Folgen war die Weiterentwicklung bei uns unterbunden worden, während in anderen Ländern nach Kriegsende ein erheblicher Aufschwung einsetzte. Es war also dringend notwendig, wollte man nicht noch weiter zurückgedrängt werden, die Forschungs- und Entwicklungstätigkeit in der Pulvermetallurgie rasch wieder aufzunehmen und zunächst auf einige Hauptaufgaben zu konzentrieren, denen für die industrielle Anwendung besondere Bedeutung zukam. Selbstverständlich sah die Planung im Anschluß eine intensive Grundlagenforschung vor. Als eine der vordringlichsten Aufgaben des Instituts wurde die Entwicklung eines wirtschaftlichen Verfahrens für die Metallpulvergewinnung angesehen, ferner die Verbesserung der Eigenschaften von Sintereisen und Sinterstahl und die Bereitstellung neuartiger Gleit- und Friktionswerkstoffe, die in anderen Staaten bereits produziert wurden.

Ich will nun, ohne zu sehr auf Einzelheiten einzugehen, versuchen, Ihnen die aufgetretenen Grundprobleme und deren Lösung zu beschreiben. Bei der Pulvergewinnung war es so, daß in Thale Eisenpulver nach dem Hametag-Verfahren in Wirbelmühlen betriebsmäßig seit einer Reihe von Jahren hergestellt wurde. Dieses Pulver hat bekanntlich sehr gute Eigenschaften, es setzt aber voraus, daß ein zerkleinertes Einsatzgut mit vorgeschriebener Zusammensetzung, meist in Form von Draht- oder Blechstückchen, zur Verfügung steht. Die Hametag-Mühlen sind sehr anfällig, und das Ausbringen ist niedrig. Im ganzen gesehen ist das Pulver zu teuer, so daß die Ausweitung der Produktion von Sintereisen- und Sinterstahlerzeugnissen auf einem anderen Gewinnungsverfahren aufbauen muß, das bei gleich guter Pulverqualität wirtschaftlicher ist. Zur Diskussion standen das Reduktionsverfahren, das verhältnismäßig reine Eisenoxide voraussetzt, und das Zerstäubungsverfahren. Beide Verfahren wurden zu damaliger Zeit im Ausland schon in großem Maßstab angewendet. Sie hatten das Hametag-Verfahren verdrängt oder gar nicht erst aufkommen lassen. Wir entschieden uns für die Zerstäubung und beschlossen, eine Verdüsungseinrichtung aufzustellen, die es ermöglichen sollte, labormäßig so große Mengen Eisenpulver zu erzeugen, daß wir die zum Bau einer größeren Anlage erforderlichen Erfahrungen sammeln konnten. Das Verdüsungsverfahren hat außerdem den Vorteil, daß es nicht allein auf Eisen beschränkt ist, sondern sich auch auf andere Metalle übertragen läßt. Nach verhältnismäßig kurzer Zeit hatten wir die Gewißheit erlangt, daß das bei uns ausgearbeitete Verfahren für industrielle Zwecke brauchbar ist. Nach weiteren Versuchen waren wir in der Lage, zusammen mit den Pulvermetallurgen des VEB Eisen- und Hüttenwerke Thale im dortigen Werk eine Verdüsungsanlage für Eisenpulver zu errichten, mit der heute der gesamte Bedarf dieses Betriebs an Eisenpulver für die Preßteilfertigung gedeckt wird. Da die Menge des benötigten Pulvers ständig wächst und auch noch andere Verwendungszwecke als Preßteile für das Pulver in Betracht kommen, werden zur Zeit Vorbereitungen getroffen, die Anlage beträchtlich zu erweitern. Nach dem Verdüsungsverfahren arbeitet auch der VEB Berliner Metallhütten- und Halbzeugwerke, der Bronzepulver für die Metallfilterproduktion benötigt. Weitere Anwendungsgebiete des Verdüsens sind die Erzeugung von Ferrolegierungspulvern, die für die Umhüllungsmassen von Schweißelektroden bestimmt sind, und von Aluminiumpulver, das für Sinteraluminium sowie für Anstrichfarben und für Schaumbeton benötigt wird. Das bedeutet, daß nach Abschluß der Arbeiten zur Gewinnung von Eisenpulver und Überleitung des Verfahrens in den VEB Eisen- und Hüttenwerke Thale weitere eingehende Versuche durchzuführen waren, die der Ermittlung der günstigsten Arbeitsbedingungen für die vorgenannten anderen Pulverarten galten. Das Thema Metallpulvergewinnung ist also auch heute noch nicht abgeschlossen, da sich immer neue Möglichkeiten zur Verbesserung und Anwendung herausstellen. Unsere Versuchsverdüsungsanlage wird deshalb auch jetzt noch von Zeit zu Zeit in Betrieb genommen. Ich habe damit ein Beispiel aus der Pulvermetallurgie kurz umrissen, das als ein dauerndes Interessengebiet der pulvermetallurgischen Forschung angesehen werden darf. Über ein spezielles Problem der Pulvergewinnung durch Verdüsen, die Beeinflussung der Kornform, berichtet Dipl.-Ing. F. LOCHMANN in einem Beitrag (vgl. S. 119).

Der nächste Fragenkomplex, der vorrangig zu bearbeiten war, betraf die pulvermetallurgischen Gleit- und Reibwerkstoffe, Werkstoffe also, bei denen es entweder auf eine sehr niedrige oder eine sehr hohe Reibungszahl ankommt. Reibwerkstoffe waren pulvermetallurgisch in der DDR überhaupt noch nicht erzeugt worden. Dagegen konnte der VEB Eisen- und Hüttenwerke Thale bereits auf eine mehrjährige Praxis in der Herstellung von Gleitwerkstoffen zurückblicken. Es handelte sich hier um die porigen, mit Öl getränkten Sintereisengleitlager, deren Produktion in Thale unmittelbar nach Kriegsende in großem Umfang aufgenommen wurde und deren Anwendung in unserer Industrie von Jahr zu Jahr anstieg. Sie lassen sich als selbstschmierende Gleitlager vielseitig verwenden und weisen ausgezeichnete Notlaufeigenschaften auf. Die Sintereisengleitlager benötigten also keine weitere größere Entwicklungsarbeit mehr. Als notwendig erwies sich lediglich die Aufnahme einer beschränkten Fertigung von gesinterten Bronzelagern, da in einer Reihe von Geräten Sintereisen wegen seiner Korrosionsempfindlichkeit nicht brauchbar war. Das Institut konnte durch Gewinnung von Bronzepulver nach dem Verdüsungsverfahren und Ermittlung der günstigsten Sinterbedingungen hierbei helfen. Die Zusammenarbeit mit dem Betrieb hatte bald zu einem zufriedenstellenden Ergebnis geführt, und heute erzeugt Thale sowohl selbstschmierende Sintereisen- als auch Sinterbronze-Gleitlager.

Es entstand aber auch ein Bedarf an öllos arbeitenden Gleitkörpern. Diese werden vor allem dort verlangt, wo höhere Temperaturen auftreten und Öl als Schmiermittel versagt. Solche Gleitkörper werden als Verbundkörper aus einer metallischen Komponente mit Graphit als Gleitmittel erzeugt, wobei noch andere Stoffe zur Verbesserung der Eigenschaften zugefügt werden können. Da das Institut durch eine noch zu besprechende Entwicklungsarbeit über Reibwerkstoffe bereits über größere Erfahrungen in der Herstellung solcher Verbundwerkstoffe verfügte, war es verhältnismäßig leicht, für die auf derselben Basis aufgebauten öllosen Gleitwerkstoffe ein Fertigungsverfahren auszuarbeiten. Diese kommen nicht nur für höhere Temperaturen in Betracht, sondern auch dort, wo durch Anwendung von Öl eine Verschmutzung zu befürchten ist. Das ist z. B. in der Textilindustrie der Fall. Charakteristische Beispiele für Gleitkörper auf Eisen–Graphit- oder Eisen–Graphit–Blei-Basis sind die Combs-Platten in den Gardinen-Webstühlen, für die früher ein Sondermessing verwendet wurde, die Stromabnehmer von Oberleitungs-Omnibussen, die bisher aus weichem und deshalb starkem Verschleiß unterliegendem Graphit hergestellt wurden, oder die Dichtungsringe in Kolbenmaschinen. Außer auf Eisen–Graphit-Basis wurden Werkstoffe dieser Art auch auf Bronze–Graphit-Basis entwickelt. Somit ergab sich im Laufe der Jahre für das Institut ein weites Betätigungsfeld. Über neuere Untersuchungen auf diesem Gebiet wird Dr.-Ing. E. STROBEL berichten (vgl. S. 85).

Bei den Reibwerkstoffen war die Lage zunächst insofern schwieriger, als man bei uns über keinerlei Erfahrungen verfügte. Vor allem fehlten die Prüfeinrichtungen, um die Eigenschaften von Versuchswerkstoffen ermitteln zu können. Es war also notwendig, zunächst geeignete Prüfgeräte zu bauen, was natürlich einige Zeit in Anspruch nahm. Reibwerkstoffe für Kupplungen und Bremsbeläge auf Metall-Graphit-Grundlage mit verschiedenen Zusätzen waren vorher nur in Amerika hergestellt worden. Näheres darüber hatte man erst nach dem Kriege in Erfahrung bringen können, obwohl die Entwicklung dort bereits zehn Jahre zurücklag. Es handelte sich dabei um Werkstoffe auf Bronze-Basis. In Anbetracht dessen, daß Bronze bei uns immer ein Mangelwerkstoff sein wird und wegen ihres verhältnismäßig niedrigen Schmelzpunkts für höhere Temperaturen ungeeignet ist, wurde grundsätzlich von Eisenpulver ausgegangen, dem Graphit in Pulverform zugesetzt wurde. Die Schwierigkeiten, die zunächst überwunden werden mußten, bestanden darin, daß beim Sintern der aus einer solchen Mischung gepreßten Belagplatten und -scheiben eine Reaktion zwischen Eisen und Kohlenstoff auftreten kann, die zu einem derart harten und spröden Gefüge führt, daß der Werkstoff für den vorgesehenen Zweck unbrauchbar wird. Durch zahlreiche Versuche gelang es schließlich, die Sinterbedingungen so einzurichten, daß der Graphit in seiner ursprünglichen Form erhalten bleibt und die Kupplungs- oder Bremsbeläge das verlangte weiche Eingreifen bei der Betätigung der Maschine ermöglichen. Der heutige Stand ist der, daß eine Reihe sehr wichtiger Maschinen, vor allem Großbagger, mit solchen Belägen ausgestattet wird. Ohne den neuen Werkstoff wäre die Leistungsfähigkeit dieser Maschinen wesentlich geringer. Der Bedeutung des Werkstoffs entsprechend, wurde der VEB Cossid in Coswig bei Dresden von den zuständigen staatlichen Organen mit dem Bau einer Erzeugungsstätte beauftragt, die ihre Produktion nächstes Jahr aufnehmen soll. Da aber in der Zwischenzeit bereits erhebliche Mengen des neuen Werkstoffs in unserer Industrie benötigt werden, hat das Institut mit seinen Einrichtungen eine Fertigung der Beläge aufgenommen, die, bedingt durch den Bedarf, einen unerwartet großen Umfang angenommen hat. In diesem Jahr werden den Maschinenfabriken 250000 Belagplatten geliefert. Es ist klar, daß dadurch die Entwicklungsarbeiten, die zu einer weiteren Verbesserung des Werkstoffs führen sollen, zunächst gehemmt wurden. Sie werden aber im kommenden Jahr in verstärktem Maße wieder einsetzen.

Schließlich möchte ich noch ein drittes Beispiel von Forschungsarbeiten erwähnen, die bevorzugt durchgeführt werden mußten mit dem Ziel, unsere Industrie auf einen Stand zu bringen, der mit dem in anderen technisch hochentwickelten Ländern vergleichbar ist. Es war die Erzeugung von Sintereisen und

Sinterstahl für Maschinenteile. Auch dafür waren in Deutschland vor langer Zeit bereits Erzeugungsstätten errichtet worden, und der VEB Eisen- und Hüttenwerke Thale hatte neben der Gleitlagerproduktion auch die Produktion von Sinterstahlteilen in seinem Programm. Es handelt sich dabei um Massenerzeugnisse, die eine preßtechnisch geeignete Form aufweisen müssen und an die man hinsichtlich der Festigkeit zunächst keine höheren Anforderungen stellen durfte. Inzwischen war aber die Entwicklung im Ausland und auch in Westdeutschland rasch vorangeschritten, und man erzeugt nunmehr auch schon Sinterstahlteile mit verwickelteren Formen und vor allem mit besseren Festigkeitseigenschaften. Der Hauptvorteil besteht darin, daß die Werkstücke unmittelbar aus den Pulvern durch Pressen und Sintern herstellbar sind und in den meisten Fällen keiner weiteren spanabhebenden Bearbeitung mehr bedürfen. Ihre Fertigung ist also wesentlich wirtschaftlicher, als wenn man sie durch Gießen, Gesenkschmieden oder durch spanabhebende Bearbeitung aus vollem Material herstellen würde.

Das Institut hat bei der Verbesserung der Eigenschaften von Sintereisen und Sinterstahl verschiedene Wege eingeschlagen. Zunächst war wiederum die Frage des geeigneten Ausgangspulvers zu klären, sodann wurden der Einfluß von Preßzusätzen studiert und die Auswirkungen des ein- oder zweimaligen Pressens und Sinterns untersucht. Schließlich befaßte man sich auch eingehend mit der Herstellung von legierten Sinterstählen. Wir gelangten zu einer Reihe von praktischen Vorschlägen, wie in verschiedenen Fällen vorgegangen werden sollte, um zum besten Ergebnis zu gelangen. So wurde z. B. die Wirkung von geringen Phosphor- und Kupferzusätzen geprüft, die nicht nur festigkeitssteigernd wirken, sondern auch die Vorgänge beim Sintern sowie die Genauigkeit der Abmessungen wesentlich beeinflussen.

Ferner beschäftigte man sich mit korrosionsbeständigen Sinterstählen mit hohen Chrom- und Nickelgehalten, deren Sinterung wegen der Bildung von Chromoxidhäuten auf der Oberfläche der Pulverteilchen sehr schwierig ist. Dipl.-Chem. I. Kalning behandelt in seinem Vortrag dazu einige Einzelheiten (vgl. S. 57).

Wenn auch eine Reihe von abgeschlossenen Forschungsarbeiten auf diesem Gebiet vorliegt, so ist die Überleitung ihrer Ergebnisse in die Industrie gegenüber den genannten beiden Beispielen noch zurückgeblieben. Es ist allerdings zu erwarten, daß es angesichts des zunehmenden Bedarfs an Sinterstahlteilen in absehbarer Zeit zu einer Nutzbarmachung kommen wird. Die wichtigste Voraussetzung dafür ist, daß die Anlagen unserer pulvermetallurgischen Betriebe entsprechend erweitert und vervollkommnet werden.

Die Arbeiten, die ich kurz geschildert habe, liegen auf Gebieten, auf denen ständig neue Themen zu finden sein werden, da Weiterentwicklungen erforderlich sind, um den steigenden Ansprüchen der Wirtschaft nachzukommen. Im folgenden möchte ich auch einige spezielle Themen nennen, deren Bearbeitung bei uns später aufgenommen wurde, die aber auch schon zu einem bestimmten Abschluß gelangt sind und deren Ergebnisse in der Industrie eingeführt wurden oder noch eingeführt werden, sobald die Voraussetzungen dafür gegeben sind.

Dazu gehören vor allem die Metallfilter, mit denen wir uns eingehend beschäftigen konnten, als das Problem der Pulvergewinnung gelöst war. Metallfilter unterscheiden sich von gewöhnlichen Sinterkörpern dadurch, daß sie eine besonders hohe Porigkeit besitzen, die bei 50% liegt, und daß man sie aus kugeligen Pulverteilchen erzeugt, deren Teilchengröße möglichst einheitlich sein muß. Außerdem wird in vielen Fällen verlangt, daß das verwendete Metall chemisch beständig ist, d. h., dem Angriff von Chemikalien und, wenn die Filter für Anwendung bei höheren Temperaturen bestimmt sind, des Luftsauerstoffs widersteht. Begonnen wurde mit der Entwicklung von Metallfiltern auf Kupferbasis. In Betracht kamen Sn-Bronze und Neusilber. Das Pulver wurde durch Verdüsen unter besonderen Bedingungen hergestellt, um die erforderlichen kugelförmigen Teilchen zu erreichen. Danach wurden die Formgebungsbedingungen studiert sowie die günstigsten Verhältnisse für das Sintern ermittelt. Das Verfahren wurde vom VEB Berliner Metallhütten- und Halbzeugwerke übernommen und läuft dort bereits seit einigen Jahren zur Zufriedenheit, wobei die Anlage wegen des großen Bedarfs an Filtern weiter ausgebaut wird.

Die Arbeiten wurden ausgedehnt auf die Herstellung von Filtern auf Eisenbasis, insbesondere aus nichtrostenden Stählen. Hierbei sind die Verhältnisse schwieriger. Das gilt sowohl für die Gewinnung der kugelförmigen Pulverteilchen als auch für das Sintern, da bei den korrosionsbeständigen chromhaltigen Legierungen feste Verbindungen der Pulverteilchen nur unter besonderen Bedingungen erhältlich sind. Es bedarf eines eingehenden Studiums der Sintervorgänge, um den richtigen Weg zu finden.

Einen großen Umfang hatten die Untersuchungen angenommen, die der Erzeugung von Sinteraluminium gewidmet waren. Die Gewinnung von Sinteraluminium galt viele Jahre als praktisch undurchführbar, bis es in den ersten Nachkriegsjahren in der Schweiz gelungen war, durch einen bestimmten Prozeß Aluminiumpulver zu einem Werkstoff zu verarbeiten, der ohne Zusatz der sonst üblichen Legierungsmetalle die Festigkeitswerte der bekannten besten Aluminiumlegierungen fast erreicht und diese Legierungen in der Warmfestigkeit noch übertrifft. Wir hielten uns zunächst an die Schweizer Angaben, soweit sie in der Literatur vorlagen. Während man in der Schweiz von Folienabfällen ausging, die mechanisch zu einem schuppenartigen Pulver zerkleinert wurden, verwendeten wir ein durch Verdüsen hergestelltes Pulver. Durch eine spezielle Nachbearbeitung wurde es zunächst in ein Pulver mit schuppenartigen Teilchen übergeführt, aus denen dann durch eine weitere mechanische Behandlung ein Pulver mit gröberen, durch Zusammenballen entstandenen Teilchen, das sogenannte Schwerpulver, gewonnen wurde, das sich durch Kalt- und Heißpressen zu einem porenfreien Werkstoff verarbeiten ließ. Je nach den Arbeitsbedingungen enthält das so erzeugte Sinteraluminium 5 bis 15% Aluminiumoxid, durch das seine große Festigkeit bedingt ist. An diesem Werkstoff hatten vor allem einige Industriezweige Interesse, die die bei uns angefertigten Proben eingehend untersuchten und dabei feststellten, daß sie dem ausländischen Sinteraluminium voll entsprachen.

Ein weiteres umfangreiches Arbeitsgebiet, das für die moderne Technik von entscheidender Bedeutung ist, betrifft die Entwicklung von Hochtemperaturwerkstoffen. Die Anforderungen, die an Hochtemperaturwerkstoffe gestellt werden, wachsen von Jahr zu Jahr, insbesondere im Gasturbinenbau und bei der Konstruktion von Weltraumflugkörpern. In der Deutschen Demokratischen Republik stand natürlich nur der erstgenannte Anwendungszweck zur Diskussion. Es ist bekannt, daß die noch vor nicht allzu langer Zeit als brauchbar angesehenen hochlegierten Stähle heute nicht mehr genügen. Im Ausland kennt man Superlegierungen auf Nickelbasis, die weit höhere Ansprüche erfüllen können. Aber auch sie werden für die Zukunft als ungenügend bezeichnet. Man hoffte nun, auf pulvermetallurgischem Wege neue Werkstoffe finden zu können, welche große Festigkeit bei hohen Temperaturen und gleichzeitig den erforderlichen Widerstand gegen die Verzunderung besitzen würden. Es wurden drei Wege beschritten, um das Ziel zu erreichen. Der erste Weg führte zur Herstellung von Verbundwerkstoffen aus einer keramischen und einer metallischen Komponente, die man, dem angelsächsischen Sprachgebrauch folgend, als „Cermets" bezeichnet. Trotz beachtlicher Anfangserfolge sind aber die Erwartungen nicht erfüllt worden, da es nicht gelang, die diesen Stoffen anhaftende Sprödigkeit zu beseitigen. Teilergebnisse konnten jedoch für andere Anwendungszwecke nutzbar gemacht werden. Der zweite Weg hatte die Gewinnung von neuartigen Werkstoffen aus intermetallischen Phasen zum Ziel. Das Ergebnis ist bisher unbefriedigend. Schließlich versuchte man noch, einen dritten Weg einzuschlagen, der darin bestand, die Karbide, Boride, Silizide oder Nitride hochschmelzender Metalle mit und ohne Bindemetalle zu neuartigen Werkstoffen zu verarbeiten. Leider ist auch in dieser Richtung kein voller Erfolg erreicht worden. Man erzielte allerdings wichtige Teilergebnisse, und es ist, da die Untersuchungen noch keinesfalls als abgeschlossen anzusehen sind, zu hoffen, daß noch manche brauchbaren Werkstoffe auf dieser Grundlage gefunden werden können.

Unser Institut hat sich seit längerer Zeit mit Untersuchungen der eben erwähnten Gruppen von Hochtemperaturwerkstoffen beschäftigt und dabei nützliche Erfahrungen gesammelt, die für die Erzeugung von Sonderwerkstoffen verwertbar sind. Als ein praktisches Ergebnis wären Heizleiter aus Molybdändisilizid zu erwähnen, für deren Herstellung nach eingehenden Vorarbeiten in unserem Institut eine Arbeitsmethode angegeben werden konnte. Das Verfahren wurde vom VEB Elektrokohle, Berlin, übernommen, der in absehbarer Zeit Heizleiter aus diesem Werkstoff für Hochtemperaturöfen bis 1600 °C produzieren wird. Weitere Beispiele sind die Gewinnung und Verarbeitung von Siliziumnitrid, das sich z. B. für Tiegel zum Einschmelzen von Aluminium viel besser eignet als die bisher angewendeten Tiegelwerkstoffe, oder das Zirkoniumborid, das als Material für Schiffchen zur Vakuumverdampfung von Metallen ausgezeichnet geeignet ist. Wenn auch das ursprüngliche Hauptziel, Werkstoffe für den Gasturbinenbau auf pulvermetallurgischer Grundlage zu gewinnen, bisher nicht erreicht wurde, so haben sich doch im Verlauf der Untersuchungen so viele neue Anwendungsmöglichkeiten der Pulvermetallurgie gezeigt, daß ihre Weiterverfolgung gerechtfertigt ist; dabei wird in stärkerem Maße als bisher Grundlagenforschung betrieben werden müssen. Dr. A. Merz und Dipl.-Chem. H. Kotsch sowie Dipl.-Chem. K. Müller berichten in ihren Beiträgen über Einzelheiten der Forschungsarbeiten im Rahmen dieser Untersuchungen (vgl. S. 68 u. 78).

Das allgemeine Interesse an der Gewinnung, Verarbeitung und Anwendung von Hochtemperaturwerkstoffen führte auch dazu, daß wir uns mit den in den letzten Jahren stark beachteten Metallen Titan, Zirkonium und Molybdän näher befaßten. Uns kam es vor allem darauf an festzustellen, wieweit pulvermetallurgische Methoden hinsichtlich Wirtschaftlichkeit und Qualität besondere Vorteile bieten. Als ein beachtliches Ergebnis ist das bei uns entwickelte Verfahren zu nennen, das es gestattet, Halbzeuge aus Titan unmittelbar aus Titanschwamm zu erzeugen, d. h. unter Umgehung des erst aus Titanschwamm erhältlichen Titanpulvers.

Weitere wichtige Untersuchungen wurden durchgeführt, um die Vor- und Nachteile der pulvermetallurgischen und der schmelzmetallurgischen Herstellung von Molybdän zu vergleichen. Näheres darüber berichtet Dipl.-Ing. R. Krumphold in seinem Beitrag (vgl. S. 97).

Als letztes der Beispiele für die im Institut entwickelten Werkstoffe, deren Überleitung in die Industrie gelungen ist, möchte ich noch die Kontaktwerkstoffe nennen, die aus einer Mischung von feinem Nickel- und Silberpulver erzeugt werden. Bisher wurden bei uns solche Kontaktwerkstoffe durch mechanisches Mischen der beiden Ausgangspulver hergestellt, da Silber und Nickel weder im festen noch im flüssigen Zustand ineinander löslich sind. Dieses Verfahren führt aber zu verhältnismäßig grobkörnigen Werkstoffen, die sich schwer verarbeiten lassen. Man erhält wesentlich duktilere Werkstoffe, wenn man von Salzlösungen der beiden Metalle ausgeht, aus diesen unlöslichen Verbindungen, die eine sehr feine Verteilung aufweisen, ausfällt und schließlich daraus die Metalle reduziert, die dann als ein besonders feinkörniges Kristallgemisch vorliegen. Diese Entwicklung wurde in guter Zusammenarbeit mit dem Institut für Werkstoffkunde der Technischen Universität Dresden durchgeführt. Sie verlief in der Weise, daß mit Unterstützung des Instituts ein Diplomand die Vorarbeiten dazu aufnahm und sie soweit voranbrachte, daß danach eine Arbeitsvorschrift ausgearbeitet werden konnte. Heute erzeugt der VEB Keramische Werke Hermsdorf Silber–Nickel-Kontaktwerkstoffe nach dem Mischfällungsverfahren, nachdem es ihm gelungen ist, weitere Verbesserungen in der Fertigung zu erzielen.

Ich habe nun eine Reihe von Angaben über unsere Institutsarbeit gemacht, die die technologischen Probleme und deren Lösung betreffen. Mit Recht kann nun die Frage gestellt werden, in welchem Umfang wir uns mit Grundlagenforschung auf dem Gebiet der Pulvermetallurgie beschäftigt haben. Zugegeben sei, in den ersten Jahren war das in verhältnismäßig geringem Maße der Fall, denn es galt, wie bereits erwähnt, zunächst den Rückstand in der Pulvermetallurgie aufzuholen, in dem wir uns gegenüber anderen Ländern befanden. Das soll aber nicht heißen, daß wir uns überhaupt nicht mit Grundlagenproblemen vertraut gemacht hätten. In der ersten Zeit unserer Tätigkeit waren es die Probleme des Sinterns, die uns sehr interessierten, und unsere Untersuchungen erstreckten sich damals insbesondere auf das Sintern mit flüssiger Phase. Diese Untersuchungen liefen bis in die jüngste Zeit und werden auch weiterhin fortgesetzt, da die hier auftretenden Fragen immer aktuell bleiben. Als wir später in der Werkstoffentwicklung einige Erfolge aufweisen konnten, gingen wir dazu über, die Grundlagenforschung zu verstärken. Erst vor kurzem haben wir die Tätigkeit unseres Instituts kritisch überprüft. Wir sind dabei zu der Feststellung gekommen, daß nach den finanziellen Mitteln zur Zeit etwa 10% Erkundungsforschung, 30% gezielte Grundlagenforschung und 30% angewandte Forschung betrieben werden, während die restlichen 30% unserer Ausgaben auf sonstige Dienstaufgaben entfallen. Dabei ist zu beachten, daß in jedem Forschungsauftrag, der uns über das Weltniveau hinausbringen soll, ein beachtlicher Teil Grundlagenforschung enthalten ist. Selbstverständlich bearbeiten wir aber auch Themen, die überwiegend Erkundungsforschung beinhalten.

Ich möchte die Hauptgebiete, mit denen sich unsere Grundlagenforschung in der Pulvermetallurgie zur Zeit befaßt, anführen. Zunächst wären dies die Untersuchungen, die den feindispersen Zustand betreffen. Werkstoffe, die aus feinsten Teilchen aufgebaut sind, weisen bekanntlich hohe Festigkeitswerte auf und zeigen auch in mancherlei anderen Belangen ein besonderes Verhalten. Es ist deshalb naheliegend, daß das Studium der Gewinnung sehr feiner Teilchen und ihrer Eigenschaften ein sehr wichtiges Arbeitsgebiet ist, dem in Zukunft noch mehr Beachtung gewidmet werden muß, wobei der Gestalt der feinsten Teilchen zur Herstellung anisotroper Werkstoffe besondere Aufmerksamkeit gebührt. Im Zusammenhang damit steht der Einfluß feinster Teilchen in der Grundmasse eines anderen Stoffs, in dem sie beständig sind, auf dessen Eigenschaften. Sie rufen eine Festigkeits- und Härtesteigerung hervor, für die man den neuen Begriff „Dispersionshärten“ geprägt hat. Das Studium dieser Verhältnisse ist sehr erfolgversprechend, vor allem für die Entwicklung warmfester Legierungen.

Ein anderes Gebiet, auf dem ebenfalls zahlreiche Probleme in der Pulvermetallurgie auftreten, enthält die Grenzflächenreaktionen zwischen zwei festen oder einer festen und einer flüssigen Phase. Hierzu zählen die Vorgänge, die zur Benetzbarkeit führen und die als Grundlage der Bindungsmöglichkeit in heterogenen Festkörpern anzusehen sind, ferner die Vorgänge in porösen Körpern, aber auch die Sintervorgänge ohne und mit flüssiger Phase sowie die Vorgänge bei Reibung und Verschleiß.

Größte Bedeutung kommt den Diffusionsvorgängen zu. Sie sind entscheidend bei der Mischkristallbildung während des Sinterns von Pulvergemischen und bei den Veränderungen im Gefüge als Voraussetzung für Ausscheidungen.

Die genannten Problemgruppen gehören der allgemeinen Metallkunde an, sie haben aber ihre besondere Bedeutung für die Pulvermetallurgie.

Weitere Untersuchungen, die als gezielte Grundlagenforschung zu betrachten sind, beziehen sich auf die Vorgänge bei der Formgebung von Metallpulvern durch Pressen und Walzen. Auch die von der Keramik übernommene Arbeitsweise des Schlickergießens, d. h. das Vergießen eines aus Metallpulver mit Flüssigkeits- und Bindemittelzusatz hergestellten dünnflüssigen Breies in Gipsformen, bedarf noch eingehender Versuche. Dieses Verfahren wird in der Verarbeitung spröder und deshalb nicht verformbarer Pulver zu neuartigen Werkstoffen eine entscheidende Rolle spielen.

Wenn wir von Pulvermetallurgie sprechen, so denken wir zunächst nur an die Gewinnung von Pulvern aus Metallen und an ihre Weiterverarbeitung zu fertigen Werkstoffen. Es gibt aber auch Gebiete von großer technischer und wirtschaftlicher Bedeutung, die sich nicht so streng an diese Auffassung halten. Dazu zählt z. B. die Verwendung großer Mengen von Metallpulvern, insbesondere Eisenpulvern, für die Umhüllungsmasse von Schweißelektroden. Fast die Hälfte des Eisenpulvers, das man heute in der Welt herstellt, wird hierfür verbraucht. Es war deshalb naheliegend, daß wir uns mit diesem Anwendungszweck der Metallpulver ebenfalls eingehend befaßt haben, und zwar in Zusammenarbeit mit den Herstellern der Elektroden.

Statt Metallpulver kann man auch Metallfasern auf Werkstoffe verarbeiten. Obwohl diese Methode schon seit Jahren grundsätzlich bekannt ist, hat sie doch erst in neuester Zeit stärkere Beachtung gefunden, und auch wir haben uns damit beschäftigt. Es laufen zur Zeit Forschungsarbeiten, die der Herstellung von Metallfasern und ihrer Verarbeitung gelten. Dabei ergeben sich weitere interessante Möglichkeiten durch die Anwendung der Fasern in Verbundwerkstoffen. So kann man weiche Metalle mit gutem Wärmeleitvermögen, aber geringer Festigkeit in ihren mechanischen Eigenschaften wesentlich verbessern, wenn in sie Metallfasern höherer Festigkeit eingelagert werden. Eine ähnliche Verbesserung ist durch das Einlagern von Metallfasern in keramische Stoffe oder in Kunststoffe möglich. Das Hauptanwendungsgebiet der Fasermetallurgie wird in nächster Zeit jedoch die Herstellung von Filtern sein, die bei größerer Durchlässigkeit höhere Festigkeit besitzen als die aus Metallpulvern erzeugten. Auch die Gewinnung von anisotropen Werkstoffen, d. h. Werkstoffen, deren Eigenschaften von der Richtung abhängen, in der man sie mißt, zählt zu den Aufgaben der Fasermetallurgie. Zunächst geht es allerdings im wesentlichen darum, Verfahren zu finden, nach denen auf wirtschaftlichem Wege Metallfasern erhalten werden können.

Gestatten Sie mir zum Schluß noch einige Worte über die Perspektive. Wir haben uns gerade in der letzten Zeit sehr viel Gedanken darüber gemacht, in welcher Richtung die Forschung auf dem Gebiet der Pulvermetallurgie bei uns weitergeführt werden soll. Bei unseren Überlegungen haben wir sowohl den Stand bei uns als auch in den anderen Ländern berücksichtigt. Die Pulvermetallurgie ist heute so umfangreich geworden, daß es uns unmöglich ist, sie in ihrer ganzen Breite zu betreiben. Im Vordergrund werden deshalb bei den künftigen Arbeiten jene stehen, die für unsere Volkswirtschaft in den nächsten Jahren besondere Bedeutung haben. Aber auch dabei ist noch zu beachten, daß die meisten Fragen nicht von uns allein, sondern nur in Zusammenarbeit und in Abstimmung mit anderen Institutionen unserer Republik zu behandeln sind. Ich hatte eine Reihe von Themen genannt, die auch für die nächsten Jahre aktuell bleiben und für deren weitere Bearbeitung berechtigtes Interesse vorliegt. Dazu kommen aber noch Aufgaben, deren Lösung längere Zeit in Anspruch nimmt und einer gründlichen Vorbereitung bedarf. Die Pulvermetallurgie ist heute keineswegs auf die rein metallischen Werkstoffe beschränkt. Schon bei den Verbundwerkstoffen, und dazu zählen die wichtigen Eisen–Graphit-Werkstoffe, die Cermets und auch die gesinterten Hartstoffe, spielen die nichtmetallischen Komponenten eine entscheidende Rolle. Das gleiche gilt für die pulvermetallurgische Verarbeitung von Metallverbindungen, die oft keine metallischen Eigenschaften mehr besitzen. Das Gemeinsame mit der Pulvermetallurgie im engeren Sinne ist in den Vorgängen zu suchen, die für die Herstellung entscheidend sind, beginnend mit der Gewinnung der Ausgangspulver bis zum Sintern von Fertigteilen. Es darf also nicht überraschen, wenn wir, bedingt durch die vorhandenen Einrichtungen und die im Laufe der Jahre gesammelten weitreichenden Erfahrungen unserer Mitarbeiter, uns in Zukunft in beachtlichem Umfang auch mit der Entwicklung von Sinterwerkstoffen beschäftigen werden, die in die Randgebiete der Pulvermetallurgie gehören oder bisher noch gar nicht im Zusammenhang mit der Pulvermetallurgie erwähnt wurden. Das ist jedoch nicht nur bei uns so, sondern wird auch in anderen Ländern, die eine hochentwickelte Pulvermetallurgie besitzen, in gleicher Weise gehandhabt. Ich kann hier nicht auf Einzelheiten eingehen, ich möchte aber, um eine bessere Vorstellung darüber zu vermitteln, in welcher Richtung sich unsere Arbeiten außerhalb der Gebiete der klassischen Pulvermetallurgie bewegen werden, anführen, daß wir uns mit Ferriten, mit Kunststoffen und auch mit Graphit befassen werden, sofern es sich um die Entwicklung von Sonderwerkstoffen handelt, bei denen pulvermetallurgische Methoden maßgebend sind und man sich noch an keiner anderen Stelle unserer Republik damit beschäftigt hat.

Literatur

Veröffentlichungen von Institutsangehörigen auf dem Gebiet der Pulvermetallurgie

Allgemeines

[1] Eisenkolb, F., Technologie der Sintermetalle. Sondernummer der Technik „Buntmetall sparen hilft Plan erfüllen", 1950, S. 12–15.

[2] Eisenkolb, F., Die Bedeutung der Pulvermetallurgie für die Entwicklung neuer Werkstoffe. Metallurgie u. Giessereitechn. **1** (1951) 241–244.

[3] Eisenkolb, F., Über die neuere Entwicklung der pulvermetallurgischen Werkstoffe für Maschinenteile. Technik **7** (1952) H. 6, 311–318.

[4] Eisenkolb, F., Pulvermetallurgische Werkstoffe der Elektrotechnik. Dtsch. Elektrotechn. **6** (1952) H. 11, 548–553.

[5] Eisenkolb, F., Fortschritte in der Pulvermetallurgie der Eisenwerkstoffe. Forsch. u. Fortschr. **28** (1954) H. 6, 164–171.

[6] Eisenkolb, F., Die neuere Entwicklung der Pulvermetallurgie. VEB Verlag Technik, Berlin 1955, 484 S.

[7] Eisenkolb, F., Neuartige Hochtemperaturwerkstoffe. Wiss. Annalen (1955) H. 10, 619–636.

[8] Eisenkolb, F., Fortschritte der Pulvermetallurgie von 1954 bis Anfang 1957. Neue Hütte **2** (1957) H. 12, 767–769.

[9] Eisenkolb, F., Über pulvermetallurgisch hergestellte Gleit- und Reibwerkstoffe. Abh. dtsch. Akad. Wiss. Berlin, Kl. Math., Physik, Techn. 1957 Nr. 3, Sektion f. Maschinenbau, Akademie-Verlag, Berlin 1958, 24 S.

[10] Eisenkolb, F., Über pulvermetallurgische Verbundwerkstoffe aus metallischen und nichtmetallischen Bestandteilen. Forsch. u. Fortschr. **32** (1958) H. 9, 257–263.

[11] Ajzenkol'b, F., Poroškovaja Metallurgija (Russische Ausgabe von Eisenkolb, F.: Die neuere Entwicklung der Pulvermetallurgie, VEB Verlag Technik, Berlin 1955) Metallurgizdat, Moskau 1959, 518 S.

[12] Eisenkolb, F., Entwicklung und Stand der Pulvermetallurgie in der DDR. Neue Hütte **4** (1959) H. 9, 534–540.

[13] Eisenkolb, F., Nekotorye voprosy poroškovoj metallurgii. Hrsg.: Inst. f. wissenschaftl. u. techn. Information d. Akademie d. Wissensch. d. UdSSR u. d. Moskauer Stahl-Instituts, Moskau 1959, 107 S.

[14] EISENKOLB, F., Ausgewählte Kapitel der Pulvermetallurgie. Chinesische Übersetzung von drei Vorträgen über Pulvermetallurgie, gehalten im Institut für Eisen- und Stahltechnologie in Peking am 14. 9., 21. 9. und 18. 10. 1960, Peking 1961.

[15] EISENKOLB, F., Hochtemperaturwerkstoffe, Reib- und Gleitwerkstoffe, Filterwerkstoffe. Über wissenschaftliche Grundlagen der modernen Technik, Reihe A, Bd. I Elektrotechnik und Maschinenbau. Akademie-Verlag, Berlin 1961, S. 90–122.

[16] EISENKOLB, F., Metallische Sonderwerkstoffe des Maschinenbaues. Wiss. u. Fortschr. (1961) H. 5, 197–201.

[17] RASSMANN, G., MERZ, A., Das Hochtemperaturverhalten metallischer Werkstoffe und seine Prüfung. Technik **16** (1961) H. 11, 744–753.

[18] RASSMANN, G., MERZ, A., Entwicklungsstand auf dem Gebiet der Hochtemperaturwerkstoffe. Technik **17** (1962) H. 1, 17–23, H. 2, 74–79.

Grundlagen

[1] EISENKOLB, F., Über die pulvermetallurgische Herstellung großer Ferritkristalle (α-Eisen). Wiss. Z. Techn. Hochschule Dresden **4** (1954/55) 847–850.

[2] EISENKOLB, F., Untersuchungen über die Sinterfähigkeit austenitischer Chrom-Nickel-Stähle. Mber. Dt. Akad. Wiss. Berlin **1** (1959) H. 7/10, 446–451.

[3] EISENKOLB, F., Sintering in presence of a liquid phase. In: Powder Metallurgy, New York, Intersci. Publ. 1960, S. 75–95.

[4] EISENKOLB, F., KALNING, I., Modellsinterversuche in flüssigem Medium. Planseeber. Pulvermetallurg. **5** (1957) H. 1, 2–19.

[5] EISENKOLB, F., KALNING, I., Über den Einfluß flüssiger Medien auf das Sintern von Metallen. Chem. Technik **10** (1958) H. 2, 96–99.

[6] EISENKOLB, F., KALNING, I., Über das Sintern austenitischer Chrom-Nickel-Stähle. In: Ber. II. Internat. Pulvermetallurg. Tagung Eisenach 1.–3. Juni 1961, Akademie-Verlag, Berlin 1962, S. 503–510.

[7] HOFMANN, U.: Einige physikalische Eigenschaften gesinterter ferromagnetischer Körper. In: Ber. II. Internat. Pulvermetallurg. Tagung Eisenach 1.–3. Juni 1961, Akademie-Verlag, Berlin 1962, S. 237–246.

Metallpulver

[1] EHRLICH, G., SCHULZE, D., Vergleich zwischen spezifischer Oberfläche und Teilchengrößenverteilung von chemisch hergestellten Metallpulvern und deren Oxyden. Kolloid-Z. **155** (1957) H. 1, 19–31.

[2] EISENKOLB, F., Probleme der Gewinnung von Metallpulvern zur Herstellung von Maschinen- und Geräteteilen. Neue Hütte **2** (1957) H. 8, 461–470.

[3] EISENKOLB, F., EHRLICH, G., Untersuchungen an Eisen- und Eisen-Nickel-Feinstpulvern. Wiss. Z. Techn. Hochschule Dresden **6** (1956/57) H. 4, 711–716.

[4] EISENKOLB, F., STROBEL, E., Über die Herstellung von Eisenpulver für die Umhüllungsmasse von Hochleistungselektroden. In: Metallkunde u. Metallurgie der Schweißprozesse, Halle 1959, S. 21–36 (Techn.-wiss. Abhandl. d. Zentralinst. f. Schweißtechnik d. DDR, Halle, Nr. 113).

[5] SCHULZE, D., Über eine Meßschablone zur statistitischen Auswertung licht- oder elektronenmikroskopischer Aufnahmen von Einzelteilchen. Exp. Techn. Physik **4** (1956) H. 5, 204–215.

[6] SCHULZE, D., Über eine Methode zur Ermittlung der Häufigkeitsverteilung von Achsenverhältnissen (formanisotroper) disperser Systeme. Exp. Techn. Physik **5** (1959) H. 3, 128–132.

Pulvermetallurgische Werkstoffe für Formteile

[1] EISENKOLB, F., Versuche mit selbstschmierenden Sintereisenlagern. Metallkundliche Berichte, Bd. 27, Schmierstoff- und Lagerfragen, VEB Verlag Technik, Berlin 1952.

[2] EISENKOLB, F., Über phosphorlegierten Sinterstahl. Arch. Eisenhüttenwes. **24** (1953) H. 5/6, 257–266.

[3] EISENKOLB, F., Die Verbesserung der mechanischen Eigenschaften von Sinterstahl durch Phosphorzusatz. Planseeber. Pulvermetallurg. **2** (1954) H. 1, 2–14.
[4] EISENKOLB, F., Herstellung und Eigenschaften von korrosionsbeständigem Sinterstahl. Stahl und Eisen **78** (1958) H. 3, 141–148.
[5] EISENKOLB, F., Vergleich der verschiedenen Verfahren zur Herstellung von Sinterstahlteilen mit hoher Dichte. Stahl und Eisen **79** (1959) H. 19, 1345–1352.
[6] EISENKOLB, F., Betrachtungen zur Pulvermetallurgie der Eisenwerkstoffe. In: Ber. II. Internat. Pulvermetallurg. Tagung Eisenach 1.–3. Juni 1961, Akademie-Verlag, Berlin 1962, S. 61–70.
[7] STROBEL, E., Friktionswerkstoffe, insbesondere auf Eisengraphitbasis. Technik **12** (1957) H. 12, 819–824.
[8] STROBEL, E., KÜHNE, E., Erfahrungen mit Obus-Schleifkontakten aus Eisen–Blei-Graphit-Verbundwerkstoffen. Elektrie **16** (1962) H. 5, Beil. Elektrofertigung, S. 33–35.
[9] STROBEL, E., MÜLLER, H., BEER, H., Pulvermetallurgisch hergestellte Eisengraphit-Verbundwerkstoffe als Kupplungs- und Bremswerkstoffe. Maschinenbau **11** (1962) H. 3, 97–101.
[10] STROBEL, E., SCHATT, B., Prüfung von Metallfiltern. Technik **13** (1958) H. 7, 484–488.
[11] STROBEL, E., SIEGEL, R., Eigenschaften und Anwendung von Metallfiltern in der Chemieindustrie. Chem. Techn. **13** (1961) H. 11, 646–651.
[12] STROBEL, E., UEBEL, H., Praktische Erfahrungen bei der Anwendung von Eisen-Graphit-Friktionswerkstoffen. In: Ber. II. Internat. Pulvermetallurg. Tagung Eisenach 1.–3. Juni 1961, Akademie-Verlag, Berlin 1962, S. 541–550.

Sonderwerkstoffe

[1] EISENKOLB, F., Über die magnetischen Eigenschaften von Sintereisen. Wiss. Z. Techn. Hochschule Dresden **2** (1952/53) H. 1, 89–93.
[2] EISENKOLB, F., Über einige Untersuchungen an Sinteraluminium. Freiberger Forschungsh. Reihe B, **38** (1960) 49–59.
[3] EISENKOLB, F., Hochtemperaturwerkstoffe, Reib- und Gleitwerkstoffe, Filterwerkstoffe. Über wissenschaftliche Grundlagen der modernen Technik, Reihe A, Bd. I Elektrotechnik und Maschinenbau. Akademie-Verlag, Berlin 1961, S. 90–122.
[4] EISENKOLB, F., CEROVSKY, H., Gesinterte Aluminiumwerkstoffe mit hohem Siliziumgehalt. In: Ber. II. Internat. Pulvermetallurg. Tagung Eisenach 1.–3. Juni 1961, Akademie-Verlag, Berlin 1962, S. 484–485.
[5] EISENKOLB, F., EHRLICH, G., Über die pulvermetallurgische Herstellung von Nickel-Silber-Kontaktwerkstoffen. Neue Hütte **6** (1961) H. 10, 631–638.
[6] EISENKOLB, F., MÜLLER, K., Oxydbestimmung von Sinteraluminium. Chem. Techn. **10** (1958) H. 1, 32–33.
[7] EISENKOLB, F., MÜLLER, K., Oxydationsbeständige Diffusionsüberzüge auf Molybdän. In: Werkstoffprobleme hochschmelzender und reaktiver Metalle. VEB Deutscher Verlag für Grundstoffindustrie, Leipzig 1962, S. 229–247.
[8] EISENKOLB, F., RICHTER, W., Untersuchungen an Sinterwerkstoffen aus metallischen und nichtmetallischen Bestandteilen. Silikattechnik **8** (1957) H. 4, 140–147.
[9] EISENKOLB, F., RÖLLIG, H.-E., Beitrag zur Entwicklung zunderbeständiger Werkstoffe auf Al-Ni-Grundlage. Neue Hütte **3** (1958) H. 12, 721–731.
[10] EISENKOLB, F., SCHATT, W., Herstellung und Prüfung von Sinterkörpern aus Aluminium und Chrom. Neue Hütte **2** (1957) H. 8, 471–481.
[11] EISENKOLB, F., SCHATT, W., Über die Prüfung von warmfesten metallkeramischen Werkstoffen. Technik **12** (1957) H. 12, 824–829.
[12] MERZ, A., Zur Biegebruchfestigkeit spröder Werkstoffe. In: Ber. II. Internat. Pulvermetallurg. Tagung Eisenach 1.–3. Juni 1961, Akademie-Verlag, Berlin 1962, S. 373 bis 379.
[13] MERZ, A., MÜLLER, K., Beitrag zum Oxydationsverhalten von Molybdändisilizid. In: Ber. II. Internat. Pulvermetallurg. Tagung Eisenach 1.–3. Juni 1961, Akademie-Verlag, Berlin 1962, S. 417–422.

[14] Merz, A., Kotsch, H., Untersuchungen an Chromborid-Werkstoffen. In: Ber. II. Internat. Pulvermetallurg. Tagung Eisenach 1.—3. Juni 1961, Akademie-Verlag, Berlin 1962, S. 423—430.

[15] Merz, A., Uhlmann, J., Über den Einfluß der Mahlbehandlung auf Technologie und Eigenschaften von Chromkarbid-Hartmetallen. In: Ber. II. Internat. Pulvermetallurg. Tagung Eisenach 1.—3. Juni 1961, Akademie-Verlag, Berlin 1962, S. 431—435.

[16] Müller, K., Schmidt, R., Herstellung und einige Eigenschaften feinkörniger Silber-Nickel-Verbindungen. Über wissenschaftliche Grundlagen der modernen Technik, Reihe A, Bd. II Kontaktwerkstoffe in der Elektrotechnik. Akademie-Verlag, Berlin 1962, S. 194—199.

[17] Rassmann, G., Lindner, E., Wittig, R., Weichmagnetische Werkstoffe auf Basis Fe–Si–Al. Neue Hütte 3 (1958) H. 6, 365—371.

[18] Ringpfeil, H., Krumphold, R., Molybdän und Molybdänlegierungen. In: Werkstoffprobleme hochschmelzender und reaktiver Metalle. VEB Deutscher Verlag für Grundstoffindustrie, Leipzig 1962, S. 206—228.

[19] Ringpfeil, H., Krumphold, R., Pulvermetallurgische Herstellung von Titan und Titanlegierungen. In: Ber. II. Internat. Pulvermetallurg. Tagung Eisenach 1.—3. Juni 1961, Akademie-Verlag, Berlin 1962, S. 551—561.

[20] Schatt, W., Schulze, D., Bruchfiguren an Sinterchrom. Naturwissenschaften 44 (1957) H. 23, 613—614.

[21] Schatt, W., Schulze, D., Elektronenmikroskopische Bruchgefügeuntersuchungen an Sinterkörpern aus Tonerde und Chrom. Silikattechnik 8 (1957) H. 12, 524—532.

[22] Spindler, H., Uhlmann, J., Korrosionsverhalten einiger Aluminium-Sinterwerkstoffe in Wasser hoher Temperatur. Aluminium 37 (1951) H. 8, 412—413.

[23] Spindler, H., Uhlmann, J., Röllig, H.-E., Merz, A., Thümmler, F., Verhalten verschiedener Aluminium-Sinterwerkstoffe gegen Wasser hoher Temperatur und gegen Spaltstoffe. J. nucl. Materials 3 (1961) H. 1, 120—123.

[24] Spindler, H., Uhlmann, J., Zum Verhalten von Aluminium-Sinterwerkstoffen in Wasser bis 350 °C. In: Ber. II. Internat. Pulvermetallurg. Tagung Eisenach 1.—3. Juni 1961, Akademie-Verlag, Berlin 1962, S. 131—138.

[25] Strobel, E., Schmidt, R., Herstellung von Sinteraluminiumlegierungen für Sonderzwecke. In: Ber. II. Internat. Pulvermetallurg. Tagung Eisenach 1.—3. Juni 1961 Akademie-Verlag, Berlin 1962, S. 125—129.

[26] Uhlmann, J., Korrosionsbeständige Sinterwerkstoffe auf Chromkarbid-Nickel-Basis. Wiss. Z. Techn. Hochschule Dresden 9 (1959/60) H. 5, 199—202.

Dr.-Ing. Günther Rassmann

Stellvertretender Direktor des Forschungsinstituts für metallische Spezialwerkstoffe und Leiter des Bereichs Werkstoffe mit besonderen physikalischen Eigenschaften

AUS DER ARBEIT DES BEREICHS METALLISCHE SONDERWERKSTOFFE

Einführung

Werden metallische Werkstoffe nicht wegen ihres Festigkeitsverhaltens bei üblichen Betriebsbedingungen, sondern wegen anderer physikalischer Eigenschaften oder unter besonders schwierigen Bedingungen technisch genutzt, so werden sie meist als *Sonderwerkstoffe* bezeichnet.

Nach physikalischen Eigenschaften geordnet, ergeben sich dabei folgende Hauptgruppen, wobei die technisch hauptsächlich genutzten Eigenschaften angeführt sind.

Magnetische Eigenschaften

Weichmagnetische Eigenschaften, hartmagnetische Eigenschaften, Magnetostriktion, Temperaturgang der magnetischen Eigenschaften.

Elektrische Eigenschaften

Hohe Leitfähigkeit, hoher Widerstand, Kontaktverhalten, thermoelektrisches Verhalten, Temperaturgang der elektrischen Eigenschaften.

Thermische Eigenschaften

Ausdehnungsverhalten, Verbundwerkstoffe mit Komponenten verschiedener Ausdehnung, Temperaturgang der thermischen Ausdehnung.

Elastische Eigenschaften

Anisotropie des E-Moduls, Temperaturgang der elastischen Eigenschaften.

Plastische Eigenschaften

Verformungs- und Bruchverhalten von tiefen bis zu hohen Temperaturen.

Der Hauptanwendungsbereich der fünf genannten Gruppen von Sonderwerkstoffen ist bei den magnetischen, elektrischen oder thermischen Eigenschaften zumeist das Gebiet der Elektrotechnik, dabei insbesondere die Nachrichtentechnik, die Regelungstechnik und die Energietechnik. Dort bestimmen z. B. die Hysterese-Eigenschaften von Dynamo- und Transformatorenblechen weitgehend den Entwicklungsstand der Energieumformung und -übertragung und die auftretenden Energieverluste. Meist sollen die Sonderwerkstoffe gleichzeitig mehrere bestimmte physikalische Eigenschaften aufweisen. Ein Beispiel hierfür sind die Werkstoffe für mechanische Filter der Nachrichtentechnik, die neben bestimmten magnetostriktiven Eigenschaften einen sehr niedrigen Temperaturkoeffizienten der elastischen Eigenschaften besitzen müssen. Zusätzlich zu diesen physikalischen Forderungen kommen stets noch Forderungen der technologischen Herstellung.

Die elastischen Eigenschaften haben Einfluß auf das Dämpfungsverhalten von Werkstoffen, und der TK der elastischen Eigenschaften ist bei der Schaffung von Schwingsystemen mit temperaturunabhängiger Frequenz von ausschlaggebender Bedeutung.

Das plastische Verhalten bestimmt weitgehend die Festigkeit. Da bei Überschreiten einer Temperatur, die in Näherung der halben Schmelztemperatur entspricht, die Festigkeit erheblich abnimmt und stark zeitabhängig wird, hat das Auftreten sehr hoher Arbeitstemperaturen in einigen neuen Gebieten der Technik, wie der Raumfahrt, starke Impulse zur Entwicklung von Hochtemperaturwerkstoffen gegeben. Dabei wurden hochschmelzende Metalle wie Mo, W und Nb zur Ausgangsgrundlage dieser Werkstoffentwicklung. Sie erfordert infolge der stark reaktiven Eigenschaften der angeführten Metalle neue Wege der Schmelz- und Verarbeitungstechnologie. Die rasche Entwicklung der Vakuummetallurgie, insbesondere des Lichtbogen- und Elektronenstrahlschmelzens, steht ursächlich hiermit im Zusammenhang. Auswirkungen auf die gesamte Metallurgie sind in bestimmtem Umfang zu erwarten.

Allgemein gilt, daß die zur Verfügung stehenden Werkstoffe mit ihren Eigenschaften jeder weiteren technischen Entwicklung Grenzen setzen und daß die Werkstoffentwicklung somit zum maßgebenden Faktor der Weiterentwicklung der Technik wird. Hierin ist auch die Bedeutung der Sonderwerkstoffe zu sehen, da sie mit ihren Eigenschaften die Spitze der Werkstoffentwicklung bilden.

Aufgaben

Der Bereich für metallische Sonderwerkstoffe beschäftigt sich mit der —zumeist — schmelzmetallurgischen Herstellung der angeführten Werkstoffgruppen, mit ihrer Weiterverarbeitung zum Halbzeug in Blech-, Band- und Drahtform und der Gestaltung des Halbzeugs zum Bauelement.

Ein Hauptziel ist dabei, die physikalischen und technologischen Eigenschaften durch Weiterentwicklung und Schaffung neuer Werkstoffe zu verbessern und den Werkstoffeinsatz im Bauelement optimal zu gestalten.

Diese technische Aufgabenstellung ist nur dann sinnvoll lösbar, wenn in umfassender Weise der Zusammenhang zwischen Werkstoffzustand, Eigenschaften und Technologie der in Betracht kommenden Legierungen sowie der Einfluß der Beanspruchungsbedingungen auf Zustand und Eigenschaften geklärt wird. Die Gewinnung dieser Erkenntnisse bedeutet eine gezielte Grundlagenforschung, deren Anteil an der gesamten Arbeit des Instituts um so größer wird, je mehr nach dem Anschluß der Entwicklung an den Weltstand neue und eigene Wege begangen werden müssen, um einen technischen Fortschritt zu erzielen.

Eine Übersicht über die den Zusammenhang zwischen Werkstoffzustand, Eigenschaften, Technologie und Beanspruchungsart bestimmenden Faktoren gibt Tabelle 1. Aus der in der Tabelle enthaltenen Aufzählung lassen sich zwei Hauptproblemkreise ableiten, in die die Arbeiten des Bereichs Sonderwerkstoffe einzuordnen sind. Erstens Arbeiten zur Klärung des Zusammenhangs Struktur —

Tabelle 1. Zusammenhang zwischen Struktur, Eigenschaften, Technologie und Beanspruchung

Struktur,	Eigenschaften,	Technologie	Beanspruchungsart
Atom-Art	Festigkeit (elastische, plastische)	Schmelzmetallurgie	Chem. Einwirkung der Umgebung
		Sintermetallurgie	
Atom-Bindung	Bruchart		Mechanische Spannungen
Atom-Aggregation Kristalle Moleküle Amorph	Leitfähigkeit elektrische, thermische	Warmverformung	
		Kaltverformung	Elektrische und magnetische Felder
Mikro-Gefüge Kristallite Korngrenzen Gitterfehler Phasenverteil. Kristallorientierung	Magnetische Eigenschaften Permeabilität Sättigung CURIE-Temp.	Spanabhebende Bearbeitung	
		Wärmebehandlung	Thermische Bedingungen (hohe u. tiefe Temperaturen)
	Korrosionswiderstand	Oberflächenbehandlung	
Makro-Gefüge Oberfläche Poren Lunker Seigerungen Verbindungen	Technologisches Verhalten Formänderungswiderstand Reibverhalten Spanabhebende Bearbeitung Stanzarbeit	Verbindung (Schweißen, Löten, Kleben)	Bestrahlung

Eigenschaften — Technologie und zweitens Arbeiten zur Beeinflussung der Struktur und damit der Eigenschaften durch die Beanspruchungsart.

Gleichzeitig erlaubt diese Aufzählung zwanglos ein Eingehen auf die zur Lösung der genannten Hauptaufgaben notwendigen Einrichtungen.

Einrichtungen

Die zur Durchführung der Aufgaben des Bereichs notwendigen Einrichtungen lassen sich in drei Gruppen aufteilen:

Geräte und Einrichtungen zur direkten Strukturbestimmung, Einrichtungen zur Bestimmung der physikalischen Eigenschaften unter den verschiedensten

Beanspruchungsbedingungen und technologische Einrichtungen zur Herstellung von Werkstoffen der unterschiedlichsten Zusammensetzung, Abmessung und Form.

Die Festlegung sowie die Beschaffung und der Aufbau dieser Einrichtungen war eine Hauptaufgabe der ersten Jahre der Institutsarbeit; sie ist im wesentlichen abgeschlossen. Ergänzungen machen sich, der allgemeinen Entwicklung der Meßtechnik und der Metallurgie folgend sowie aufgrund neuer Aufgabenstellungen, in geringerem Umfang stets notwendig.

Um einen Einblick in die gegenwärtigen Arbeitsmöglichkeiten zu geben, seien die in den drei genannten Gruppen vorhandenen wesentlichsten Einrichtungen nachstehend angeführt:

Die technologische Ausrüstung umfaßt Schmelzaggregate zum Schmelzen und Gießen von Blöcken und Formgußteilen sowohl im offenen Schmelzverfahren als auch unter Schutzgas oder im Vakuum (10^{-2} bis 10^{-4} Torr) für einen Schmelzeinsatz bis 2 Ltr. Die Erhitzung erfolgt induktiv durch Röhrensender 100 kHz, 20 kW oder durch einen Maschinengenerator 8 kHz, 56 kW. Zum tiegellosen Umschmelzen ist ein Vakuum-Lichtbogenofen mit 175 kVA Leistung vorhanden, die wassergekühlte Kupferkokille hat einen nutzbaren Inhalt von 4,5 Ltr. Im Versuchsbetrieb befindet sich ein Elektronenstrahlmehrkammerofen mit einer Leistung von 60 kW, der es gestattet, ein Vakuum von 10^{-6} Torr zu erreichen. Zur Herstellung von Einkristallen dienen mehrere nach dem Bridgeman-Verfahren arbeitende Anlagen.

Zur Warmverformung von Flachmaterial dienen zwei Warmwalz-Duos mit 280 ⌀ × 400 mm bzw. 120 ⌀ × 180 mm Arbeitswalzen. Ein im Eigenbau entwickeltes kleines Profilwalzwerk erlaubt die Walzung von Stangen mit 8-kant-Kaliber, 18 bis 10 mm Schlüsselweite. Zum Schmieden ist ein Lufthammer mit 150 kp Bärgewicht vorhanden. Zur Kaltverformung von Flachmaterial (Bleche, Bänder) steht ein Quarto mit 110/320 ⌀ × 300 mm Walzen bereit. Zur Herstellung dünner Bänder werden Mehrrollenwalzwerke mit 6, 12 und 20 Rollen benutzt; sie gestatten bei 10 mm Breite Bänder von 3 μm herzustellen. Zur Herstellung von Rundmaterial (Stangen, Draht) sind ein Stangenzug, Hämmermaschinen (20 bis 2 ⌀) und Ziehmaschinen (8 bis 0,03 ⌀) vorhanden. Daneben gibt es noch die notwendigen Hilfseinrichtungen zu den Verformungsaggregaten sowie Glüh- und Beizanlagen.

Die Geräte zur *direkten Strukturbestimmung* umfassen eine Reihe von Metallmikroskopen zur lichtmikroskopischen Gefügebeobachtung bei Raumtemperatur mit Vergrößerungen bis 1300:1. Hochtemperatur-Mikroskopieranlagen gestatten es, bis zu Temperaturen von etwa 2000 °C und 600facher Vergrößerung den Einfluß der Temperatur auf das Gefüge metallischer Werkstoffe zu verfolgen. Hilfseinrichtungen zur Probenvorbereitung, Vorrichtungen zum mechanischen sowie zum elektrolytischen Polieren nach verschiedenen Methoden sind vorhanden. Ein elektrostatisches und ein elektromagnetisches Durchstrahlungsmikroskop erlauben, bei einer Strahlspannung von 40 bzw. 60 kV, die Durchstrahlung von nach verschiedenen Verfahren hergestellten Folien bis zu einer 20000fachen Vergrößerung.

Die zur Feinstrukturuntersuchung vorhandenen Röntgengeräte gestatten, neben den üblichen DEBYE- und LAUE-Aufnahmen, die Struktur- und Texturbestimmung mittels Zählrohrregistrierung, die Aufnahme schwacher Interferenzen nach dem GUINIER-Verfahren, die Strukturbestimmung bei Temperaturen bis 1400 °C im Vakuum oder Schutzgas sowie die visuelle Orientierungsbestimmung von Einkristallen. Eine Reihe von Geräten dient dem Nachweis von Strukturänderungen bei Temperaturänderung auf thermoanalytischem bzw. dilatometrischem Wege.

Sehr umfangreich sind die Einrichtungen zur Messung der mechanischen, elektrischen, thermischen und magnetischen Eigenschaften. Sie dienen nicht nur zur Bestimmung der Eigenschaften unter den unterschiedlichsten Beanspruchungsbedingungen, sondern sie sind gleichzeitig ein wichtiges Mittel zur indirekten Strukturbestimmung, das die bereits angeführten Methoden ergänzt, sofern vorliegende allgemeine Erkenntnisse über Struktur und Eigenschaften herangezogen werden können.

Mit den Einrichtungen zur Prüfung der mechanischen Eigenschaften kann sowohl die Ermittlung des elastischen als auch des plastischen Verhaltens bei tiefen Temperaturen und bei hohen Temperaturen bis etwa 1000 °C durchgeführt werden.

Die elektrischen Meßeinrichtungen erlauben die Bestimmung der Leitfähigkeit im Temperaturbereich von —120 bis 1000 °C sowie die Bestimmung der HALL-Konstanten.

Mittels Meßanordnungen zur Untersuchung des Verhaltens von Heizleitern, Präzisionswiderständen oder Kontakten der Schwachstromtechnik können die wichtigsten technischen Kennziffern dieser Werkstoffe ermittelt werden.

Thermische Einrichtungen lassen insbesondere die Bestimmung der für Einschmelzwerkstoffe der Röhrenindustrie bzw. für Thermobimetalle maßgebenden Kenngrößen zu.

Die magnetischen Meßeinrichtungen gestatten sowohl die Ermittlung der das magnetische Verhalten bestimmenden Grundgrößen, d. h. der Sättigungsmagnetisierung, Magnetostriktion und Anisotropie, als auch die Ermittlung der Hystereseeigenschaften von weich- und hartmagnetischen Werkstoffen unter den verschiedensten Bedingungen der technischen Anwendung.

Die zu bearbeitenden Aufgaben brachten es mit sich, daß in zahlreichen Fällen benötigte Geräte oder Einrichtungen handelsüblich nicht zu haben waren und daher im Institut selbst entwickelt und gebaut wurden. Einige Beispiele mögen das belegen und zugleich die Leistungsfähigkeit der im Institut vorhandenen Konstruktionsabteilung und der Werkstätten aufzeigen.

Abb. 1 zeigt einen Einkristallofen, der es erlaubt, gleichzeitig mehrere Einkristalle nach dem BRIDGEMAN-Verfahren herzustellen. Einkristalle sind eine notwendige Voraussetzung bei Grundlagenuntersuchungen, insbesondere von orientierungsabhängigen Eigenschaften.

Auf Abb. 2 ist ein Meßplatz zur Bestimmung der magnetischen Anisotropie von Einkristallkugeln zu sehen. Zur Ausschaltung der Wirkung der Formanisotropie ist es notwendig, die Kugeln auf eine Durchmesserabweichung von $\pm 1\ \mu m$ zu bearbeiten, ohne dabei den Einkristallcharakter der Probe zu zerstören.

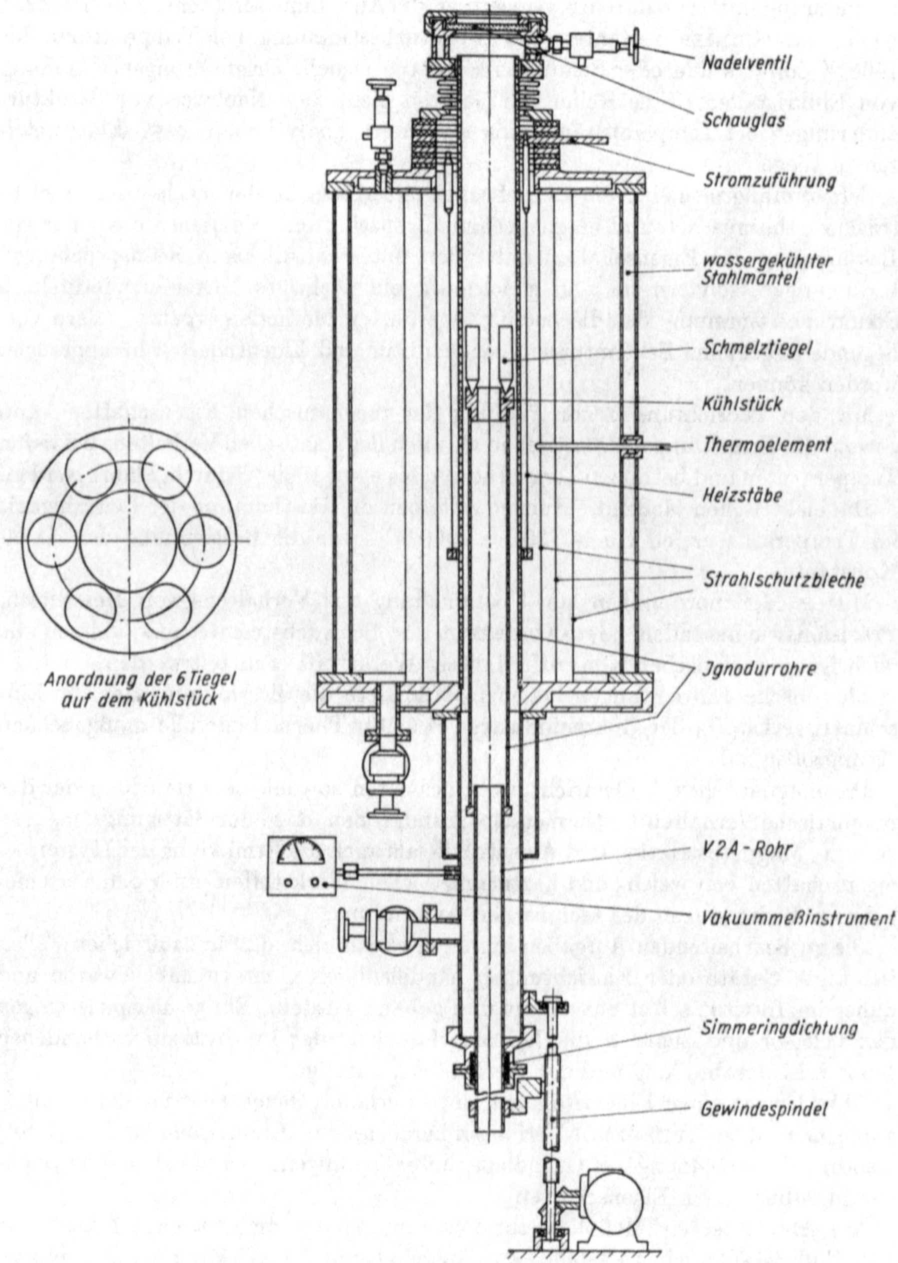

Abb. 1. Mehrproben-Einkristallofen

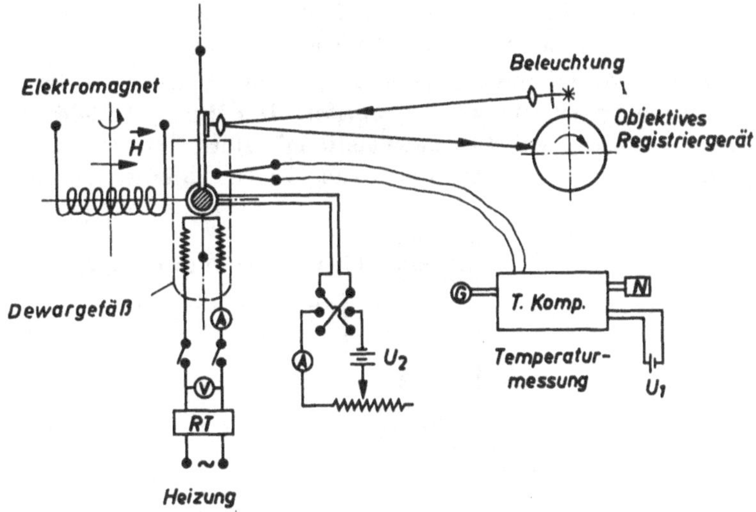

Abb. 2. Anisotropiemeßgerät zur Messung der Größe K

Abb. 3 stellt einen Meßplatz zur Aufzeichnung der Hystereseschleife dar. Er gestattet die graphische Aufzeichnung einer Schleife in einer Zeit von 30 bis 40 s, die übliche punktweise Messung erfordert dagegen etwa 30 min. Der Vorteil der Einrichtung liegt nicht nur in der schnelleren Verfügbarkeit des Meßergebnisses und damit in einer entsprechend schnellen Lenkung laufender Versuchsreihen, sondern auch darin, daß es möglich ist, den Einfluß von Strukturänderungen, z. B. durch Temperatureinwirkung, messend laufend zu verfolgen.

Abb. 4 zeigt eine Verformungseinrichtung, die mit bisher nicht üblichen sehr hohen Verformungsgeschwindigkeiten arbeitet. Das Prinzip besteht darin, daß ein Stempel zwischen zwei Druckkammern mit stark unterschiedlichen Gasdrücken durch entsprechende Dimensionierung der Druckflächen nach den beiden

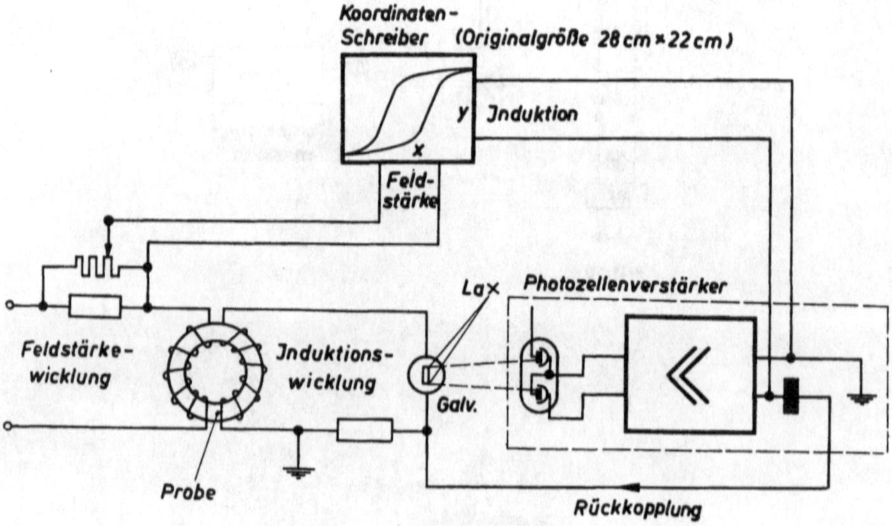

Abb. 3. Hystereseschreiber

Kammern zu zunächst im Gleichgewicht gehalten wird. Bei Änderung des Drucks in einer der Kammern wird eine sehr rasche Bewegung des Stempels eingeleitet, die mit hoher Geschwindigkeit zu einer Verformung des unter dem Stempel befindlichen Werkstoffs führt.

Durch das bei sehr hohen Verformungsgeschwindigkeiten veränderte Verformungsverhalten sind wichtige Aufschlüsse über die technologischen Verarbeitungsmöglichkeiten hochwarmfester Legierungen zu erwarten.

Die Beispiele sollten gleichzeitig einen Hinweis auf die Vielfalt der auftretenden Probleme geben.

Arbeiten und Ergebnisse

Um den Umfang der Thematik und die Arbeitsweise des Bereichs für metallische Sonderwerkstoffe zu erläutern, sollen die auf den einzelnen Werkstoffgebieten durchgeführten Arbeiten, nach Eigenschaftsgruppen geordnet, angeführt werden. Dabei sei auf einige wichtige Ergebnisse hingewiesen. Das beigefügte Verzeichnis von Veröffentlichungen über diese Arbeiten möge eine eingehendere Beschäftigung im einzelnen Fall ermöglichen.

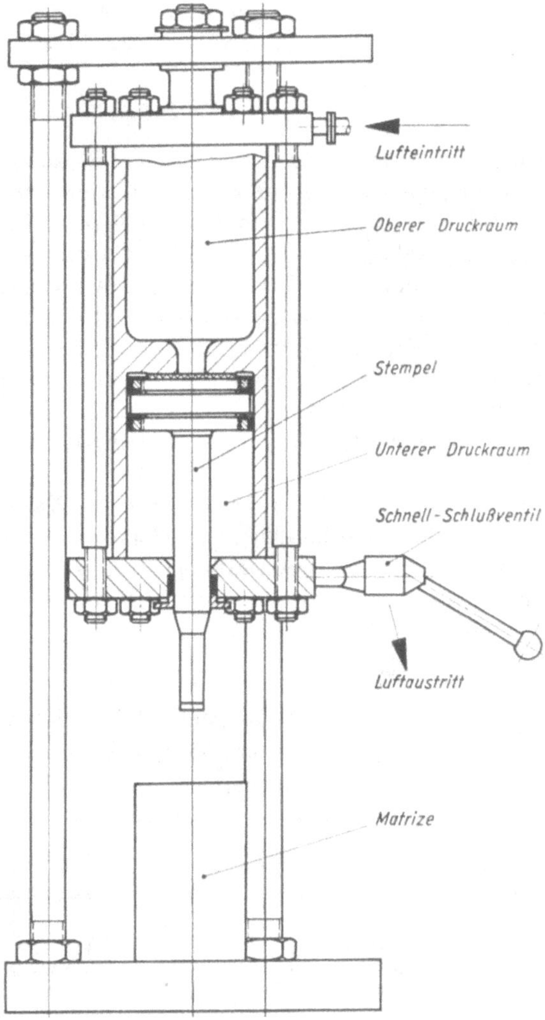

Abb. 4. Hochgeschwindigkeits-Umformmaschine

Magnetische Eigenschaften

Die durchgeführten Arbeiten galten den physikalischen Grundlagen der weich- und hartmagnetischen Werkstoffe sowie der Anwendung metallphysikalischer Erkenntnisse bei der Weiterentwicklung dieser Werkstoffe. Ihr Ergebnis sind oftmals neue, wissenschaftlich begründete Technologien, die es gestatten, Werkstoffe mit erheblich verbesserten Eigenschaften zu erzeugen.

Im einzelnen wurden auf weichmagnetischem Gebiet Arbeiten zu Rekristallisationsfragen von Weicheisen, zur Texturbildung an Fe–Si-Legierungen für Dynamo- und Trafobleche, zum Einfluß der Wärmebehandlung mit und ohne Magnetfeld bei reversiblen Ni–Fe-Legierungen und zur Bedeutung von Ordnungsvorgängen an Fe–Al- und Fe–Co-Legierungen durchgeführt. Auf einige Ergebnisse sei kurz eingegangen [2, 4, 6–9, 13–15, 18, 21, 22, 30, 32, 33, 44, 45].

Weicheisen

Die weichmagnetischen Eigenschaften eines Metalls lassen sich nur durch Verminderung der physikalischen und chemischen Gitterbaufehler, durch Schaffung geeigneter Texturen, die die Vorzugslage der Magnetisierung ausnutzen, und durch Erzeugung eines Gefüges mit großem Korn günstig beeinflussen. Durch eine eingehende Untersuchung des Zusammenwirkens von Kornwachstum und Reinigungswirkung, durch Entfernung von Kohlenstoff auf dem Diffusionswege sowie der Bedingungen der Rekristallisation nach kritischer Verformung konnten bei der Fertigung von Weicheisen für den Relaisbau technisch bereits genutzte Erfolge erzielt werden. Sie beruhen auf einer Klärung des bisher unbeobachteten Einflusses des Ausgangszustandes auf die Wirkung der späteren Behandlungsstufen des Werkstoffes.

Abb. 5 zeigt den Einfluß der Technologie des Warmwalzens auf die bei einer folgenden Schlußwärmebehandlung erzielbare Koerzitivfeldstärke. Danach gelingt es, durch geeignete Vorbehandlung beim Warmwalzen ein ausgesprochenes Minimum der Koerzitivfeldstärke durch Glühung bei 800 °C in Wasserstoff zu erzielen [44, 45].

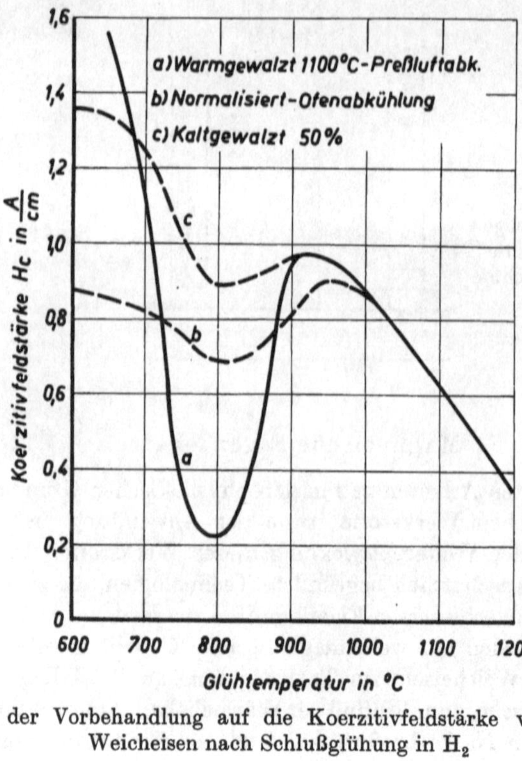

Abb. 5. Einfluß der Vorbehandlung auf die Koerzitivfeldstärke von warmgewalztem Weicheisen nach Schlußglühung in H_2

Nach geringer Verformung und anschließender Rekristallisation entsteht bei Eisen ein grobkörniges Gefüge. Es ist auffällig, daß eine technische Nutzung dieses oft beschriebenen Vorgangs zur Erzielung einer geringen Koerzitivfeldstärke kaum erfolgt. Dabei gehen die Auffassungen über die erzielbare Herabsetzung der Koerzitivfeldstärke ziemlich weit auseinander. Durch eigene Untersuchungen konnte geklärt werden, daß die durch eine Rekristallisationsglühung erreichbare Koerzitivfeldstärke nicht nur von der Durchführung der Glühung und der Größe der vorangegangenen Verformung, sondern auch stark von dem vor der Verformung vorhandenen Gefügezustand abhängt. Abb. 6 veranschaulicht diesen Einfluß der Vorbehandlung hinsichtlich der erreichbaren Koerzitivfeldstärke. Damit ist zugleich die Ursache der erwähnten unterschiedlichen Auffassungen gefunden [44].

Eine geeignete Kristallorientierung läßt die Anisotropie der magnetischen Eigenschaften technisch nutzbar machen. Fe–Si-Legierungen mit etwa 3% Si, die eine Textur (110) [001] aufweisen, werden in der ganzen Welt in zunehmendem

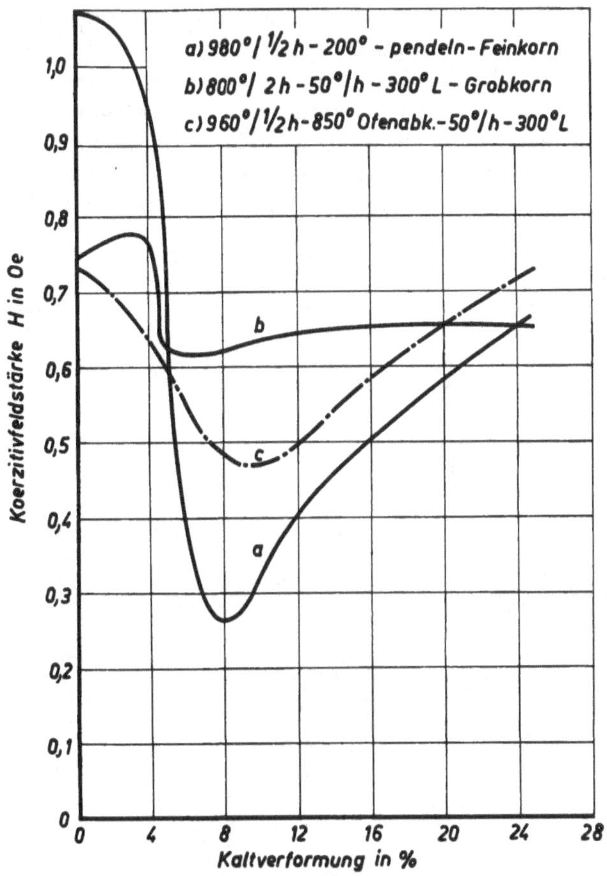

Abb. 6. Einfluß der Vorbehandlung auf die Koerzitivfeldstärke von kaltgewalztem Weicheisen nach Schlußglühung in H_2 (800 °C 5 h feucht)

Maße als Transformatorenbleche eingesetzt; sie verdrängen die bisher benutzten isotropen warmgewalzten Bleche durch ihre geringeren Ummagnetisierungsverluste und höheren Induktionen. Bei geeigneter Walz- und Glühbehandlung geht die Ausbildung der Textur während der Schlußwärmebehandlung im Anschluß an die zunächst erfolgende Primärrekristallisation durch Einsetzen von selektivem Kornwachstum bei etwa 950 °C vor sich. Dies bedeutet für Weicheisen oder Fe-Si-Legierungen mit α–γ-Umwandlung unterhalb dieser Temperatur, daß mit der angeführten Technologie eine Texturbildung nicht erfolgt, da die vorher einsetzende α–γ-Umwandlung dies verhindert.

Um Weicheisen bzw. Fe–Si-Legierungen mit niedrigem Si-Gehalt zur Texturbildung zu befähigen, muß die Aufgabe gelöst werden, die Temperatur des selektiven Kornwachstums unter die der α–γ-Umwandlung herunterzusetzen. Dies ist bei unseren Arbeiten dadurch gelungen, daß im Anschluß an die Primärrekristallisation eine sehr geringe Verformung erfolgte und die Rekristallisation dann bei einer Temperatur unterhalb der α–γ-Umwandlungstemperatur, die normalerweise nicht zu selektivem Kornwachstum ausreicht, fortgesetzt wurde. Dabei zeigte sich, daß durch die geringe Zwischenverformung und die damit zugeführte Verformungs-Energie die Temperatur des selektiven Kornwachstums so weit herabgesetzt wurde, daß sie nunmehr unterhalb der α–γ-Umwandlung lag. Damit war eine Möglichkeit gefunden, die es erlaubt, auch an Fe–Si-Legierungen mit niedrigem Si-Gehalt oder Weicheisen eine Textur (110) [001] zu schaffen. Abb. 7 zeigt für eine Fe–Si-Legierung mit 0,7% Si an einer Keilzugprobe die Wirkung einer

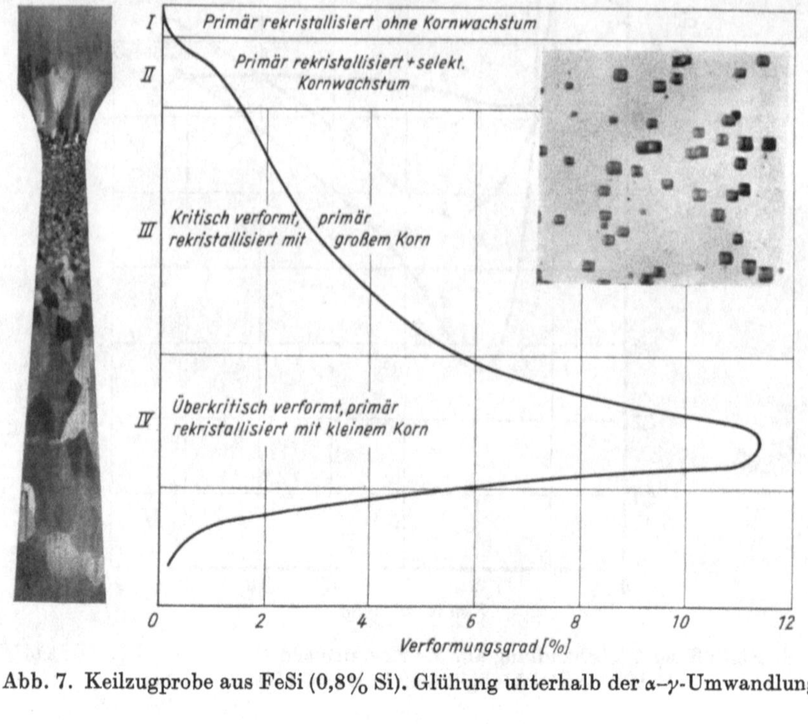

Abb. 7. Keilzugprobe aus FeSi (0,8% Si). Glühung unterhalb der α–γ-Umwandlung

im Anschluß an die Primärrekristallisation erfolgten geringen Reckung. Infolge der Form der Probe ist der Betrag der Verformung in der Längsrichtung veränderlich. Durch besonderes Ätzen wurde sowohl die Korngröße als auch die Kornorientierung sichtbar gemacht. Danach besteht die grobkörnige Zone aus einer Zone mit Kristallorientierung, an die sich eine weitere Zone ohne Kristallorientierung anschließt. Erstere ist durch selektives Kornwachstum entstanden,

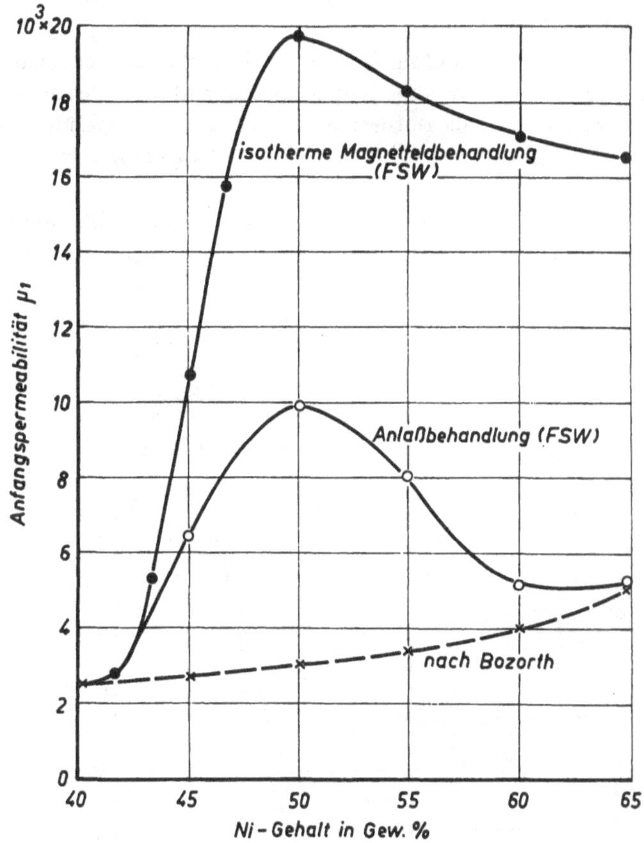

Abb. 8. Verbesserung der Anfangspermeabilität binärer Ni–Fe-Legierungen durch Sonderwärmebehandlung

während die zweite Zone durch die bekannte Wirkung einer kritischen Reckung gebildet worden ist. In der ersten Zone sind demnach die durch die Vorbehandlung gebildeten Keime des selektiven Wachstumsgefüges erhalten geblieben, in der zweiten Zone hat der größere Betrag der Reckung zur Bildung neuer Rekristallisationskeime geführt.

Weitergehende Möglichkeiten der Beeinflussung der Eigenschaften als bei einem Metall finden sich beim Übergang zu Legierungen. Hier bietet der Zusammenhang der magnetischen Grundgrößen (Sättigungsmagnetisierung, Magnetostriktion,

Anisotropie) mit der Zusammensetzung und dem Ordnungszustand die Möglichkeit, besonders günstige Bedingungen zur Erzielung höchstpermeabler Legierungen zu schaffen.

Die Legierungen des Systems Ni–Fe sind in dieser Hinsicht eingehend durchforscht, insbesondere im Bereich zwischen 50 und 80% Ni. Dabei gelingt es, durch Wärmebehandlung bei gleichzeitiger Einwirkung eines Magnetfelds im Bereich von etwa 65% Ni eine rechteckförmige Hystereseschleife mit hoher Maximalpermeabilität auszubilden.

Es gelang nachzuweisen, daß im Gegensatz zur bisherigen Anschauung auch die Anfangspermeabilität durch eine Magnetfeldbehandlung wesentlich beeinflußt werden kann, wenn diese als isotherme Behandlung durchgeführt wird. Abb. 8 zeigt die damit mögliche Beeinflussung der Anfangspermeabilität von Ni–Fe-Legierungen [18].

Die Kenntnis allgemeiner Zusammenhänge zwischen Struktur und magnetischen Eigenschaften gestattet es oftmals auch, magnetische Messungen zum Nachweis

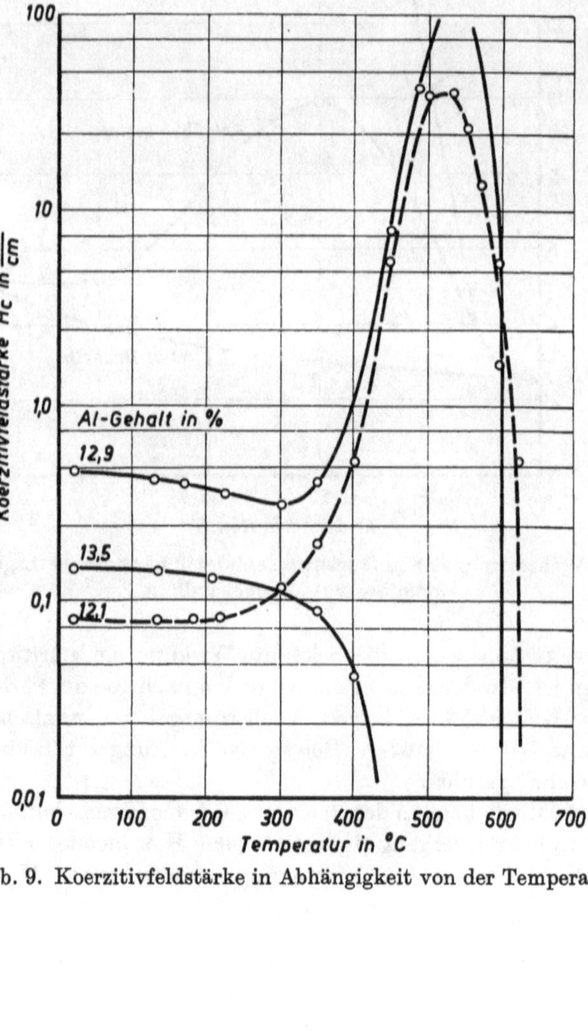

Abb. 9. Koerzitivfeldstärke in Abhängigkeit von der Temperatur

von Strukturänderungen heranzuziehen. Ein Beispiel hierfür zeigt Abb. 9, auf der der Temperaturgang der Koerzitivfeldstärke einer Fe–Al-Legierung mit etwa 13% Al wiedergegeben ist. Diese Legierung läßt im Temperaturbereich von etwa 600 °C einen Anstieg der Koerzitivfeldstärke auf das Hundertfache des Ausgangswerts erkennen. Wird die Legierung von der genannten Temperatur rasch abgekühlt, so geht die bei Raumtemperatur gemessene Koerzitivfeldstärke auf den Ausgangswert zurück. Zur Deutung dieses auffälligen Verhaltens gelangt man, wenn man berücksichtigt, daß ein Gefüge mit ferromagnetischen Einbereichsteilchen in einer nichtferromagnetischen Grundmasse durch die dann starke Formanisotropie eine hohe Koerzitivfeldstärke besitzt. Im vorliegenden Fall scheint daher die Auflösung der Überstruktur Fe_3Al mit einer Umbildung der Atome und der Ausbildung eines solchen Gefüges verknüpft zu sein. Die unmagnetische Grundmasse befindet sich offenbar bei 600 °C im paramagnetischen Zustand und ist bei Raumtemperatur ferromagnetisch. Damit entfällt die Ursache der hohen Koerzitivfeldstärke bei 600 °C [32].

Hartmagnetische Werkstoffe

Auf dem Gebiet der hartmagnetischen Werkstoffe gelang es, die magnetische Güte von verformbaren Cu–Ni–Fe-, Cu–Ni–Co-, Fe–Ni–Cr-, Fe–Mn–Ti- und Fe–Co–V-Legierungen zu steigern und zu einem besseren Verständnis der Ursachen der magnetischen Härte dieser Werkstoffe zu gelangen [11, 16, 23, 24, 25, 31, 35, 39, 43]. Bei Al–Ni- und Al–Ni–Co-Gußlegierungen wurden die technologischen Möglichkeiten zur Herstellung anisotroper Magnete hoher Güte mit Kristallorientierung geprüft. Über die Versuche zur Herstellung von Einkristallen sowie von Gefüge mit Stengelkornbildung wird an anderer Stelle ausführlich berichtet [5, 51, 55].

An Pt–Co-Magneten konnte das im Schrifttum angegebene Energieprodukt von 10×10^6 G·Oe erreicht werden. Die Eigenschaften von Fe–Ni–Cr-Legierungen wurden durch eine Klärung der Bedingungen der Verformungsstabilität erheblich verbessert; ihre Koerzitivfeldstärke wurde von 400 auf 1200 Oe erhöht. Die hartmagnetischen Eigenschaften dieser Legierungsgruppe gehen darauf zurück, daß eine metastabilaustenitische unmagnetische Legierung durch Verformen zum Teil in die ferromagnetische α-Phase umgewandelt wird. Die Kenntnis der Bildungsbedingungen der α-Phase beim Verformen sowie ihrer Rückumwandlung in γ durch eine Wärmebehandlung führte zur Auffindung von Gefügezuständen mit günstigen hartmagnetischen Eigenschaften. Zum Nachweis der Orientierung und Form der α-Teilchen führten nur magnetische Messungen; damit wurden Aussagen über den Mechanismus der Magnetisierungsumkehr ermöglicht. Sie leiteten eine Reihe von Arbeiten ein, die eine experimentelle Überprüfung der bestehenden Vorstellungen über die Magnetisierungsumkehr bei Werkstoffen mit formanisotropen Einbereichsteilchen gestatten [34, 38, 40, 41]. Dabei konnten auch an Pt–Co- und Al–Ni–Co-Einkristallen die theoretischen Vorstellungen über die Bedeutung des Wechselfeld-Hysterese-Integrals für Dauermagnetwerkstoffe überprüft und bestätigt werden [52].

Die metallische Leitfähigkeit geht auf eine Elektronenbewegung in dem von den Metallionen gebildeten Raumgitter zurück. Bei idealem Gitteraufbau und ohne Wärmeschwingung ist eine unendlich große Leitfähigkeit der Metalle zu erwarten. Die technisch erreichbare Leitfähigkeit ist durch die Zahl der Leitungselektronen und die Gitterstörungen bedingt. Die Leitfähigkeit kann daher nicht über die von reinstem Kupfer oder Gold gesteigert werden. Eine Reihe von Eigenschaften, die bei der technischen Anwendung von *Leiterwerkstoffen* zusätzlich gefordert werden, kann nur von Legierungen erfüllt werden. Sie stellen in jedem Fall einen Kompromiß dar, da die Leitfähigkeit selbst stets niedriger wird als die des reinen Basis-Metalls.

Die Erkenntnis, daß hohe Leitfähigkeit und Festigkeit besser an heterogenen aushärtenden Legierungen zu erreichen sind als durch Mischkristallbildung, hat in den letzten Jahren zur Entwicklung von Leitwerkstoffen auf Cu–Be-, Cu–Zr- und Cu–Cr-Basis geführt. Dabei gelingt es, eine Festigkeit von 45 kp/mm² mit einer Leitfähigkeit von 51 $\frac{\text{m}}{\Omega\,\text{mm}^2}$ zu vereinigen. Der Einfluß des Aushärtungsvorgangs auf die physikalischen Eigenschaften wurde näher untersucht [58].

Auf dem *Kontaktgebiet* fehlen sowohl für Schwachstrom- als auch für Starkstromkontakte physikalisch begründete Werkstoffkenngrößen, die das Kontaktverhalten bei unterschiedlichen Betriebsbedingungen kennzeichnen würden. Grundlagenuntersuchungen, die sich mit dem Zusammenhang von Übergangswiderstand und Oxydationsverhalten sowie mit den Bedingungen der Feinwanderung befassen, haben an Ag-Kontakten zu wesentlichen Klärungen geführt und sollen daher auch auf andere Werkstoffgruppen ausgedehnt werden. An anderer Stelle wird hierüber Näheres ausgeführt [42, 47, 50].

Widerstandswerkstoffe sind in ihrer technischen Anwendung als Heizleiter von erheblicher Bedeutung. Bereits vor Jahren wurde die Nachentwicklung von Fe–Cr–Al-Legierungen abgeschlossen, die in ihren Gebrauchseigenschaften die bekannter Auslandsprodukte noch übertreffen. Infolge der relativ schwierigen technologischen Herstellung und des Fehlens geeigneter Verformungseinrichtungen in den Halbzeugwerken konnte eine Produktionsaufnahme bisher nicht erreicht werden. Das gleiche gilt für einen Ni-freien Werkstoff für Zündkerzenelektroden auf Basis Fe–Cr–Al–Si, an den ähnliche Anforderungen gestellt werden und der in enger Zusammenarbeit mit dem Verbraucher in dessen Auftrag entwickelt wurde.

Der Temperaturgang des Widerstands ist bei der Anwendung von Werkstoffen als *Präzisionswiderstand* neben seiner Alterungsbeständigkeit besonders wesentlich. Gefordert wird ein TK $< 2{,}5 \cdot 10^{-5}$. Während Metalle einen TK $> 200 \cdot 10^{-5}$ besitzen, läßt sich durch Mischkristallbildung und die damit verbundene Widerstandserhöhung der TK bis auf 5 bis $7{,}5 \cdot 10^{-5}$ an Ni–Cr-Legierungen und Fe–Cr–Al-Legierungen senken. Dabei besteht der niedrige TK in einem Temperaturbereich von mehreren hundert Grad. Noch kleinere Werte des TK finden sich in engeren Temperaturbereichen bei Legierungen mit anomaler Form der Widerstands-

Temperaturkurve. Verläuft diese s-förmig (statt geradlinig), so kann im annähernd waagerechten Teil der Kurve ein TK $< 2{,}5 \cdot 10^{-5}$ auftreten.

Die Entstehung solcher Widerstands-Temperaturkurven wird auf die Ausbildung eines besonderen Werkstoffzustands, der mit Nahordnung und Elektronenaustausch zusammenhängt, zurückgeführt und als K-Zustand bezeichnet. Er ist u. a. an Legierungen der Systeme Cu-Mn, Ni-Cr bekannt. Da an Cu-Legierungen mit etwa 10 bis 12% Mn der s-förmige Teil der Widerstands-Temperaturkurve bei den Arbeitstemperaturen von Präzisionswiderständen liegt, zeigen diese Werkstoffe bei geeigneter Vorbehandlung die von Präzisionswiderständen geforderten Eigenschaften. Ihr Nachteil ist ein relativ geringer spezifischer Widerstand von $\varrho = 0{,}43$ Ohm mm²/m.

Obwohl an Ni-Cr-Legierungen mit etwa 80% der waagerechte Teil der Widerstands-Temperaturkurve erst zwischen 500 und 800 °C auftritt, gelingt es, durch geeignete Legierungszusätze und Wärmebehandlung den Anfangsteil der Widerstands-Temperaturkurve so weit anzuheben, daß der für Präzisionswiderstände geforderte TK $< 2{,}5 \cdot 10^{-5}$ erreicht wird; dabei ist der spezifische Widerstand $\varrho > 1$ Ohm mm²/m.

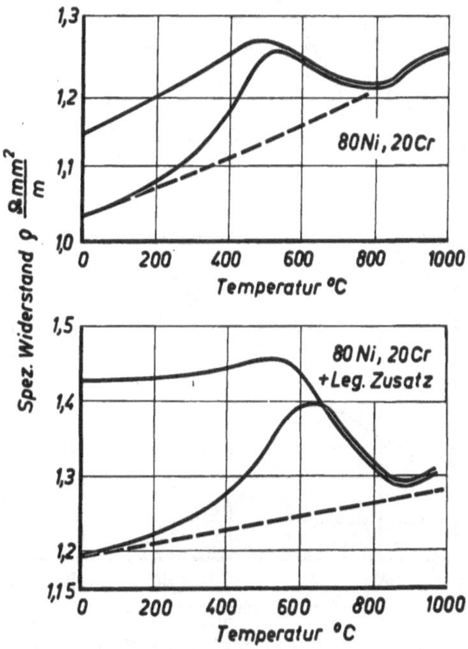

Abb. 10. Widerstandstemperaturverhalten von Ni–Cr-Legierungen

Die Entwicklung dieser Legierungsgruppe hat zur Klärung der Beziehungen zwischen Technologie und Widerstandsverhalten geführt [59]. Vorbereitungen zur Produktion sind getroffen. Abb. 10 zeigt den Einfluß der Wärmebehandlung auf den TK einer Legierung 80 Ni/20 Cr mit geeigneten Zusätzen. Diese Legierungsgruppe scheint geeignet, die bisher für Präzisionswiderstände verwendeten Cu–Mn-Legierungen zu verdrängen.

Leitfähigkeitsmessungen sind in manchen Fällen ein einfaches Mittel, um *Strukturänderungen* zu verfolgen. Den Einfluß des Verformungsgrads und der Verformungstemperatur auf die Martensitbildung einer metastabilen austenitischen Fe–Ni–Co-Legierung mit 54% Fe, 17,5% Co, Rest Ni zeigt Abb. 11. Er beruht auf der geringeren Leitfähigkeit der austenitischen gegenüber der martensitischen Phase. Bei 100 °C verhält sich die Legierung gegenüber Verformung völlig stabil. Mit abnehmender Verformungstemperatur und zunehmendem Verformungsgrad tritt eine starke Zunahme der Leitfähigkeit auf, die auf die eingetretene Martensitbildung hinweist und es gestattet, ihre Menge abzuschätzen.

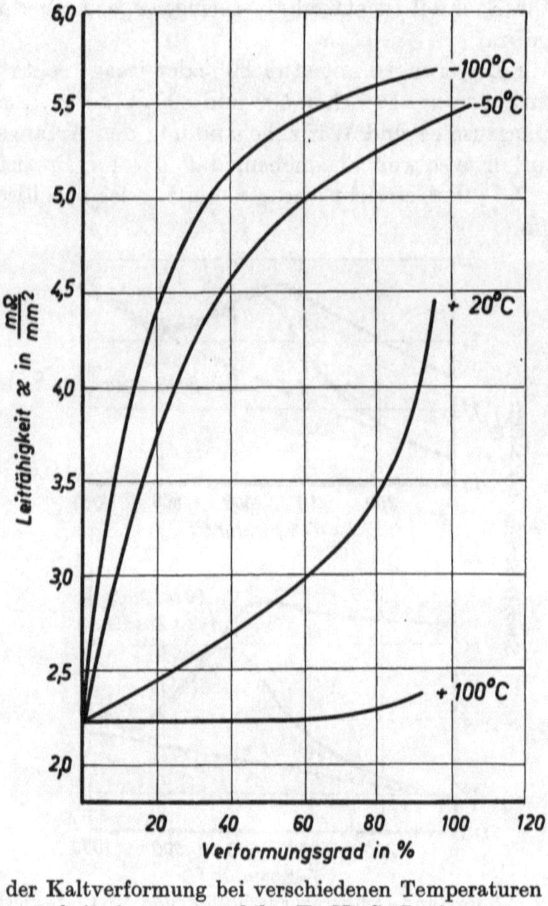

Abb. 11. Einfluß der Kaltverformung bei verschiedenen Temperaturen auf die Leitfähigkeit einer metastabilen Fe–Ni–Co-Legierung

Thermische Eigenschaften

Für alle Metalle beträgt die lineare Ausdehnung zwischen 0 °K und der Schmelztemperatur etwa $2{,}2 \cdot 10^{-2}$. Daher haben Metalle mit hohem Schmelzpunkt einen niedrigen Ausdehnungskoeffizienten und solche mit niedrigem Schmelzpunkt einen hohen. Er steigt von $40 \cdot 10^{-7}$ bei Wolfram auf $240 \cdot 10^{-7}$ bei Aluminium an. Bei Legierungen ist das Ausdehnungsverhalten nicht so einfach.

Eine technische Anwendung des Ausdehnungsverhaltens erfolgt bei Einschmelz- und Anglaswerkstoffen der Röhrentechnik sowie bei den Thermobimetallen der Elektrotechnik. Im ersten Fall soll der TK in einem bestimmten Temperaturbereich demjenigen von technischen Gläsern entsprechen, d. h., zwischen 45 und $90 \cdot 10^{-7}$ liegen.

Bei den Thermobimetallen besteht der Werkstoff aus zwei Komponenten unterschiedlicher Ausdehnung, so daß bei Temperaturänderung eine Krümmung solcher Bleche auftritt, die zur Steuerung und Regelung von elektrischen Schaltgeräten benutzt werden kann. Die spezifische Ausbiegung solcher Werkstoffe liegt zwischen 0,1 und 0,2 mm/°C.

Bei beiden Werkstoffgruppen wird die Ausdehnungsanomalie ferromagnetischer Werkstoffe benutzt, bei denen sich der normalen Volumenvergrößerung bei Temperaturerhöhung in der Nähe der CURIE-Temperatur eine Volumenverkleinerung überlagert. Damit wird es möglich, Legierungen mit sehr kleinem positivem bzw. sogar negativem TK herzustellen.

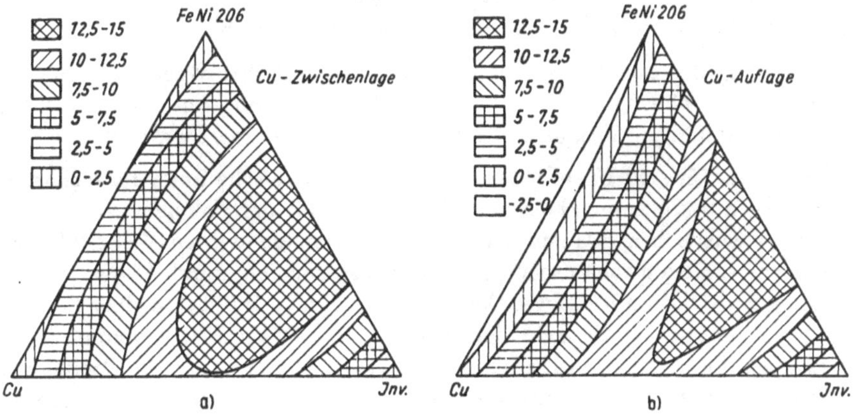

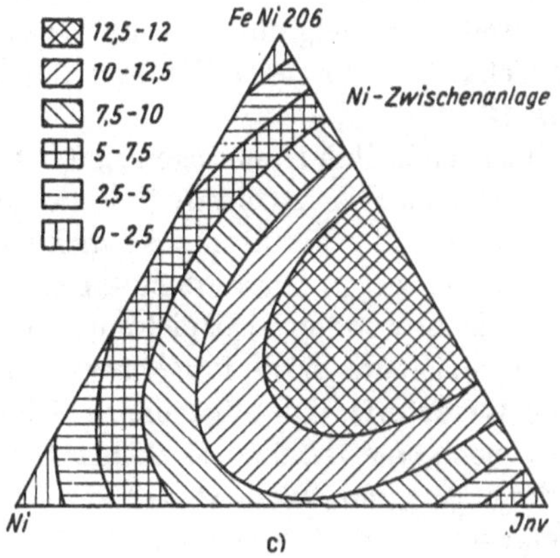

Abb. 12. Thermotrimetalle (Ausbiegung)

a) FeNi 206-Cu-Invar

b) Cu-FeNi 206-Invar

c) FeNi 206-Ni-Invar

Die durchgeführten Arbeiten beschäftigten sich mit technologischen Problemen der Bimetallherstellung sowie mit der theoretischen Behandlung der Ausdehnung von Bi- und Trimetallen und der Überprüfung dieser Ergebnisse durch das Experiment (Abb. 12) [3, 12, 17].

Die Untersuchung des Einflusses eines Cu-Zusatzes zu an sich bekannten Fe–Ni–Co-Legierungen führte zur Entwicklung einer neuen Einschmelzlegierung mit einem TK der Ausdehnung von $100 \cdot 10^{-7}$, die sich bei der Herstellung von Fernsehröhren gut bewährt hat [27].

Elastische Eigenschaften

Die elastischen Eigenschaften von Metallen und Legierungen sind für das Verhalten von Schwingungen unterworfenen Bauelementen, insbesondere Federn, maßgebend. Mit zwei Werkstoffgruppen haben sich unsere Untersuchungen befaßt:

1. Ausnutzung der Anisotropie des *E*-Moduls von Eisenwerkstoffen zur Herstellung kristallorientierter Federwerkstoffe. Hier wird durch geeignete Wahl der Zusammensetzung und der Behandlung eine Verformungstextur gebildet, bei der in Verformungsrichtung der höchste *E*-Modul auftritt.
2. Ausnutzung der elastischen Anomalie ferromagnetischer Werkstoffe zur Herstellung von schwingungsbeanspruchten Bauelementen, von denen eine temperaturunabhängige Frequenz der Schwingungen gefordert wird.

Beispiele hierfür sind Unruhfedern in Uhren, mechanische Filter für elektrische Schwingungen und Stimmgabeln mit sehr kleinem TK der Frequenz.

Bei einer elastischen Beanspruchung eines ferromagnetischen Werkstoffs tritt neben der normalen mechanischen Dehnung zusätzlich ein durch Längs- und Volumenmagnetostriktion bedingter Dehnungsanteil auf. Er führt zu einer Erniedrigung des *E*-Moduls, die als ΔE-Effekt bekannt ist. Dieser Effekt nimmt bei Annäherung an die Curie-Temperatur ab und verschwindet bei dieser Temperatur. Außerdem kann er durch Vormagnetisierung oder durch innere Werkstoffspannungen, die die Richtungsänderung der spontanen Magnetisierung erschweren, zum Teil oder völlig unterdrückt werden. Die sich damit ergebenden prinzipiellen Möglichkeiten zur Beeinflussung des TK der elastischen Eigenschaften zeigt Abb. 13.

Eingehende Untersuchungen an den Systemen Fe–Ni–Cr, Fe–Ni–Mo und Fe–Co–Cr führten zu Erkenntnissen über die Bedeutung der Werkstoffzusammensetzung, der Abschreck-, Verformungs- und Gefügespannungen, die durch Legierungszusätze, hervorgerufen werden, die eine Ausscheidung oder Karbidbildung bewirken. Als Anwendungsbeispiel sind in Abb. 14 ein mechanisches Filter und die damit erzielbare Dämpfungskurve gezeigt. Besondere Schwierigkeiten bieten diese Werkstoffe, da neben einem kleinen TK der Frequenz von etwa $2 \cdot 10^{-6}/°C$ meist noch eine Reihe zusätzlicher Eigenschaftsforderungen und technologischer Bedingungen zu erfüllen ist. Dabei scheint die technische Bedeutung dieser Werkstoffgruppe stark zuzunehmen.

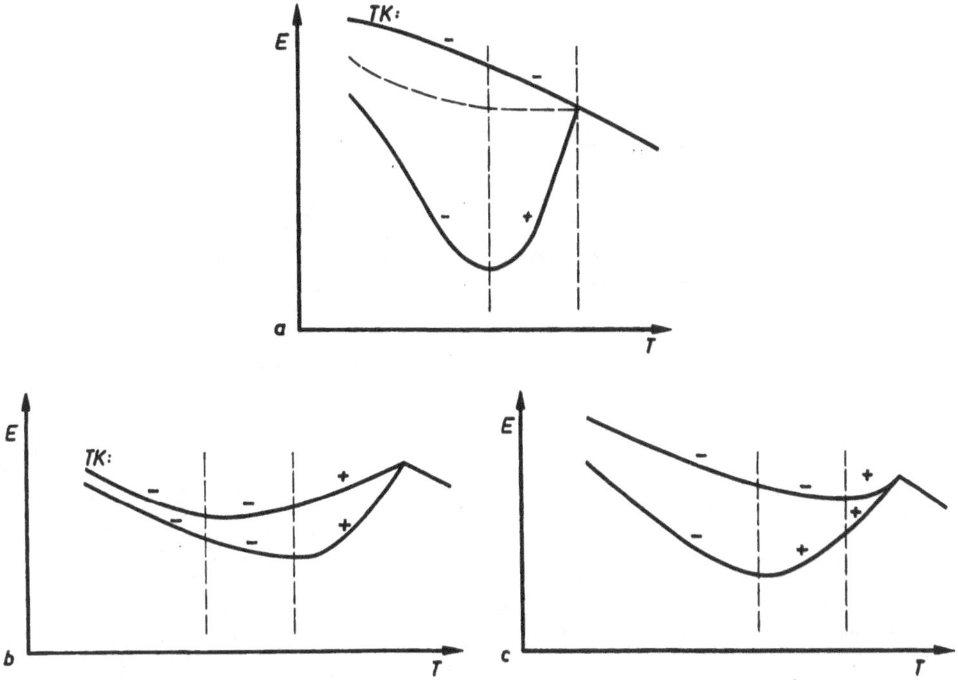

Abb. 13. Möglichkeiten der Beeinflussung des Temperaturkoeffizienten *TK* und des *E*-Moduls ferromagnetischer Legierungen

Die Möglichkeiten eines Einsatzes *magnetostriktiver metallischer Werkstoffe* als Leistungswandler wurden für Ni und Ni-Legierungen mit Co- und Cr-Zusatz, für Fe–Al-Legierungen mit 10,5 bis 14% Al und für Fe–Co-Legierungen mit 43% Co überprüft. Als leistungslose Wandler konnten Ni–Co-Ferrite, deren Wandlereigenschaften ihren Einsatz in mechanischen Filtern ermöglichen, entwickelt werden [19, 20, 36, 37].

Plastische Eigenschaften

Das Dehnungs-Zeitverhalten metallischer Werkstoffe bestimmt ihre Einsatzmöglichkeit als festigkeitsbeanspruchter Werkstoff. Metallphysikalisch geht dieses Verhalten aus dem Zusammenwirken der Bildung und Auflösung von Versetzungen in Abhängigkeit von Temperatur, Spannung und Belastungsdauer hervor [28, 29].

Die Steigerung der Arbeitstemperaturen metallischer Werkstoffe in einigen Gebieten der modernen Technik bis auf über 1000 °C hat zu einer zunehmenden Entwicklung von Hochtemperaturwerkstoffen geführt. Über eigene Arbeiten auf dem Gebiet der Superlegierungen auf Ni-Basis wird an anderer Stelle noch ausführlich berichtet, es soll daher nur gezeigt werden (Abb. 15), daß auch auf diesem Werkstoffgebiet der Anschluß an den Weltstand hergestellt werden konnte [57].

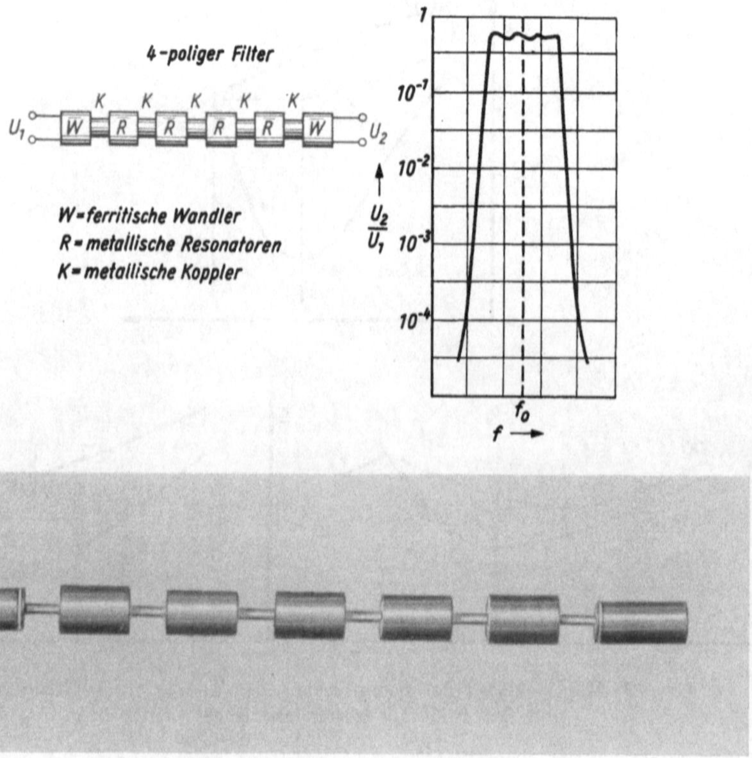

Abb. 14. Mechanischer Filter und Dämpfungskurve

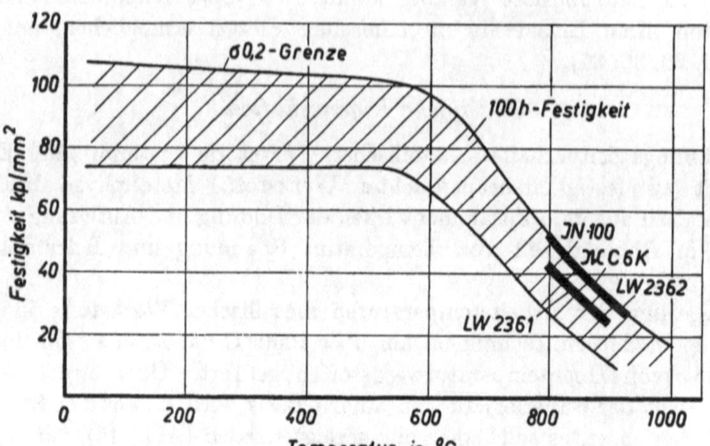

Abb. 15. Festigkeitseigenschaften von Ni-Basis-Superlegierungen

Nach den heutigen Erkenntnissen dürfte eine Steigerung der oberen Gebrauchstemperatur über den erreichten Wert von 0,8 T_s (T_s = Schmelzpunkt der Legierung in °K) kaum möglich sein. Die weitere Entwicklung dieser Werkstoffgruppe wird daher nicht mehr auf die Erzielung höherer Gebrauchstemperaturen, sondern auf eine Steigerung der Eigenschaften bei tieferen Temperaturen und eine Verbesserung der technologischen Herstellungsmöglichkeiten gerichtet sein.

Für Gebrauchstemperaturen über 1000 °C ist die Entwicklung von Werkstoffen auf Basis Mo, W und Nb von Bedeutung, mit denen sich in gewissem Umfang das Institut ebenfalls beschäftigt [60, 61].

Ausblick

Bei allen durchgeführten Arbeiten wurde versucht, von metallphysikalischen Vorstellungen ausgehend, näheren Einblick in die Zusammenhänge von Eigenschaften und Struktur zu erhalten, um damit zu wissenschaftlich begründeten Technologien für die Herstellung dieser Werkstoffe zu gelangen. Der gegenwärtige, noch unvollkommene Stand der Erkenntnisse auf dem Gebiet der Festkörperphysik einerseits und die Notwendigkeit eines wirtschaftlich vertretbaren Aufwands in der Fertigung andererseits führen dazu, daß jede Technologie nur eine bestimmte Erfolgswahrscheinlichkeit hinsichtlich der angestrebten Werkstoffeigenschaften besitzt. Dies bedeutet jedoch, daß eine Erweiterung der grundlegenden metallphysikalischen Erkenntnisse und Vervollkommnung der technologischen Fertigungs- und Prüfeinrichtungen zur Erhöhung der Sicherheit beim Erreichen bestimmter Qualitätseigenschaften ausgenutzt werden kann.

Daher ist es eine der wichtigsten Perspektivaufgaben, zur Erweiterung der metallphysikalischen Kenntnisse auf dem Gebiet der physikalischen Sonderwerkstoffe, die für die DDR von Bedeutung sind, beizutragen.

Diese Aufgabe fordert nicht nur die Beschäftigung mit an sich bekannten Legierungen, sondern auch die Verfolgung neuer Wege und Gedanken. Dabei scheinen besonders Arbeiten, die sich mit den Eigenschaften des Ideal-Kristalls im Vergleich zu denen des Real-Kristalls befassen, sowie Untersuchungen über die Eigenschaften intermetallischer Phasen erfolgversprechend.

Die damit zu gewinnenden Erkenntnisse dürften die weitere Entwicklung des Gebiets der Sonderwerkstoffe wesentlich bestimmen.

Literatur

Veröffentlichungen von Institutsangehörigen auf dem Gebiet der metallischen Sonderwerkstoffe

[1] Rassmann, G., Magnetische Werkstoffe. In: Die neuere Entwicklung der Pulvermetallurgie, VEB Verlag Technik, Berlin 1955, S. 430–443.

[2] Rassmann, G., Die Entwicklung anisotroper Transformatorenbleche in der Deutschen Demokratischen Republik. Sonderheft Polytechnische Tagung der TH Dresden 18.–20. 6. 1956, S. 127–137.

[3] Ringpfeil, H., Metallkundliche Grundlagen der Wirksamkeit von Thermobimetallen. Sonderheft Polytechnische Tagung der TH Dresden 18.–20. 6. 1956, S. 137–142.

[4] Stephan, W., Zu den Bitterstreifenmustern auf Silizium-Eisenkristallen mit inneren Spannungen. Exp. Techn. Physik 4 (1956) H. 4, 153–156.

[5] Schulze, D., Zur Struktur magnetisch gerichteter Gefüge im Dauermagnetzustand von Alnico. Exp. Techn. Physik **4** (1956) H. 5, 193–204.

[6] Henkel, O., Ein hochelastischer magnetostriktiver Werkstoff. Sonderheft Polytechnische Tagung der TH Dresden 18.–20. 6. 1956, S. 143–147; Nachrichtentechnik **7** (1957) 346–350.

[7] Rassmann, G., Die Entwicklung anisotroper Transformatorenbleche in der Deutschen Demokratischen Republik. Dtsch. Elektrotechn. **7** (1957) H. 7, 296–304.

[8] Rassmann, G., Stand der Fertigung und Entwicklung von Transformatorenblechen. Neue Hütte **3** (1958) H. 4, 193–203.

[9] Rassmann, G., Lindner, E., Wittig, R., Weichmagnetische Werkstoffe auf Basis Fe-Si-Al. Neue Hütte **3** (1958) H. 6, 365–371.

[10] Wittig, R., Magnetische Eigenschaften von Massekernen aus Eisen- und Eisen-Silizium-Aluminium-Pulver. V. d. TH Dresden genehmigte Dissertation, Dresden 1958.

[11] Henkel, O., Über die Eignung hartmagnetischer Drähte zur Speicherung von Informationen. Ber. Arbeitsgem. Ferromagnetismus 1958, Riederer-Verlag, Stuttgart 1959, S. 111–119.

[12] Hentsch, A., Untersuchungen an Sonderthermobimetallen. Elektrie **13** (1959) H. 8, 309–312.

[13] Rassmann, G., Eigenschaften und Technologie kaltgewalzter Transformatorenbleche. Dtsch. Elektrotechn. **13** (1959) H. 3, 79–83.

[14] Rassmann, G., Bearbeitung und Vervollkommnung von kaltgewalztem Transformatorenstahl. Sbornik dokladov, sdelannych na teoreticeskom kollokviume po magnitno-mjagkim materialam 18–21 Marta 1958 g. Centralnij naucno-issledovatelskij institut cernoj metallurgii, Moskva.

[15] Rassmann, G., Die magnetischen Eigenschaften 50%iger Nickel-Eisen-Legierungen in Abhängigkeit von ihrem Gefügezustand. Sbornik dokladov, sdelannych na teoreticeskom kollokviume po magnitno-mjagkim materialam 15–16 Marta 1958 g. Centralnij naucno-issledovatelskij institut cernoj metallurgii, Moskva.

[16] Rassmann, G., Henkel, O., Weiterentwicklung verformbarer Eisen-Nickel-Chrom-Dauermagnetlegierungen. Ber. Arbeitsgem. Ferromagnetismus 1958, Riederer-Verlag, Stuttgart 1959, S. 120–126.

[17] Stephani, H., Methoden zur Prüfung von Bimetallen. Elektrie **13** (1959) H. 8, 313 bis 315.

[18] Rassmann, G., Wich, H., Werkstoffzustand und magnetische Eigenschaften der Legierungen mit 50% Ni und 50% Fe. Ber. Arbeitsgem. Ferromagnetismus 1959, Verlag Stahleisen m. b. H., Düsseldorf 1960, S. 181–189.

[19] Henkel, O., Elektromechanische Eigenschaften der Legierung FeCo43. Proc. 3rd Internat. Congr. on Acoustics, Hrsg.: L. Cremer, Elsevier, Amsterdam 1961, S. 1216 bis 1218.

[20] Henkel, O., Untersuchungen an Nickel und Nickellegierungen für magnetostriktive Wandler. Hochfrequenztechn. u. Elektroakust. **70** (1961) H. 6, 177–187.

[21] Rassmann, G., Entwicklungsrichtungen von Elektroblechen. Elektrie **15** (1961) H. 6, 176–182.

[22] Rassmann, G., Metallische magnetische Werkstoffe. Über wissenschaftliche Grundlagen der modernen Technik, Reihe A, Band I Elektrotechnik und Maschinenbau. Akademie-Verlag, Berlin 1961, S. 123–147.

[23] Rassmann, G., Henkel, O., Über die Steigerung der Koerzitivfeldstärke an Fe-Ni-Cr-Drähten zur Informationsspeicherung. Nachrichtentechnik **11** (1961) H. 7, 307–313.

[24] Rassmann, G., Henkel, O., Dauermagneteigenschaften von verformbaren Fe-Mn-Ti-Legierungen. Z. angew. Physik **13** (1961) H. 4, 169–170.

[25] Rassmann, G., Henkel, O., Über die Ursache der magnetischen Härte von kaltverformten Fe-Ni-Cr-Legierungen. phys. stat. sol. **1** (1961) H. 5, 517–522.

[26] RASSMANN, G., WICH, H., Einfluß von Kaltverformung und Wärmebehandlung auf die elektrischen und magnetischen Eigenschaften von Fe–Al-Legierungen. Z. angew. Physik **13** (1961) H. 4, 172–174.

[27] RINGPFEIL, H., HENKEL, O., Der Einfluß eines Kupferzusatzes auf das Ausdehnungsverhalten von Eisen–Nickel–Kobalt-Legierungen. Neue Hütte **6** (1961) H. 5, 310–316.

[28] RASSMANN, G., MERZ, A., Das Hochtemperaturverhalten metallischer Werkstoffe und seine Prüfung. Technik **16** (1961) H. 11, 744–753.

[29] RASSMANN, G., MERZ, A., Entwicklungsstand auf dem Gebiet der Hochtemperaturwerkstoffe. Technik **17** (1962) H. 1, 17–23; H. 2, 74–79.

[30] RINGPFEIL, H., EDELMANN, H., Elektronenmikroskopische Untersuchungen an Ätzfiguren auf FeNi-Blechen. Vortrag auf der Arbeitstagung „Elektronenmikroskopie" 2.–3. Febr. 1962 in Dresden.

[31] RASSMANN, G., HENKEL, O., Zur Mikromagnetik kaltverformter Fe–Ni–Cr-Legierungen. Z. angew. Physik **14** (1962) H. 4, 245–248.

[32] RASSMANN, G., WICH, H., Werkstoffzustand und magnetische Eigenschaften von Fe–Al-Legierungen mit 12 bis 16% Al. Vortrag Juni 1961, Düsseldorf, in Werkstoffausschuß „Werkstoffe mit besonderen physikalischen Eigenschaften" d. V. d. Eh. Arch. Eisenhüttenwes. (1962) H. 2, 115–122.

[33] RASSMANN, G., Einfluß des Ordnungszustandes von Legierungen auf die elektrischen und magnetischen Eigenschaften. Über wissenschaftliche Grundlagen der modernen Technik, Reihe A, Bd. III Ordnungsvorgänge in Legierungen. Akademie-Verlag, Berlin 1962, S. 37–73.

[34] HENKEL, O., Untersuchungen über das Remanenzverhalten magnetischer Einbereichskollektive. phys. stat. sol. **2** (1962) H. 1, 78–84.

[35] RASSMANN, G., HENKEL, O., Dauermagneteigenschaften von verformbaren Eisen–Mangan–Titan-Legierungen. Arch. Eisenhüttenwes. **33** (1962) 123–130.

[36] HENKEL, O., Dynamische Eigenschaften einer Eisen–Kobalt-Legierung für magnetostriktive Wandler. Hochfrequenztechn. u. Elektroakust. **71** (1962) H. 2, 47–53.

[37] HENKEL, O., Eisen–Aluminium-Legierungen für magnetostriktive Wandler. Hochfrequenztechn. u. Elektroakust. **71** (1962) H. 5, 161–166.

[38] HENKEL, O., Remanenzverhalten und Härteverteilung verformbarer Dauermagnete. phys. stat. sol. **2** (1962) H. 6, 725–733.

[39] HENKEL, O., Untersuchungen an hartmagnetischen Fe–Co–V-Legierungen für Rotoren und Hysteresemotoren. Elektrie **6** (1962) H. 6, 200–204.

[40] HENKEL, O., Beobachtungen an magnetischen Einbereichs-Kollektiven bei partieller Sättigung. phys. stat. sol. **2** (1962) H. 8, 1096–1104.

[41] HENKEL, O., Über die anhysteretische Suszeptibilität magnetischer Einbereichs-Kollektive. phys. stat. sol. **2** (1962) H. 10, 1393–1402.

[42] HENTSCH, A., Neuere Untersuchungen und Entwicklungstendenzen auf dem Gebiet der elektrischen Kontaktwerkstoffe. Über wissenschaftliche Grundlagen der modernen Technik, Reihe A, Bd. II Kontaktwerkstoffe in der Elektrotechnik. Akademie-Verlag, Berlin 1962, S. 14–28; Elektrie **16** (1962) H. 5, 149–152.

[43] RASSMANN, G., HENKEL, O., Wichtige Einflußfaktoren auf die hartmagnetischen Eigenschaften bei der Kaltverformung austenitischer Fe–Ni–Cr-Legierungen. Wiss. Z. Techn. Universität Dresden **11** (1962) H. 4, 749–756.

[44] RASSMANN, G., WICH, H., Verbesserung der Koerzitivfeldstärke von technischem Weicheisen für den Relaisbau. I. Einfluß der technologischen Vorbehandlung. Neue Hütte **7** (1962) H. 10, 623–628.

[45] II. Kornwachstum bei der Schlußglühung. Neue Hütte **7** (1962) H. 11, 682–687.

[46] RASSMANN, G., WITTIG, R., Einfluß von Teilchenabmessung und Form auf die Eigenschaften ferromagnetischer Pulver. In: Ber. II. Internat. Pulvermetallurg. Tagung Eisenach, Akademie-Verlag, Berlin 1962; Abh. Dtsch. Akad. Wiss. Berlin, Kl. Math., Physik Techn. 1962, Nr. 1.

[47] HENTSCH, A., Untersuchungen über den Widerstand sulfidierter Kontakte aus Ag und Ag-Legierungen. Über wissenschaftliche Grundlagen der modernen Technik, Reihe A, Bd. II Kontaktwerkstoffe in der Elektrotechnik. Akademie-Verlag, Berlin 1962, S. 126–133.
[48] HOFMANN, U., Einige physikalische Eigenschaften gesinterter ferromagnetischer Körper. In: Ber. II. Internat. Pulvermetallurg. Tagung Eisenach, Akademie-Verlag, Berlin 1962; Abh. Dtsch. Akad. Wiss. Berlin, Kl. Math., Physik Techn. 1962, Nr. 1.
[49] STEPHANI, H., Methoden zur Prüfung von Bimetallen. Elektrie **13** (1959) H. 8, 313–315.
[50] SCHNEIDER, H., Feinwanderungsuntersuchungen an Ag und Ag-Legierungen. Über wissenschaftliche Grundlagen der modernen Technik, Reihe A, Bd. II Kontaktwerkstoffe in der Elektrotechnik. Akademie-Verlag, Berlin 1962, S. 134–139.
[51] WITTIG, R., Isotherme Magnetfeldbehandlungen von titanfreien Alnico-Legierungen. Z. angew. Physik **14** (1962) H. 4, 248–250.
[52] HENKEL, O., Wechselfeldhysterese-Integral von Dauermagneten. phys. stat. sol. **2** (1962) K 268–K 271.
[53] RASSMANN, G., WICH, H., Einfluß des Ordnungszustandes von Eisen-Kobalt-Legierungen auf magnetische und mechanische Eigenschaften. Vorliegender Band, S. 142 bis 155.
[54] HENKEL, O., Zur Mikromagnetik von Einbereichsteilchen. Vorliegender Band, S. 156–173.
[55] WITTIG, R., LINDNER, E., FISCHER, K., KLEMM, P., Sondertechnologien zur Herstellung von hartmagnetischen Alnico-Legierungen. Vorliegender Band, S. 174–183.
[56] HENTSCH, A., Zur Feinwanderung an Ag-Kontakten. Vorliegender Band, S. 184–193.
[57] LINDNER, E., Eigenschaften und Zusammensetzung von Hochtemperaturwerkstoffen auf Nickel-Basis. Vorliegender Band, S. 194–207.
[58] HENTSCH, A., Verfolgung des Ausscheidungsvorganges an Kupfer-Chrom-Legierungen. Über wissenschaftliche Grundlagen der modernen Technik, Reihe A, Bd. VIII Ausscheidungsvorgänge in Legierungen. Akademie-Verlag, Berlin 1964.
[59] HENTSCH, A., Widerstandsverhalten einer als Präzisionswiderstand geeigneten Ni-Cr-Legierung. Beiträge zur Metallphysik I, Ber. d. Unterkommission Metallphysik der Sektion für Physik der DAW zu Berlin. Akademie-Verlag, Berlin 1962, Nr. 6, S. 53–57.
[60] RINGPFEIL, H., KRUMPHOLD, R., Molybdän und Molybdän-Legierungen. Werkstoffprobleme hochschmelzender und reaktiver Metalle, Kolloquium am 26. u. 27. Okt. 1961 in Karl-Marx-Stadt. VEB Deutscher Verlag für Grundstoffindustrie, Leipzig 1962.
[61] KRUMPHOLD, R., Vergleichende Untersuchungen an pulver- und schmelzmetallurgisch hergestelltem Molybdän. Vorliegender Band, S. 97–118.

Dipl.-Chem. Ilgwar Kalning

Wissenschaftlicher Oberassistent in der Abteilung Entwicklung pulvermetallurgischer Werkstoffe

EINFLUSS VON KUPFERZUSÄTZEN AUF DIE EIGENSCHAFTEN VON AUSTENITISCHEN CHROM-NICKEL-SINTERSTÄHLEN

Über die Erzeugung von dichten und hochfesten Maschinen- und Geräteteilen aus korrosionsbeständigen Chrom–Nickel-Stahlpulvern durch Sintern ist in den letzten Jahren wiederholt berichtet worden. Bekannt ist, daß die starke Oxydationsneigung des Chroms oder anderer Elemente, die in Wasserstoff schwer reduzierbare Oxide bilden, die Gewinnung eines gut sinterfähigen Pulvers durch Verdüsen erschwert. Über neuere Verfahren, zum Beispiel das Verdüsen in inerter Atmosphäre, in der eine Oxydation weitgehend verhindert wird, berichtete zusammenfassend J. Watkinson [1]. Bei der Herstellung von Sinterteilen geht der meistbeschrittene Weg von vorlegierten Stahlpulvern aus, die mit Preßdrücken von 8 Mp cm^{-2} und darüber verdichtet und anschließend gesintert werden. Auch die Anwendung der Doppelpreßtechnik ist erprobt worden, die dabei erreichbare Verbesserung der Werkstoffeigenschaften ist aber unbedeutend. Das Sintern wird in gereinigtem Wasserstoff oder gespaltenem Ammoniak als Schutzgas vorgenommen. Für besondere Zusammensetzungen des Stahls ist auch das Sintern im Vakuum geeignet. Die angewandten Sintertemperaturen werden mit 1150 bis 1400 °C angegeben. Mit austenitischen Cr–Ni-Stahlpulvern können bei den höheren Sintertemperaturen Dichten über 7,3 g cm^{-3} erzielt werden. Man erreicht mit Zugfestigkeiten von etwa 60 kp mm^{-2} und Bruchdehnungen bis zu 57% fast die Kenngrößen des kompakten Werkstoffs [2, 3].

Hohe Festigkeit und Bruchdehnung lassen sich vorteilhaft auch durch Sintern in besonders reinem Wasserstoff, der aus Titanhydrid gewonnen wird, erzielen. Die von F. Eisenkolb [4] festgestellte Verbesserung mechanischer Eigenschaften von Cr–Ni-Sinterstählen wurde von R. Reinstadler [5] unter ähnlichen Arbeitsbedingungen bestätigt. Eine betriebsmäßige Anwendung dieses Verfahrens ist jedoch nicht bekannt geworden.

Durch die schwer reduzierbaren Oxide werden beim Sintern häufig Schwierigkeiten hervorgerufen, die man durch Anwendung sinterfördernder Zusätze beheben kann. Hierzu wurden von F. Benesovsky und Mitarbeitern [6, 7] Bor oder borhaltige Vorlegierungen vorgeschlagen. Das Verhalten von rotem Phosphor oder phosphorhaltigen Vorlegierungen wurde von F. Eisenkolb [4, 8] untersucht. Bei unseren Entwicklungsarbeiten sollten Preßdrücke über 6 Mp cm^{-2} und Sintertemperaturen über 1250 °C vermieden werden. Statt dessen wurde versucht, gute mechanische Eigenschaften durch Anwendung phosphorhaltiger Vorlegierungen zu erreichen.

Beim Betrachten der Werte für mechanische Eigenschaften darf man grundsätzlich nicht übersehen, daß hohe Preßdrücke, sofern nicht in mit Hartmetall ausgekleideten Preßwerkzeugen gearbeitet wird, einen erhöhten Verschleiß hervorrufen und Sintertemperaturen über 1300 °C in den bisher üblichen Durchstoßsinteröfen kaum anwendbar sind. Daher werden molybdänbeheizte Öfen mit Ausmauerungen von Sinterkorund oder einem ähnlichen Werkstoff eingesetzt. Die erhöhten technischen Anforderungen bei der Verarbeitung sowie — nicht zuletzt — die meist noch unzureichende Beschaffenheit der betriebsmäßig gewonnenen Pulver haben trotz der in der Entwicklung erzielten Erfolge in Europa eine größere Fertigung von austenitischem Cr–Ni-Sinterstahl verhindert.

Sintertemperaturen unter 1250 °C ergeben auch bei guten Pulvern noch nicht die gewünschten mechanischen Eigenschaften. Da die Dichte der Proben meist unter 7 g cm^{-3} liegt, wird wegen der hohen Porigkeit außer der Dehnung auch die Korrosionsbeständigkeit beeinträchtigt. In der Mehrzahl der Veröffentlichungen werden keine Angaben über das Korrosionsverhalten gesinterter Cr–Ni-Stähle gemacht. Wie stark aber die Korrosionsbeständigkeit von der Dichte des Werkstoffs abhängig ist, verdeutlicht Abb. 1. Die Meßwerte der mit Kupfer und Phosphor legierten Stähle lassen zugleich erkennen, daß nicht ausschließlich die Dichte eines Sinterwerkstoffs sein chemisches Verhalten bestimmt.

Bei der Anwendung von Phosphor oder phosphorhaltigen Vorlegierungen ist verständlicherweise die Korrosionsbeständigkeit der Werkstoffe von besonderem Interesse. Der Begriff der Korrosionsbeständigkeit besagt nicht, daß Cr–Ni-

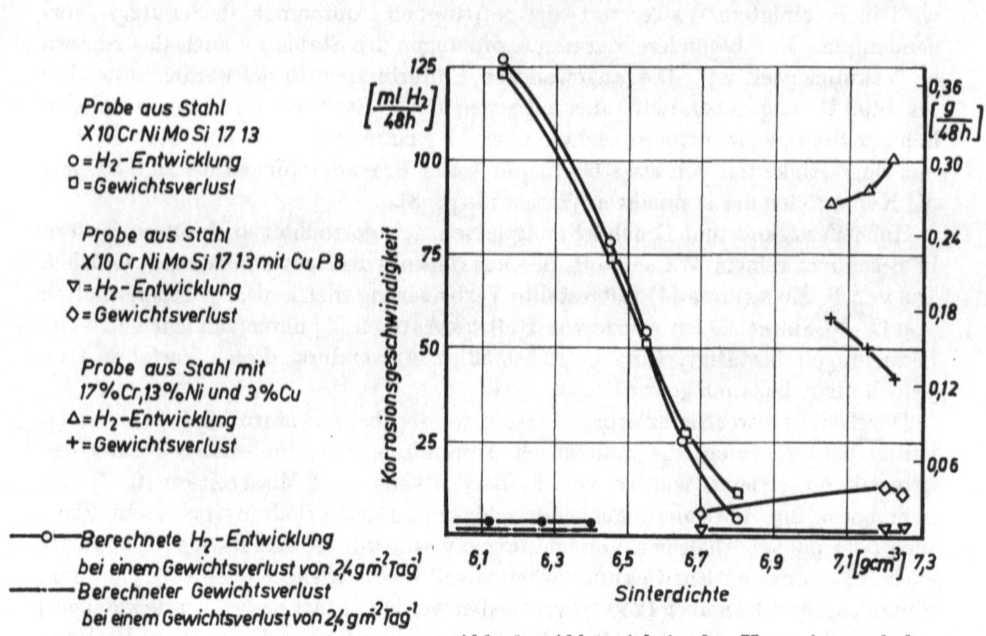

Abb. 1. Abhängigkeit des Korrosionsverhaltens verschiedener Cr–Ni-Sinterstähle von der Dichte

Stähle unter allen möglichen Konzentrationen und Temperaturbedingungen gegen beliebige chemische Einflüsse beständig sein müssen. Der Definition nach sind zunächst alle Werkstoffe korrosionsbeständig, die unter den gegebenen Beanspruchungsbedingungen einen Gewichtsverlust von 2,4 g cm^{-2} Tag^{-1} nicht überschreiten. In oxydierenden Mitteln erweisen sich Cr–Ni-Stähle durch Passivierung als ziemlich beständig. Sie werden vor allem in der chemischen Industrie im größeren Umfang angewendet. Unter reduzierenden Bedingungen und in Gegenwart von Chlorionen sind sie dagegen unbeständig. Durch Zusätze wie Molybdän und Kupfer kann die Beständigkeit eines Stahls mit 18% Cr und 8% Ni gegen Schwefel- und Salzsäure weiter verbessert werden.

Die gesinterten Werkstoffe wurden ohne vorherige Oberflächenbehandlung bei 25 °C in ruhender 1 n-Salzsäure geprüft. Der dabei entwickelte Wasserstoff wurde nach 6, 12, 24 und 48 h volumetrisch ermittelt, der Gewichtsverlust dagegen erst nach Beendigung des Versuchs. In den folgenden Ausführungen wird unter Korrosionsgeschwindigkeit die in der Zeiteinheit entwickelte Menge Wasserstoff, bezogen auf eine Probenoberfläche von 15 cm^2, verstanden. Wegen der Porigkeit ist die wirkliche, dem chemischen Angriff ausgesetzte Oberfläche größer als die aus den Abmessungen errechnete. Es sind deshalb keine absoluten Meßergebnisse zu erwarten, wohl ist aber ein Vergleich der Werkstoffe untereinander zulässig.

Bei unseren Versuchen verwendeten wir zunächst Ferrophosphor und roten Phosphor, die einem handelsüblichen Stahlpulver der Marke X10 CrNiMoSi 17 13 vor dem Verpressen zugemischt wurden. Über die Ergebnisse der Versuche mit rotem Phosphor unterrichtet Abb. 2. Eine nennenswerte Zunahme der Festigkeit gegenüber dem Pulver ohne Zusatz wird erst von 0,4% P an erreicht. Die Meßergebnisse weisen ziemliche Schwankungen auf. Sie gehen auf eine ungleichmäßige Reaktion des Phosphors mit dem Stahl beim Sintern zurück. Kontrollanalysen ergaben, daß der gesinterte Stahl selbst bei einem Phosphorzusatz von 1% meist nicht mehr als 0,6% P enthielt. Auffallend sind die starke Abhängigkeit der Dichte der Proben von der Sinterdauer sowie die höhere Korrosionsgeschwindigkeit nach längerem Sintern. Die Proben mit Zusatz von Ferrophosphor erreichten zwar hohe Zugfestigkeit, doch waren sie chemisch gleichfalls unbeständig. Auch das Zulegieren von Phosphor vor der Pulverherstellung erbrachte bei Stählen, die bis zu 20% Cr und 13% Ni enthielten, keine Verbesserung.

Nach diesen unbefriedigenden Ergebnissen wurden nun Nickel–Phosphor sowie kupferhaltige Vorlegierungen als sinterfördernde Zusätze angewandt. Die Vorlegierungen wurden aus den Elementen hergestellt und durch Seigern gereinigt. Ihre Zusammensetzung wurde so gewählt, daß der Schmelzpunkt möglichst niedrig lag. Das Arbeiten mit Vorlegierungen bietet den Vorteil, daß der Phosphor in bereits gebundener Form vorliegt und seine Dosierung besser beherrscht werden kann. Die Preßlinge aus einem Stahlpulver mit 17% Cr und 13% Ni sowie 0,4% P in Form von Kupfer–Phosphor ergaben Zugfestigkeiten von über 45 kp mm^{-2} und Bruchdehnungen bis zu 23%. Durch einen höheren Phosphorzusatz konnten weder die mechanischen Eigenschaften verbessert noch die Korrosionsbeständigkeit gesteigert werden. Aus Abb. 3 ist zu erkennen, daß die größte Dichte mit Nickel–

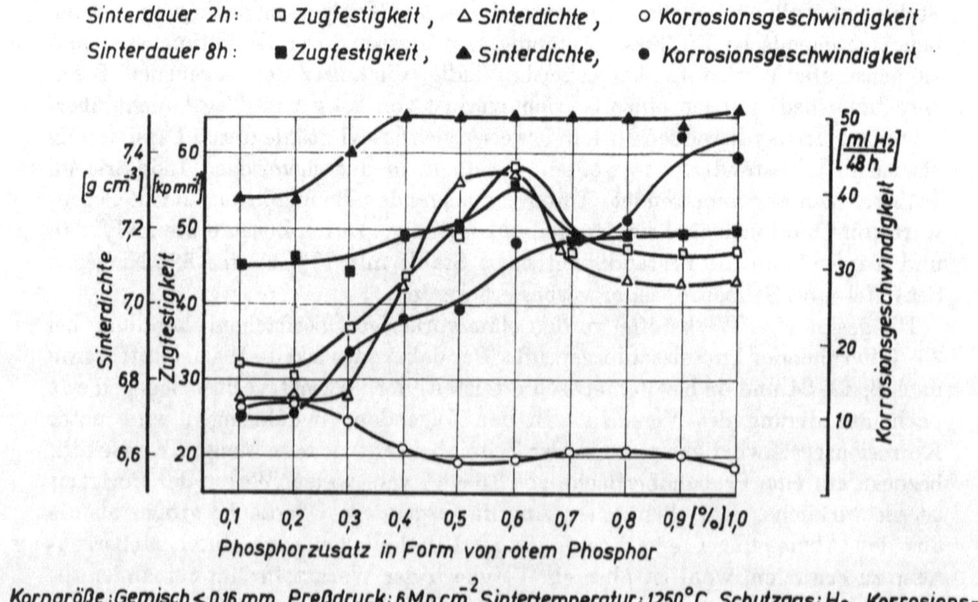

Abb. 2. Einfluß der Höhe des Phosphorzusatzes und der Sinterdauer auf die Eigenschaften von Stahl X10 CrNiMoSi 17 13

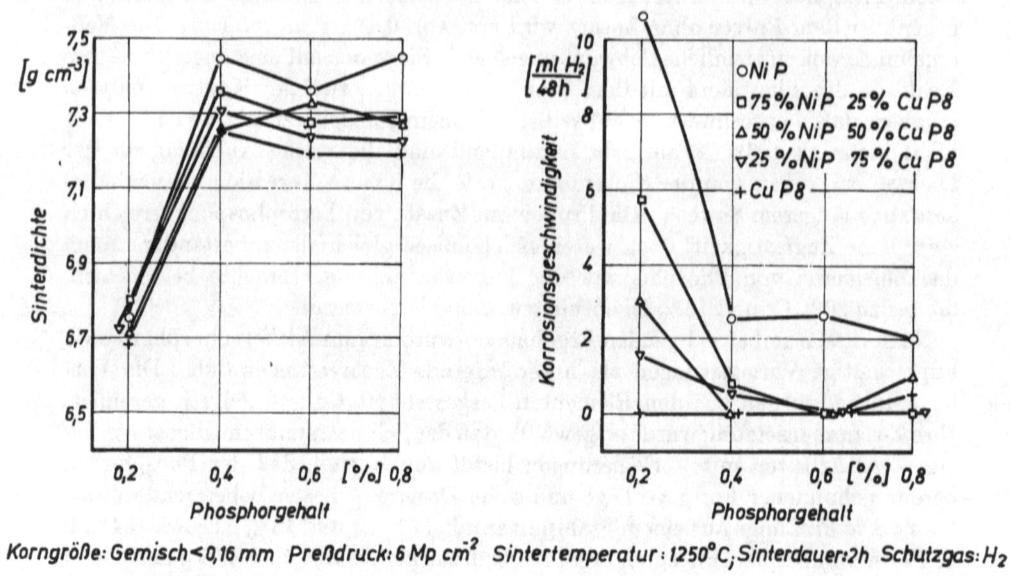

Abb. 3. Einfluß der Zusammensetzung des Ni–Cu–P-Zusatzes auf die Dichte und das Korrosionsverhalten von Stahl X10 CrNiMoSi 17 13

Phosphor erhalten wurde, die Korrosionsbeständigkeit war dagegen bei den mit Kupfer legierten Proben besser. Das Gefüge der Proben kann bei geeigneter Legierungszusammensetzung homogen erhalten werden, da die zugesetzten Elemente während des Sinterns in den Stahl diffundieren und gelöst bleiben. Abb. 4 zeigt das Gefüge von Proben, die mit Zusätzen von Kupfer-Phosphor gesintert wurden. Bei der Probe mit 0,4% P sind keine Ausscheidungen an den Korngrenzen zu erkennen. Diese treten erst bei höherem Phosphorgehalt auf und sind selbst nach längerem Glühen noch vorhanden. Die Gegenwart einer flüssigen Phase begünstigt merklich das Kornwachstum.

In diese Untersuchungen wurde auch ein austenitisches Cr–Ni-Stahlpulver einbezogen, das nach dem Hametag-Verfahren hergestellt worden war. Die Ergebnisse unterscheiden sich jedoch nicht wesentlich von den mit anderem Stahlpulver erzielten. Abb. 5 enthält die Darstellung einiger Prüfergebnisse. Man erkennt eine ausgeprägte Abhängigkeit der Dichte und Bruchdehnung der Proben von der Sinterdauer. Eine hohe Bruchdehnung erfordert auch bei Verarbeitung des oxidarmen Hametag-Pulvers entweder eine höhere Sintertemperatur oder eine längere Sinterdauer. Das Sintern mit flüssiger Phase bewirkt keine grundsätzliche Änderung.

Es wurde nun versucht, statt aus vorlegierten Pulvern aus den reinen Komponenten die gewünschten Sinterlegierungen zu erhalten, wobei wiederum sinterfördernde Zusätze angewandt wurden. Dadurch sollten die bei der Herstellung vorlegierter Cr–Ni-Stahlpulver auftretenden Schwierigkeiten umgangen werden. In Abb. 6 sind einige Versuchsergebnisse dargestellt. Bei einer Sinterdauer der Proben von 8 h wurden zwar Dichten über 7 g cm^{-3} und genügende mechanische Festigkeit erreicht, die Korrosionsbeständigkeit war aber gegenüber den aus vorlegierten Stahlpulvern hergestellten Proben schlechter. Gefügeuntersuchungen ließen erkennen, daß vor allem bei den Proben mit geringerem Anteil an flüssiger Phase keine vollständige Homogenisierung erreicht wurde. Wie aus dem Kurvenverlauf für die Korrosionsgeschwindigkeit zu erkennen ist, wird durch diese Versuche bestätigt, daß Kupfer als Legierungselement die chemische Beständigkeit von Cr–Ni-Stählen gegenüber Salzsäure auch in Gegenwart höherer als sonst üblicher Phosphorgehalte verbessert.

Schließlich interessierte es, wie sich ein Zusatz von Kupfer und Phosphor auf das Sinterverhalten von Pulvern auswirkt, wenn er bereits vor dem Verdüsen dem Stahl zugefügt wird. Für eine technische Anwendung wäre dies die einfachste Art der Zugabe sinterfördernder Mittel. Wie aus dem Kurvenverlauf in Abb. 7 erkennbar, führte bei den Stählen mit Kupfer und Phosphor bereits eine zweistündige Sinterung in Wasserstoff bei 1250 °C zu großer mechanischer Festigkeit. Durch Erhöhen der Sintertemperatur auf 1300 °C wurden die Werte unbedeutend verändert. Ein nur mit Kupfer legierter Stahl hatte dagegen noch unzureichende mechanische Eigenschaften. Das Korrosionsverhalten der Proben war ähnlich. Erst Proben, die sowohl Kupfer als auch Phosphor enthielten, erreichten neben der erwünschten Festigkeit auch eine hohe Dichte und genügende chemische Beständigkeit in 1 n-Salzsäure. In Abb. 8 sind diese Untersuchungsergebnisse dargestellt. Erwartungsgemäß sinterten Proben, die einen hohen Anteil an Teilchen unter

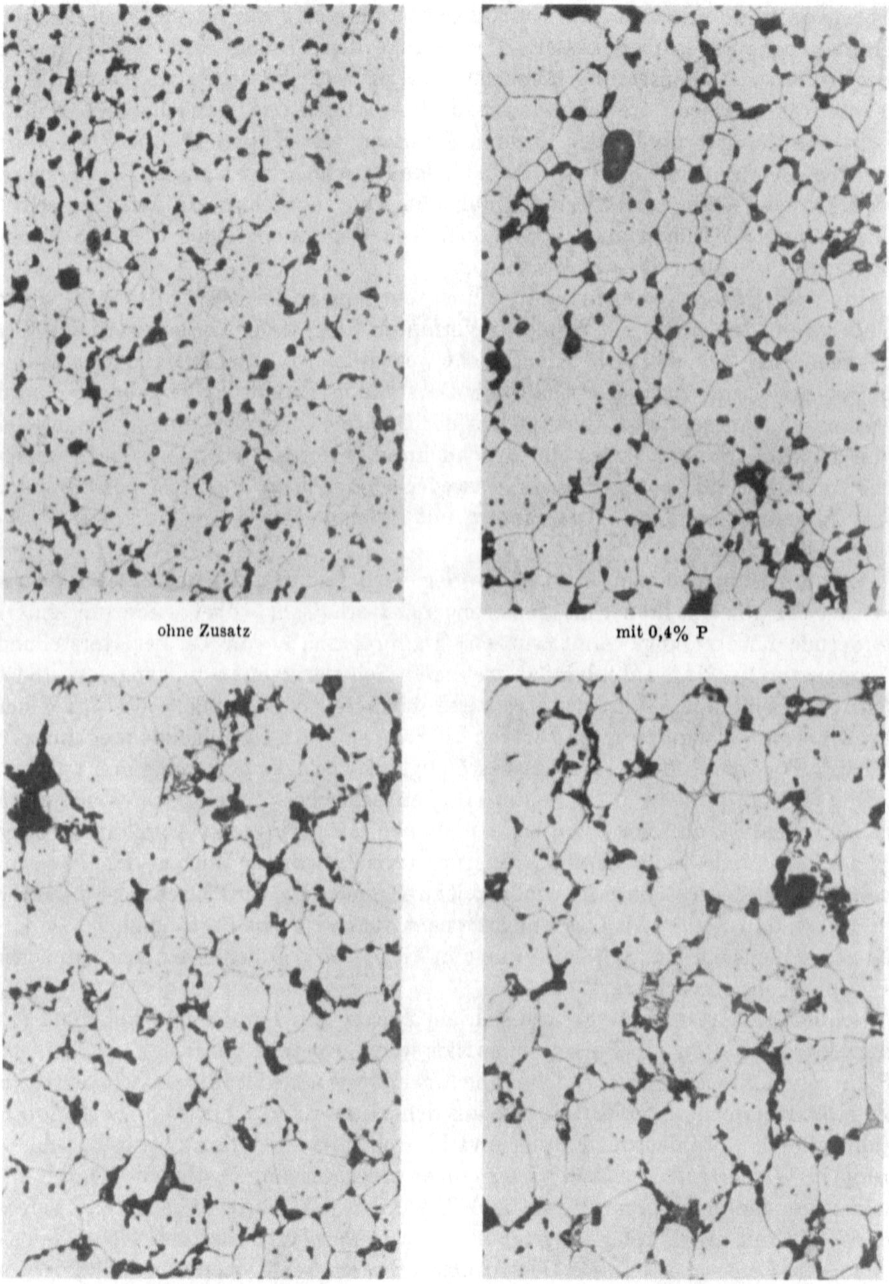

ohne Zusatz — mit 0,4% P

mit 0,6% P — mit 0,8% P

Abb. 4. Gefüge von Proben aus Stahl X10 CrNiMoSi 17 13, gesintert mit Zusätzen von CuP 8

Korngröße: Mischung $< 0{,}16$ mm; Preßdruck: 6 Mp cm^{-2}; Sintertemperatur: 1250 °C; Sinterdauer: 2 h; Schutzgas: H_2; Vergrößerung: 200:1; Ätzung: 10% alkohol. Eisenchloridlösung + 0,5 ml HCl

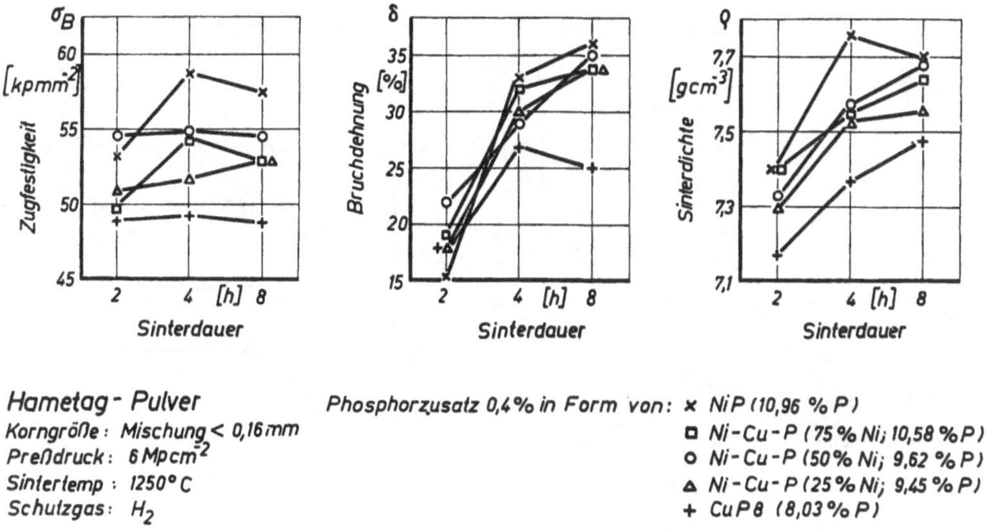

Abb. 5. Abhängigkeit der mechanischen Eigenschaften und der Dichte von der Sinterdauer bei Stahl X12 CrNi 18 8

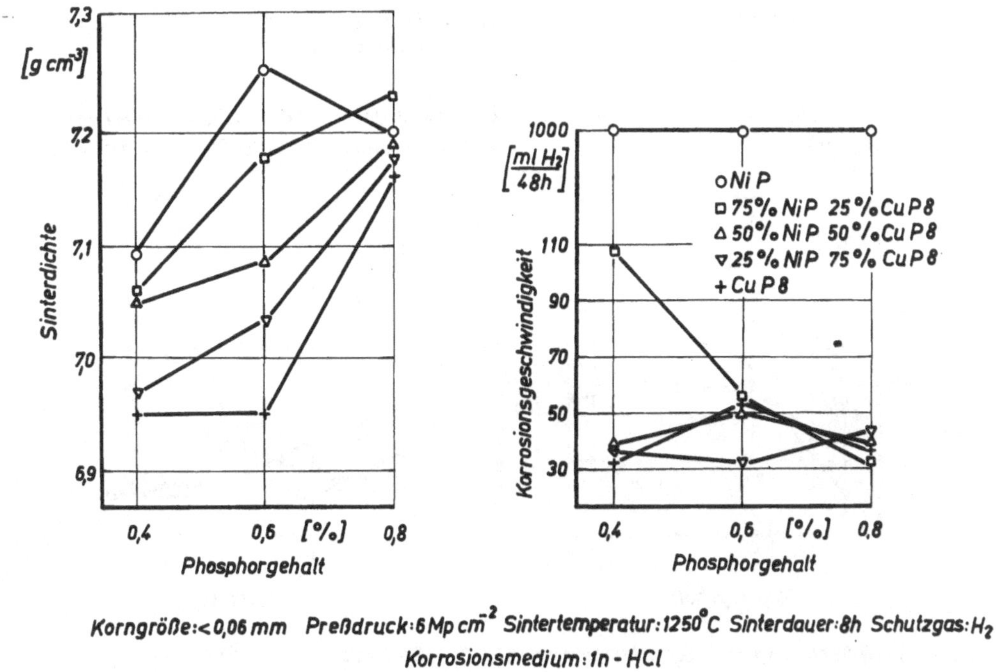

Abb. 6. Einfluß der Zusammensetzung des Ni–Cu–P-Zusatzes auf die Dichte und das Korrosionsverhalten von gesintertem Stahl mit 18% Cr und 8% Ni, hergestellt aus den Komponenten

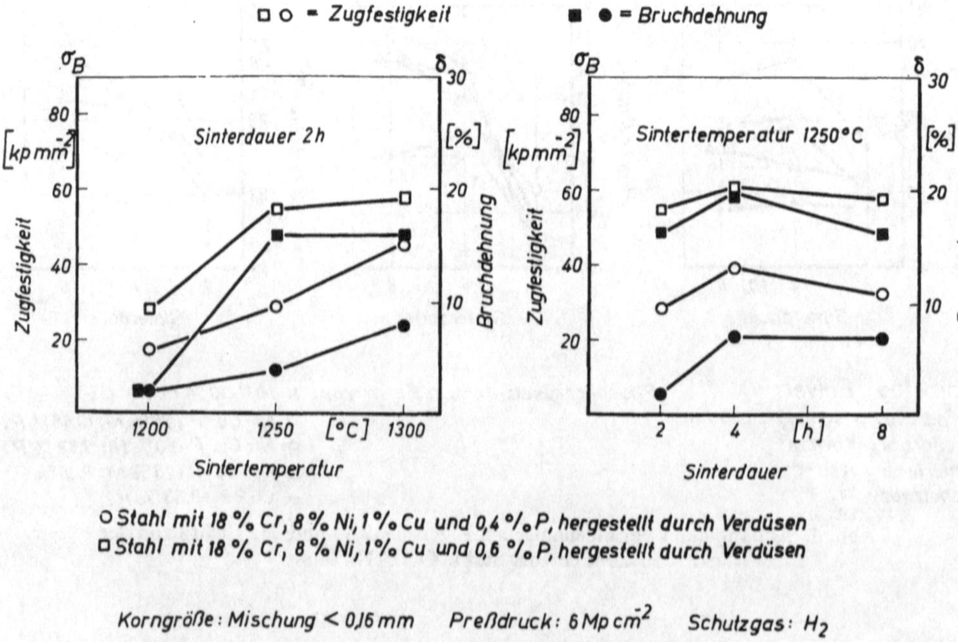

Abb. 7. Einfluß der Sintertemperatur und -dauer auf die mechanischen Eigenschaften von gesinterten und korrosionsbeständigen Stählen

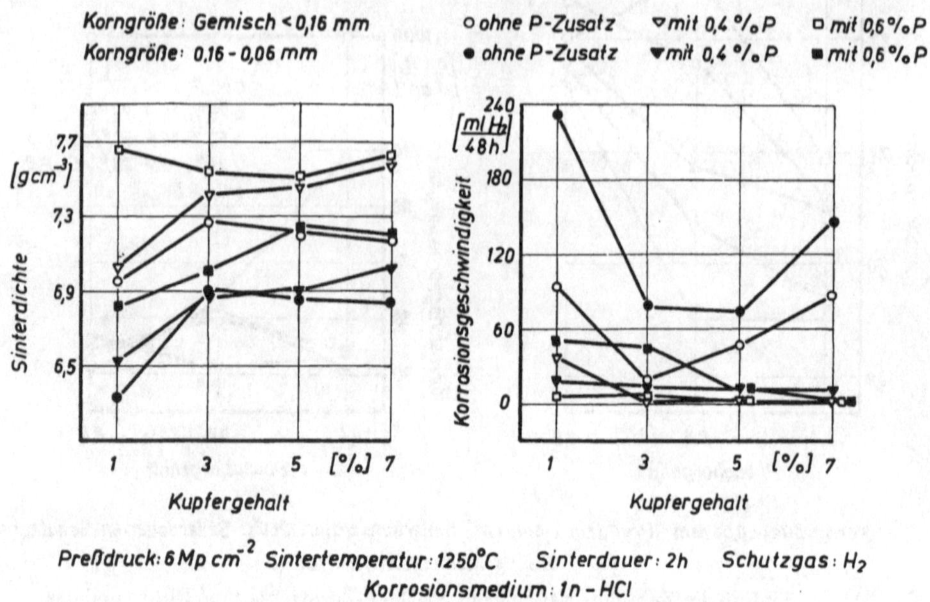

Abb. 8. Sinterdichte und Korrosionsverhalten von Werkstoffen, hergestellt aus mit Cu oder Cu und P vorlegierten Stahlpulvern mit 18% Cr und 8% Ni

0,044 mm Durchmesser hatten, besser als solche aus grobem Pulver. Im Bereich zwischen 3 und 5% Cu wurde der geringste chemische Angriff beobachtet. Dies stimmt gut mit Korrosionsuntersuchungen an kupferhaltigen Gußwerkstoffen überein. Es wird bei einem Stahl mit 18% Cr und 8% Ni angegeben, daß bis zu 4% Cu im Gefüge gelöst werden, wodurch der Widerstand gegenüber Schwefelsäure zunimmt [9].

Von geringerem Einfluß auf die mechanischen Eigenschaften innerhalb der untersuchten Legierungszusammensetzung ist der Chrom- und der Nickelgehalt des Stahls. Proben mit nur 8% Ni besitzen höhere Zugfestigkeit als die mit 13% Ni; diese dagegen weisen bessere Bruchdehnung und höhere Korrosionsbeständigkeit auf. Bei beiden Werkstoffen steigert bereits ein Kupferzusatz die Sinterfähigkeit, die verständlicherweise durch Legieren mit Phosphor weiter verbessert werden kann.

Tabelle 1. Dichte und mechanische Eigenschaften von gesinterten Chrom-Nickel-Stählen

Legierung	Sinterdichte $g\ cm^{-3}$	Zugfestigkeit $kp\ mm^{-2}$	Bruchdehnung %	Härte HB 10/2,5 $kp\ mm^{-2}$
X10 CrNiMoSi 17 13 mit 0,6% P in Form von rotem P	7,25	54,5	22	160
X12 CrNi 18 8 mit 0,6% P in Form von rotem P	7,15	49,7	16	115
X10 CrNiMoSi 17 13 mit 0,4% P in Form von NiP	7,43	50,8	20	150
X10 CrNiMoSi 17 13 mit 0,4% P in Form von CuP 8	7,26	47,1	15	132
X12 Cr Ni 18 8 mit 0,4% P in Form von NiP	7,40	53,2	15	148
X12 Cr Ni 18 8 mit 0,4% P in Form von CuP 8	7,17	49,3	18	130
Vorlegierter Stahl mit 17% Cr, 13% Ni, 1% Cu und 0,4% P	7,70	47,0	30	110
Vorlegierter Stahl mit 18% Cr, 8% Ni, 1% Cu und 0,6% P	7,64	55,2	16	100

Korngröße: Mischung < 0,16 mm 30%; < 0,06 mm 13,5%; < 0,04 mm 56,5%; Preßdruck: 6 Mp cm^{-2}; Sintertemperatur: 1250 °C; Sinterdauer: 2 h; Schutzgas: H_2

In Tabelle 1 sind die Meßergebnisse für die Dichte, die mechanische Festigkeit und die Härte von Proben zusammengefaßt. Ein Vergleich der Werte läßt erkennen, daß die Anwendung mit Kupfer und Phosphor vorlegierter Cr–Ni-Stahlpulver erfolgversprechend ist.

Von Interesse war schließlich noch die Abhängigkeit der Korrosionsgeschwindigkeit von der Einwirkungsdauer des Korrosionsmediums und der Art des Phosphorzusatzes. Abb. 9 enthält einige Versuchsergebnisse und zum Vergleich die Linie für die H_2-Entwicklung, die dem berechneten Volumen Wasserstoff bei einem Gewichtsverlust von 2,4 g m^{-2} Tag^{-1} entspricht. Aus dem Kurvenverlauf ist zu

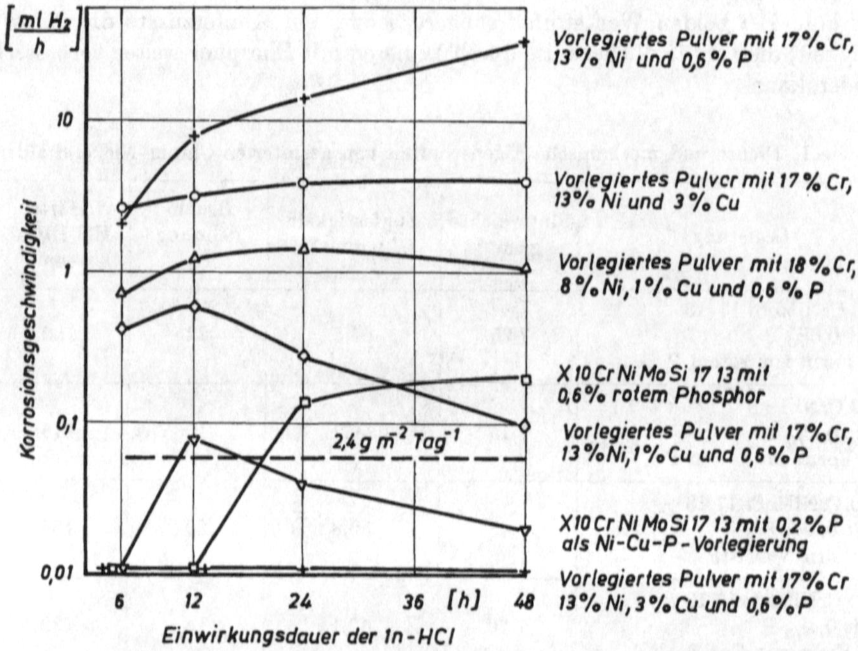

Abb. 9. Abhängigkeit der Korrosionsgeschwindigkeit von Cr–Ni-Sinterstählen von der Legierungszusammensetzung und Art des Phosphorzusatzes

ersehen, daß bei Proben, die nur Phosphor als Zusatz enthalten, sich der chemische Angriff mit zunehmender Einwirkungsdauer der Salzsäure verstärkt. Bei Proben mit Kupfer- und Phosphorzusatz klingt dieser dagegen ab, oder er ist unter den gegebenen Versuchsbedingungen nicht meßbar. Der Gewichtsverlust der Proben entspricht etwa dem Volumen des entwickelten Wasserstoffs. Er liegt bei einer Anzahl von Proben unter oder nahe der Grenze, die auch mit kompakten Werkstoffen erreicht wird. Die hier mitgeteilten Korrosionsuntersuchungen können nur begrenzte Bedeutung haben, da sie unter besonderen Bedingungen durchgeführt wurden. Für die praktische Anwendung der korrosionsbeständigen Sinterstähle sind ergänzende Untersuchungen zweckmäßig, die spezielle Betriebsanforderungen berücksichtigen.

Literatur

[1] Watkinson, J. F., Atomization of metals and alloy powders. Powder Metallurgy (1958) H. 1/2, 13–23.

[2] Sands, R. L., Watkinson, J. F., Sintered stainless steel. I. – The influence of alloy composition upon compacting and sintering behaviour. Powder Metallurgy (1960) H. 5, 85–104.

[3] Sands, R. L., Watkinson, J. F., Sintered stainless steel. II. – The properties of stainless steel powders sintered in dissociated ammonia. Powder Metallurgy (1960) H. 5, 105–115.

[4] Eisenkolb, F., Herstellung und Eigenschaften von korrosionsbeständigem Sinterstahl. Stahl und Eisen 78 (1958) H. 3, 141–148.

[5] Reinstadler, R., Beitrag zur Technologie nicht rostender Sinterstähle. Z. Metallkunde 53 (1962) H. 2, 86–89.

[6] Benesovsky, F., Hotop, W., Frehn, F., Borhaltige Sinterlegierungen auf Eisenbasis. Planseeber. Pulvermetallurg. 3 (1955) 57–70.

[7] Benesovsky, F., Hotop, W., Einfluß von Bor auf die Bildung flüssiger Phasen in Sinterstahl, besonders in Stählen mit rd. 18% Cu und 8% Ni. Stahl und Eisen 78 (1958) H. 3, 149–152.

[8] Eisenkolb, F., Sintering in the presence of a liquid phase. In: Powder Metallurgy, Hrsg.: W. Leszynski, Interscience Publ., New York 1960, S. 75–95.

[9] Ramchandran, T., Roesch, K., Engell, H. J., Der Einfluß von Kupfer auf das Korrosionsverhalten und die mechanischen Eigenschaften von Chrom-Nickel-Stählen. Arch. Eisenhüttenwes. 32 (1961) H. 3, 173–185.

Dr. Alfred Merz

Wissenschaftlicher Sekretär und Leiter der Abteilung Entwicklung pulvermetallurgischer Werkstoffe

Dipl.-Chem. Heinz Kotsch

Wissenschaftlicher Oberassistent in der Abteilung Entwicklung pulvermetallurgischer Werkstoffe

BESTÄNDIGKEIT VON METALLBORIDEN, INSBESONDERE ZIRKONIUMBORID, GEGEN METALLSCHMELZEN

Die Boride der Übergangsmetalle der IV. bis VI. Gruppe des Periodensystems zeichnen sich teilweise durch eine beachtliche Beständigkeit gegenüber chemischen Einwirkungen bei hohen Temperaturen aus. Vor allem sind die Boride des Chroms, Titans und Zirkoniums wiederholt zur Anwendung für verschiedene hochtemperaturbeanspruchte Bauteile im Maschinenbau, in der Gerätetechnik und in chemischen Anlagen empfohlen worden [1, 2, 3]. Zirkonium- und Titandiborid gelten als besonders geeignete Werkstoffe für Schiffchen, die bei der Verdampfung von Metallen Verwendung finden. Selbst Aluminium, das die meisten Werkstoffe bei hohen Temperaturen angreift, reagiert mit diesen Stoffen nicht. Lediglich die Metalle der Eisengruppe bilden mit den Boriden quasieutektische Systeme [4, 5]. Trotzdem hat man Boridwerkstoffe auch im Kontakt mit flüssigem Stahl verwendet. Als Werkstoff für Schutzrohre von Tauchthermoelementen erwiesen sie sich konkurrenzfähig gegenüber Oxidkeramik.

Über die Verträglichkeit dieser Boride mit den Metallschmelzen fehlen bis jetzt in der Literatur quantitative Angaben. Außerdem ist es von Interesse zu wissen, wie die Reaktionsmöglichkeiten von Änderungen in der Zusammensetzung der Boride abhängen, damit für eine eventuelle Produktion die zulässigen Analysenbereiche festgelegt werden können. Aus diesem Grunde befaßten wir uns mit Versuchen über die Benetzbarkeit wichtiger Metallschmelzen mit Zirkonium- und Titanboriden, wobei deren Borgehalt variiert wurde. Darüber soll im folgenden berichtet werden.

Untersuchungsmethode

Die Durchführung und Auswertung von Benetzungsmessungen ist wiederholt beschrieben worden [6], so daß es genügt, die Besonderheiten des von uns angewendeten Verfahrens kurz zu schildern. Die für die vorliegende Arbeit verwendete Einrichtung zeigt Abb. 1. Zur Erwärmung der Proben diente vorwiegend ein Wolframstabvakuumofen. Lediglich für die Messungen mit Zinn wurde ein widerstandbeheizter Quarzrohrvakuumofen verwendet. Kamera und optisches Pyrometer sind auf einem gemeinsamen Gestell montiert, so daß sie wahlweise unter Erhaltung der Justierung vor die Schauöffnung des Ofens geschwenkt werden können. Nach einer ersten Einstellung des Objektivs kann die Kamera als Ganzes auf einem Schlitten längs der optischen Achse verschoben werden, wodurch es möglich ist, bei der Aufnahme des geschmolzenen Tropfens den Abbildungsmaßstab unverändert zu erhalten, auch wenn die Probe sich beim Einschmelzen etwas verlagert. Das Endvakuum im Ofen lag je nach den Versuchsbedingungen etwa zwischen 10^{-5} und 10^{-4} Torr. Die Oberfläche der Boridunterlage war in jedem Fall mit Borkarbid geschliffen und einer Tonerdeaufschlämmung poliert.

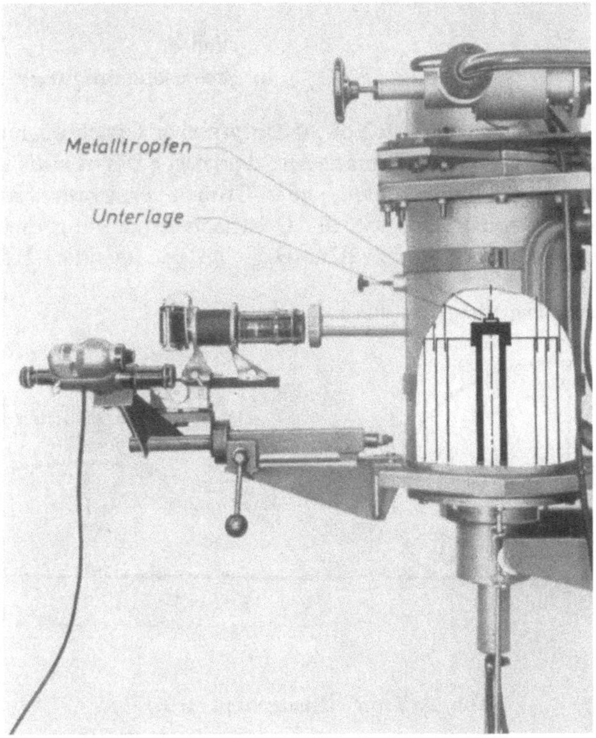

Abb. 1. Versuchsanordnung für Benetzungsmessungen

Die Auswertung der Tropfenphotographien erfolgte teils unter einem Meßmikroskop (Messung des Kontaktwinkels), teilweise an vergrößerten Bildern der Tropfen (10- bis 15mal gegenüber dem Original). Der Benetzungswinkel ϑ stellt nach der Young-Dupréschen Gleichung

$$\sigma_{LS} = \sigma_{SV} - \sigma_{LV} \cdot \cos \vartheta$$

den Zusammenhang zwischen den Oberflächenspannungen σ_{LV} an der Grenze zwischen flüssiger Phase und Gasraum einerseits, der Grenzflächenspannung zwischen fester Unterlage und flüssiger Phase des Tropfens σ_{LS} sowie der Oberflächenspannung zwischen fester Unterlage und Gasraum σ_{SV} anderseits her. Aus der Form der Tropfen ist nach Abb. 2 ϑ bestimmbar. Kennzeichnend für die Oberflächenspannung eines Tropfens ist das Verhältnis $\frac{h}{r}$ (Scheitelhöhe des Tropfens über seinem größten Durchmesser zu dem Radius des größten Tropfenquerschnitts). Aus diesem Wert und der Tropfenhöhe h kann aus Tabellen die spezifische Kohäsion (Kapillaritätskonstante) a^2 ermittelt werden. Häufig werden in der Literatur die von F. BASHFORTH und I. C. ADAMS [7] angegebenen Tabellen verwendet. Wir arbeiteten mit einer Tabelle von A. HEYDWEILLER [8], die auf Rechnungen von TH. LOHNSTEIN beruht. Aus a^2 ergibt sich die Oberflächenspannung des Tropfens zu

$$\sigma_{LV} = \frac{1}{2} \cdot a^2 \cdot \varrho \cdot g \qquad (\varrho = \text{Dichte}, \; g = \text{Erdbeschleunigung})\,.$$

Zur vollständigen Anwendung der YOUNG-DUPRÉschen Gleichung müßte dann noch σ_{LS} oder σ_{SV} bekannt sein. In Ermanglung derartiger Daten muß vorerst auf eine vollständige Kenntnis aller interessierenden Größen verzichtet werden. Es wurde jedoch versucht, festzustellen, wie die Oberflächenspannung des Tropfens sich verändert, wenn Bestandteile der Unterlage im benetzenden Metall in Lösung

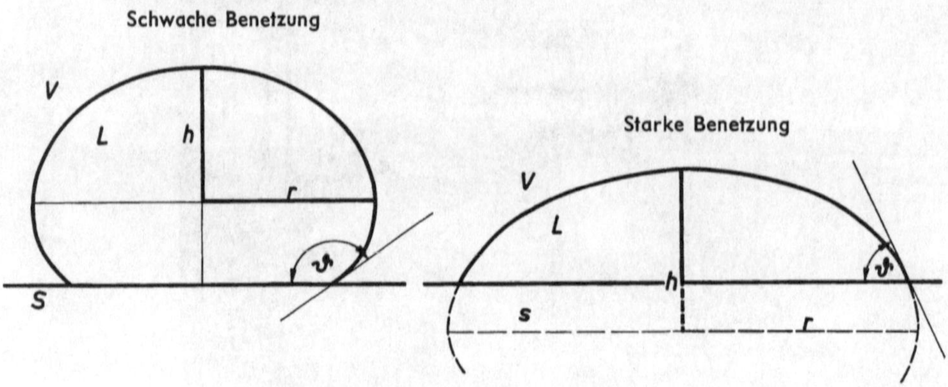

Abb. 2. Tropfenformen und Meßgrößen

gehen. Dazu ist die Oberflächenspannung solcher Tropfen zu bestimmen, die gut benetzen. Wie Abb. 2 zeigt, ist die ausmeßbare Tropfenkalotte als Teil eines größeren Tropfens aufzufassen. In diesem Falle sind die Größen h und r jedoch nicht ohne weiteres zu ermitteln. Näherungsweise wurde deshalb die Kontur des Tropfens in folgender Weise extrapoliert:

Aus den Tabellen von A. HEYDWEILLER (ebenso auch bei F. BASHFORTH und I. C. ADAMS) ist der Scheitelradius eines jeden Tropfens bekannt, wenn h und r festliegen. Mit Hilfe dieser Verknüpfung wurden die Daten für gerade Funktionen 4. Grades ermittelt, die die Meridiankurve der Tropfen annähert. Dazu sind folgende Messungen notwendig:

entweder die Koordinaten des Scheitelpunkts gegenüber einem geeignet gewählten Nullpunkt;
die Koordinaten eines zweiten Punkts der Kurve (z.B. der Punkt, in dem die Tropfenoberfläche die Ebene der festen Unterlage trifft);
die Tangente an die Kurve in diesem Punkt;

oder die Koordinaten des Scheitelpunkts gegenüber einem geeignet gewählten Nullpunkt (wie oben);
die Koordinaten eines zweiten Punkts der Kurve (wie oben);
die Koordinaten eines dritten Punkts der Kurve.

Durch den Vergleich solcher Kurven mit verschiedenartigen experimentell gefundenen Tropfenformen wurde sichergestellt, daß diese Annäherung für praktische Zwecke ausreichend ist. Aus dem Verfahren ergeben sich rechnerisch Werte für die Größen h und r, die zur Bestimmung von a^2 verwendet wurden. Die Zuverlässigkeit des ersten Verfahrens ist dadurch begrenzt, daß die Tangentenrichtung nur wenig genau ermittelt werden kann. Beim zweiten Verfahren hat man die Möglichkeit, den dritten Punkt willkürlich zu wählen und damit die gesuchten Konstanten mehrmals zu bestimmen. Ergeben sich auf diese Weise für den gleichen Tropfen große Unterschiede in den Werten für die Kapillaritätskonstante, so kann das ein Hinweis darauf sein, daß die Diffusion innerhalb des Tropfens noch nicht beendet ist und daß sich dieser aus Schichten wechselnder Zusammensetzung und Oberflächenspannung zusammensetzt. Allerdings ist auf jeden Fall zu bedenken, daß es sich um eine Extrapolation handelt, deren Genauigkeit, abgesehen von meßtechnischen Grenzen, schon im mathematischen Verfahren beschränkt ist.

Auch für den Fall $\vartheta > 90°$ ist die Meßgenauigkeit begrenzt, da die Lage des größten Tropfendurchmessers nicht sehr genau bestimmbar ist und die schließlich ermittelte Größe a quadratisch in die Formel für die Oberflächenspannung eingeht.

Ausgangsstoffe

a) Zirkoniumboridunterlagen

Das Zirkoniumborid wurde aus Zirkoniumdioxid reinst (sowjetischer Herkunft) und Borkarbid reinst vom Elektroschmelzwerk Kempten nach dem Borkarbidverfahren [9, 3] bei 2000–2100 °C im Kohlerohrkurzschlußofen unter Wasserstoff hergestellt. Die Proben mit erhöhtem Boranteil wurden durch Zusätze entsprechender Mengen elementaren Bors erhalten.

Aus den Pulvern wurden mit einem Druck von 2 Mp/cm² Platinen der Abmessungen 26 mm ⌀ und 4 mm Höhe gepreßt, die bei 2170–2220 °C unter Argon im Kohlerohrkurzschlußofen gesintert wurden. Bedingt durch die Art der Herstellung wurde ein relativ hoher, chemisch nachweisbarer Kohlenstoffgehalt festgestellt. Bei der röntgenographischen Untersuchung traten jedoch in keinem Fall Linien von ZrC auf. Eindeutig wurde stets die Phase ZrB_2 festgestellt. Die Proben mit den beiden höchsten Borgehalten zeigten eine bzw. zwei schwache Fremdlinien, die nicht eindeutig identifiziert werden konnten. Nach den bisher bekannten Daten des Zustandsdiagramms Zirkonium–Bor sind im Gleichgewicht die Phasen ZrB_2 und ZrB_{12} zu erwarten [12].

b) Titanboridunterlagen

Sie wurden in der gleichen Weise hergestellt wie die Zirkoniumboridunterlagen. Der Titanausgangsstoff war Titandioxid, chemisch rein, vom VEB Laborchemie Apolda. Die Röntgenuntersuchung ergab auch hier kein Karbid. Beim

Borüberschuß sind im Gleichgewicht die Phasen TiB_2 und Ti_2B_5 zu erwarten [11]. Der Restporenraum der gesinterten Proben aus beiden Boriden betrug 4–5%.

c) Metalle

Die Metallproben wurden als zylindrische Proben von 7 mm ⌀ und 6 mm Höhe eingesetzt. Um möglichst reine Versuchsmaterialien zu verwenden, wurde für Nickel und Kupfer im Vakuum umgeschmolzenes Material eingesetzt. Die Analysen waren für

Armco-Eisen:	0,01% C; 0,04% Mn; 0,053% Cu; 0,014% Al; 0,014% P; 0,009% S; Spuren Si.
Kobalt KO:	0,039% C; 0,2% Fe; 0,18% Ni; 0,13% Zn; 0,032% Cu; 0,023% Al; 0,027% Mn; 0,006% S; 0,003% P; 0,0008% Mg.
Nickel:	0,046% Fe; 0,026% Cu; 0,023% Mn; 0,12% Co; 0,01% Si.
Elektrolytkupfer:	99,81% Cu.
Reinstaluminium:	99,999% Al.

Zinn lag in der Qualität „rein", Silber in der Qualität „reinst" vor.

Ergebnisse

Die Ergebnisse der Messungen der Kontaktwinkel sind in Tabelle 1 sowie in den Abbildungen 3 und 4 dargestellt. Wesentlich für derartige Untersuchungen ist,

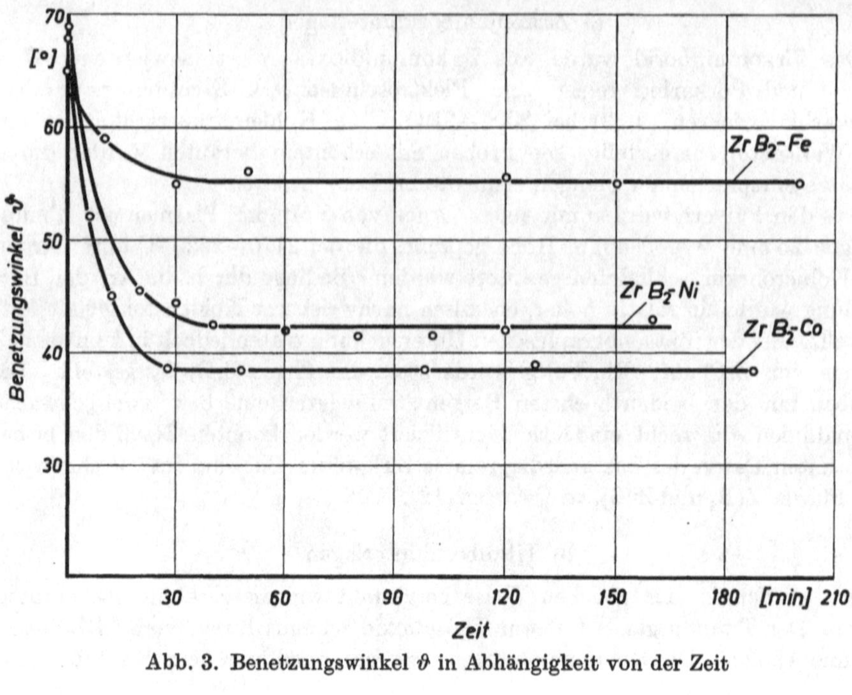

Abb. 3. Benetzungswinkel ϑ in Abhängigkeit von der Zeit

Tabelle 1. Benetzungswinkel ϑ verschiedener geschmolzener Metalle auf Zirkonium-Bor- und Titan-Bor-Werkstoffen

Zusammensetzung				Benetzungswinkel ϑ [°]						
Borid Gew.-%	Borzugabe Gew.-%	Gesamt-B-Gehalt nach Ansatz Gew.-%	Bor-Gehalt nach Analyse Gew.-%	Co	Ni	Fe	Ag	Cu	Al	Sn
100 ZrB_2	–	19,2	17,4	39	42	50	137	142	160	164
98 ZrB_2	2 B	20,8	17,7	40	43	31	134	144	163	163
95 ZrB_2	5 B	23,2	19,2	42	44	29	142	152	159	162
90 ZrB_2	10 B	27,3	21,9	36	55	44	145	130	163	169
75 ZrB_2	25 B	39,4	30,8	29	68	21	141	136	165	161
100 TiB_2	–	31,1	28,1	3	0	0	155	58	160	175
90 TiB_2	10 B	37,0	29,6	10	13	13	136	60	159	173

daß der Gleichgewichtszustand erreicht wird [10]. Wie Abb. 3 beweist, ist spätestens etwa 45 Minuten nach Erreichen der Versuchstemperatur keine Änderung des Kontaktwinkels mehr festzustellen. Das gilt für alle Proben, die von uns untersucht wurden. Die Versuchstemperatur lag dabei jeweils 30 bis 50° über dem Schmelzpunkt des betreffenden Metalls. Der Tabelle 1 ist zu entnehmen, daß die untersuchten Metalle Silber, Kupfer, Aluminium und Zinn auf Zirkoniumdiborid sehr große Kontaktwinkel aufweisen, also praktisch nicht benetzen. Allerdings waren lediglich die Zinnproben nach dem Versuch leicht von der Unterlage zu entfernen. Die Kontaktwinkel selbst ändern sich für verschiedene Borgehalte wenig und auch nicht systematisch. Für die genannten Metalle in Verbindung mit den Titanboridproben gilt das gleiche mit Ausnahme von Kupfer, welches in diesem Falle eine gute Benetzung zeigt.

Die Eisenmetalle benetzen durchweg stark, und zwar sowohl die Zirkoniumborid- als auch die Titanboridproben. Bei Kobalt und Nickel kann eine Abhängigkeit des Benetzungswinkels vom Borgehalt festgestellt werden (Abb. 4). Bei Eisen treten auch Benetzungswinkel verschiedener Größe auf; indessen läßt sich kein systematischer Zusammenhang feststellen. Auf Titanborid ist die Benetzung im allgemeinen noch stärker als auf Zirkoniumborid. Im untersuchten Bereich läßt die Benetzung mit steigendem Borgehalt für Kobalt und Nickel etwas nach. Die für Aluminium gefundenen Werte der Oberflächenspannung sind in Klammern wiedergegeben, da sich beim angewendeten Vakuum eine leichte Oxidhaut auf den Oberflächen der Tropfen nicht vermeiden ließ. Abb. 5 zeigt einige Beispiele der beobachteten Tropfenformen.

Die Ergebnisse der Ermittlung der Oberflächenspannung der Tropfen aus der Tropfenform vermittelt Tabelle 2. Für die schwach benetzenden Metalle wurden etwa die gleichen Werte festgestellt, wie sie aus der Literatur bekannt sind.

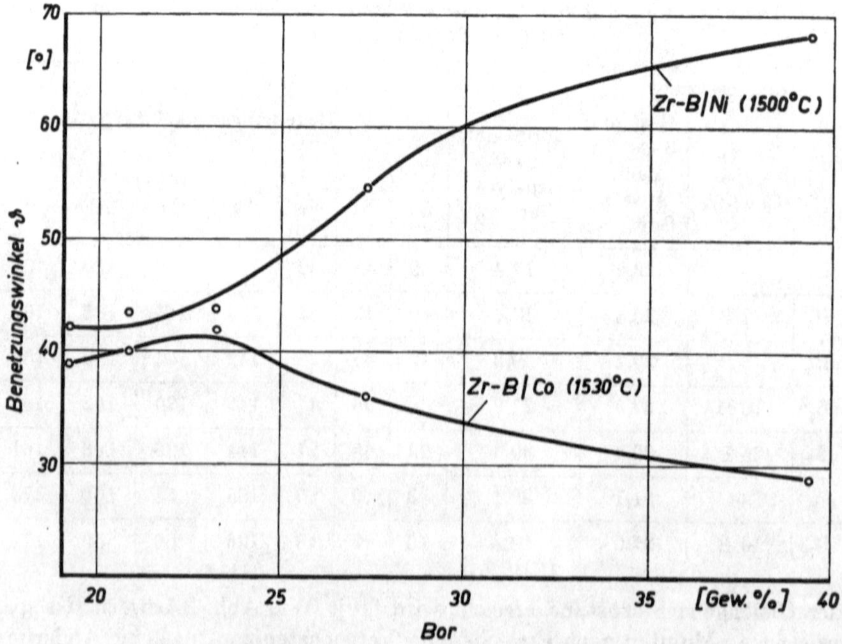

Abb. 4. Benetzungswinkel ϑ in Abhängigkeit vom Borgehalt

a) Zirkoniumborid und Aluminium: $\vartheta = 160°$

b) Zirkoniumborid und Silber: $\vartheta = 137°$

c) Zirkoniumborid und Eisen: $\vartheta = 55°$

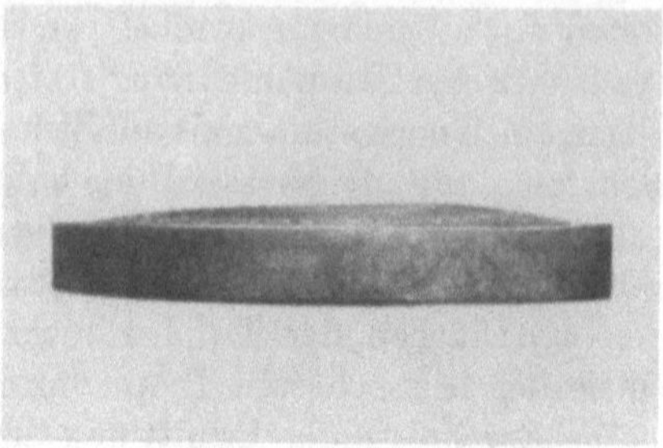

d) Titanborid und Kobalt: $\vartheta = 10°$

Abb. 5. Ausbildung von verschiedenen Metalltropfen auf Boridunterlagen

Tabelle 2. Oberflächenspannungen von flüssigen Metallen

			Fe	Co	Ni	Ag	Cu	Al	Sn
Eigene Versuche in Kontakt mit ZrB_2 bzw. TiB_2	Temperatur [°C]		1580	1530	1500	985	1120	705	280
	Atmosphäre		Vakuum	Vakuum	Vakuum	Vakuum	Vakuum	Vakuum	Vakuum
	σ_{LV} [dyn/cm]	$\vartheta > 90°$	–	–	–	830	1130	(900)	440
		$\vartheta < 90°$	700–1400	1300	750	–	1050	–	–
Vergleichswerte aus der Literatur	Temperatur [°C]		1575	1520	1505	995	1140	–	253
	Atmosphäre		H_2	H_2	H_2	H_2	H_2	–	H_2
	σ_{LV} [dyn/cm]		1115 [1]	1290 [1]	1240 [1]	923 [2]	1120 [2]	–	526 [2]

[1]) Nach H.-J. Booss — [2]) Nach J. D'Ans und E. Lax, Taschenbuch f. Chemiker und Physiker

Daraus ist zu schließen, daß keine Änderung der Oberflächenspannung durch gelöste Bestandteile auftritt. Außerdem ist zu berücksichtigen, daß für Cu, Ag und Sn in den Vergleichsarbeiten abweichende Meßmethoden angewendet wurden. Auch in den Fällen, in denen Kupfer auf Titanboridwerkstoffen benetzt, sind die abgeschätzten Oberflächenspannungen in der gleichen Größenordnung wie die für die nicht benetzenden Tropfen. In Übereinstimmung damit zeigt Abb. 6c im Schnitt, daß keine sichtbare Wechselwirkung zwischen Tropfen und Grundkörper stattgefunden hat. Lediglich bei Zinn wurde eine merkliche Abweichung der gemessenen Oberflächenspannung gegenüber den aus der Literatur bekannten Werten gefunden. Die Ursache dafür konnte nicht ermittelt werden. Sie kann sowohl in der Reinheit des Metalls als auch in den Meßmethoden liegen. Die Eisenmetalle reagieren in jedem Falle verhältnismäßig stark mit der Unterlage, wie die Schnittbilder 6a und 6b zeigen. In Übereinstimmung damit war auch eine Abschätzung der Oberflächenspannung aus der Form des Tropfens nur in Ausnahmefällen möglich. Bei Nickel konnte festgestellt werden, daß die gemessene Oberflächenspannung tatsächlich merklich niedriger ist als die des reinen Metalls. Für Eisen und Kobalt ist eine derartig eindeutige Aussage nach den zur Zeit vorliegenden Messungen nicht möglich. Es ist bekannt, daß die Eisenmetalle mit den betrachteten Boriden quasibinäre eutektische Systeme liefern [4, 5]. Nach G. V. Samsonov liegen die Eutektika für einen Gehalt von 1,5—2,0 Mol-% TiB_2 in Fe bei 1250 °C, für 4 Mol-% TiB_2 in Co bei 1220 °C und für 2—3 Mol-% TiB_2 in Ni bei 1180 °C. Für Zirkoniumborid sind ähnliche Verhältnisse beobachtet worden, jedoch sind entsprechende Zahlenangaben noch nicht bekannt. Dementsprechend wurde in den beschriebenen Versuchen auch gefunden, daß die Eisenmetalle beim Erhitzen auf Boridunterlagen bereits weit unter ihrem Schmelzpunkt flüssige Phasen bilden.

Die Querschnitte durch die auf ZrB_2 benetzenden Tropfen der Eisenmetalle zeigen außerdem an der Angriffsstelle ausgeprägte Diffusionszonen. Diese Erscheinung ist noch nicht näher untersucht. Möglicherweise wirkt die Schicht diffusionsverlangsamend und erklärt auf diese Weise die in der Literatur [1, 2]

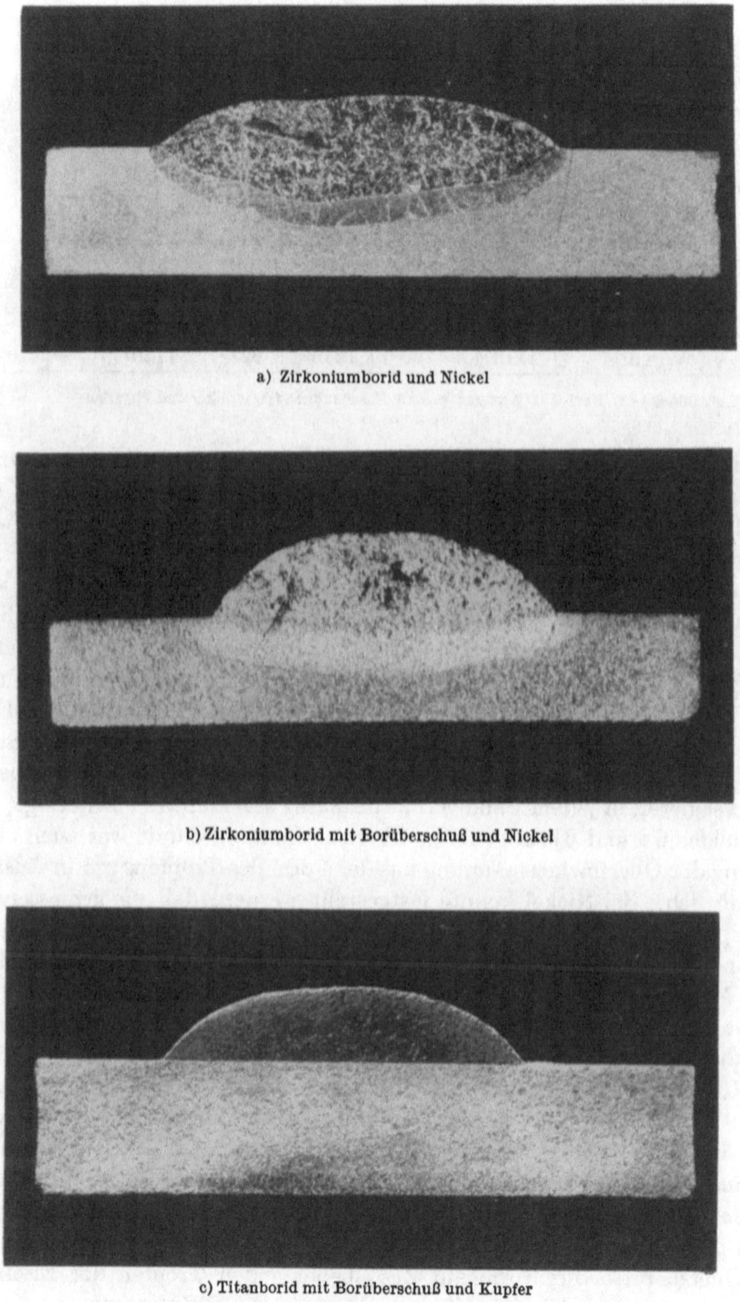

a) Zirkoniumborid und Nickel

b) Zirkoniumborid mit Borüberschuß und Nickel

c) Titanborid mit Borüberschuß und Kupfer

Abb. 6. Querschnitte durch benetzende Tropfen

berichtete Einsatzmöglichkeit von solchen Boridwerkstoffen im Kontakt mit flüssigem Stahl.

Die vorliegende Untersuchung zeigte, daß sowohl Werkstoffe auf Zirkoniumborid- als auch Titanboridgrundlage gegenüber geschmolzenem Silber, Aluminium, Zinn und Kupfer beständig sind. Wenn auch Kupfer Titanborid teilweise benetzt, so konnte doch keine ausgesprochene Reaktion zwischen flüssigem Metall und festem Werkstoff beobachtet werden. Die Eisenmetalle reagieren mit beiden Boriden verhältnismäßig stark, wobei allerdings eine Steigerung des Borgehalts der Boridunterlage besonders bei Nickel eine Vergrößerung des Kontaktwinkels und damit eine Verringerung der Benetzbarkeit bewirkt. Diese Boride sind demnach als Werkstoffe, die im Kontakt mit flüssigen Metallen gebraucht werden, besonders geeignet. Verglichen mit keramischen Werkstoffen haben die Boride für ähnliche Anwendungsgebiete den besonderen Vorteil der metallischen Leitfähigkeit. Die damit verbundene gute Wärmeleitfähigkeit bewirkt eine hervorragende Temperaturwechselbeständigkeit. Außerdem ist es möglich, die Boride durch elektrische Widerstandserwärmung zu erhitzen, was bei der Anwendung als Verdampferschiffchen zur Herstellung von Metallüberzügen im Vakuum von Bedeutung ist.

Literatur

[1] Schwarzkopf, P., Glaser, F. W., Borides designed for high temperature use. Iron Age **173** (1954) H. 13, 138–139.

[2] Blum, A., Ivanick, W., Recent developments in the application of transition metal borides. Powder Metallurg. Bull. **7** (1956) H. 3/6, 75–78.

[3] Samsonov, G. V., Markovskij, L. J., Žigač, A. F., Valjaško, M. G., Bor, ego soedinenija i splavy. Kiew 1960.

[4] Samsonov, G. V., Charakter vsaimodejstvija borida titana s metallami gruppy železa. Metallovedenije i obrabotka metallov (1958) H. 1, 35–38.

[5] Kieffer, R., Benesovsky, F., Recent developments in the field of silicides and borides of the high-melting-point transition metals. Powder Metallurgy (1958) H. 1/2, 145–171.

[6] Kingery, W. D., Humenik, M. jr., Surface tension at elevated temperatures. I. Furnace and method for the use of the sessile drop method; surface tension of silicon, iron and nickel. J. Phys. Chem. **57** (1953) 359.

[7] Bashforth, F., Adams, I. C., An attempt to test the theories of capillarity. Cambridge University Press 1883.

[8] Heydweiller, A., Über die Bestimmung von Capillarkonstanten aus Tropfenhöhen. Wied. Ann. **65** (1898) 311–319.

[9] Baroch, C. T., Evans, T. E., Production of zirconium diboride from zirconia and boron carbide. J. Metals **7** (1955) H. 8, 908–911.

[10] Oel, H. J., Die Benetzung von Glas- und Metallschmelzen an festen metallischen und keramischen Hochtemperaturwerkstoffen. Ber. Dt. Keram. Ges. **38** (1961) H. 6, 258 bis 267.

[11] Palty, A. E., Margolin, H., Nielsen, J. P., Titanium-nitrogen and titanium-boron systems. Trans. Amer. Soc. Metals **46** (1954) 312–328.

[12] Glaser, F. W., Post, B., System zirconium-boron. J. Metals **5** (1953) H. 9, 1117 bis 1118.

[13] Booss, H.-J., Beitrag zur Oberflächenspannung der Bindemetalle von Hartmetalllegierungen. Planseeber. Pulvermetallurg. **6** (1958) H. 1, 17–21.

[14] D'Ans, J., Lax, E., Taschenbuch für Chemiker und Physiker, 2. Aufl., Berlin-Göttingen-Heidelberg 1949.

Dipl.-Chem. KLAUS MÜLLER

Wissenschaftlicher Oberassistent in der Abteilung Entwicklung pulvermetallurgischer Werkstoffe

ÜBER ANWENDUNGSMÖGLICHKEITEN VON SILIZIUMNITRID ALS FEUERFESTER WERKSTOFF IN DER SCHMELZMETALLURGIE

Wenn auch Verbindungen zwischen Silizium und Stickstoff schon im vorigen Jahrhundert beschrieben worden sind, erlangte erst in den letzten Jahren die Verbindung Si_3N_4 größeres Interesse. Der hohe Schmelzpunkt von 1900 °C, die Temperaturwechselbeständigkeit durch den geringen thermischen Ausdehnungskoeffizienten, die relativ gute Oxydationsbeständigkeit und die chemische Resistenz gegen Säure (mit Ausnahme von Flußsäure), gegen Chlor bis zu Temperaturen von 900 °C und gegenüber Schmelzen von Nichteisenmetallen bieten mannigfaltige Anwendungsmöglichkeiten, besonders unter den Bedingungen, wie sie in der chemisch-metallurgischen Industrie gegeben sind. So ist zum Beispiel die Anwendung von Thermoelement-Schutzrohren aus Siliziumnitrid in korrodierenden Gasen und in Aluminiumschmelzen bekanntgeworden [1, 2].

Siliziumnitrid kann hergestellt werden, indem man Stickstoff oder Ammoniak bei hohen Temperaturen über Silizium leitet. Das entstehende Si_3N_4 ist die einzige bis jetzt mit Sicherheit nachgewiesene Verbindung zwischen Silizium und Stick-

Tabelle 1. Physikalische Eigenschaften von Siliziumnitrid nach [1, 5, 6]

		α-Si_3N_4	β-Si_3N_4
Siliziumgehalt		60,2%	
Struktur		hexagonal	C^2_{6h} (hexagonal)
Gitterkonstanten		$a = 7{,}76$ AE	$a = 7{,}59$ AE
		$c = 5{,}62$ AE	$c = 2{,}90$ AE
		$Z = 4$	$Z = 2$
Dichte, röntgenographisch		3,18 g/cm³	3,21 g/cm³
Mikrohärte (50 p)		3337 ± 120 kp/mm²	
Härte R_A		99	
Elastizitätsmodul		11600–14500 kp/mm²	
Biegefestigkeit	(20 °C)	16,0 kp/mm²	
	(1200 °C)	14,7 kp/mm²	
Schmelzpunkt		1900 °C (Zersetzung)	
Wärmeleitfähigkeit		0,041 kcal/cm² grd	
Molwärme	(298–900 °K)	$16{,}83 + 23{,}6 \cdot 10^{-3} \cdot T$ cal/Mol · grd	
Thermischer Ausdehnungskoeffizient		$2{,}75 \cdot 10^{-6}$	
Dielektrizitätskonstante	(18 °C)	9,4	
Elektrischer Widerstand	(350 °C)	$2 \cdot 10^{11}$ Ω cm	
	(1050 °C)	10^6 Ω cm	
Bildungsenthalphie	(1600 °K)	173 kcal/Mol	

stoff [3]. Gewöhnlich besteht das Reaktionsprodukt aus zwei polymorphen Modifikationen, die als α- und β-Nitrid bezeichnet werden [4]. Die wichtigsten physikalischen Eigenschaften von Si_3N_4 gibt Tabelle 1 wieder, wobei sich die Angaben auf ein Gemisch der α- und β-Form beziehen, wenn nichts anderes angegeben ist.

Herstellung von Formkörpern

Formkörper aus Siliziumnitrid sind nur auf pulvermetallurgischem Wege erhältlich. Si_3N_4 wird durch mehrstündiges Einwirken von Stickstoff auf Siliziumpulver bei Temperaturen von 1350 °C gewonnen. Das Reaktionsprodukt wird gebrochen, in Kugelmühlen zu Pulver gemahlen und in üblicher Weise gepreßt. Siliziumnitrid sintert sehr wenig. Selbst bei Temperaturen um 1700 °C, bei denen schon eine merkliche Dissoziation in Silizium und Stickstoff auftritt, ist die Sinterfähigkeit gering. Der Schwund während des Sinterns und die Zunahme der Festigkeit sind nicht groß. Auch beim Heißpressen bleibt die erreichbare Dichte und Festigkeit klein, und erst durch Zusätze wie Magnesiumoxid erreicht man eine Aktivierung des Sintervorgangs [7].

Günstiger liegen die Verhältnisse, wenn man einen Körper aus Siliziumpulver herstellt und durch Glühen unter Stickstoff zu Si_3N_4 in situ umwandelt. Es bildet sich ein dichtes Netzwerk von Si_3N_4, und die Festigkeit des Formkörpers ist im Vergleich zum ersten Verfahren wesentlich erhöht. Hierbei tritt jedoch keine merkbare Änderung der Maße des Körpers auf; die Porosität des Endprodukts entspricht etwa der des Preßlings. Dem Bestreben, die Porosität des Siliziumnitridkörpers durch eine möglichst große Verdichtung bei der Formgebung kleinzuhalten, steht entgegen, daß mit zunehmender Verdichtung des Siliziumkörpers die Nitriergeschwindigkeit beim Glühen unter Stickstoff abnimmt. Sehr dichte Siliziumkörper sind also wesentlich länger zu glühen, um eine vollständige Umsetzung zu erreichen. Hinzu kommt noch, daß die Temperatur während der Nitrierung nur langsam gesteigert werden darf; andernfalls schmilzt wegen der hohen freiwerdenden Bildungswärme bei der Umsetzung zu Si_3N_4 — auch bei Ofentemperatur unterhalb 1400 °C — das Silizium und tritt in Form von Tropfen aus der Oberfläche des durch ein Netzwerk von Si_3N_4 schon gefestigten Formkörpers aus.

Teile aus Siliziumpulver (Teilchengröße $< 0{,}04$ mm) wurden mit einem Druck von 5 Mp/cm^2 gepreßt und im Stickstoffstrom geglüht, wobei die Temperatur langsam auf 1350 °C gesteigert und 4 Stunden gehalten wurde. Anschließend wurde die Temperatur für eine Stunde auf 1600 °C erhöht. Der Stickstoff ist durch Überleiten über einen Kupferkontakt von Sauerstoff und durch Kieselgel und Natriumhydroxid von Feuchtigkeit befreit worden. Die Dichte nach dem Pressen betrug 1,60 g/cm^3, nach dem Glühen 2,52 g/cm^3, entsprechend einem Porenraum von 21%. Die Biegefestigkeit betrug maximal 15 kp/mm^2.

Formkörper komplizierter Gestalt konnten durch *Schlickergießen* hergestellt werden. Hierzu wurde Siliziumpulver (Teilchengröße $< 0{,}04$ mm) in Wasser unter Zusatz einer 2%igen Lösung von Ammoniumalginat aufgeschwemmt und in Gipsformen vergossen. Als günstig erwies sich, den pH-Wert des Schlickers mit Ammoniak auf pH = 10 einzustellen. Das Schlickergießen eignet sich besonders für die Bereitung dünnwandiger Formkörper, wie Tiegel und Rohre. Eine Auswahl gefertigter Teile zeigt Abb. 1. Bei der Umwandlung des rohen Formkörpers aus Siliziumpulver in Si_3N_4 ergaben sich keine neuen Gesichtspunkte gegenüber der Behandlung gepreßter Körper. Anfangs waren auch Formkörper aus einem Schlicker von Si_3N_4-Pulver gegossen worden; die geringe Festigkeit nach dem Sintern ist besonders bei den dünnwandigen Teilen von Nachteil.

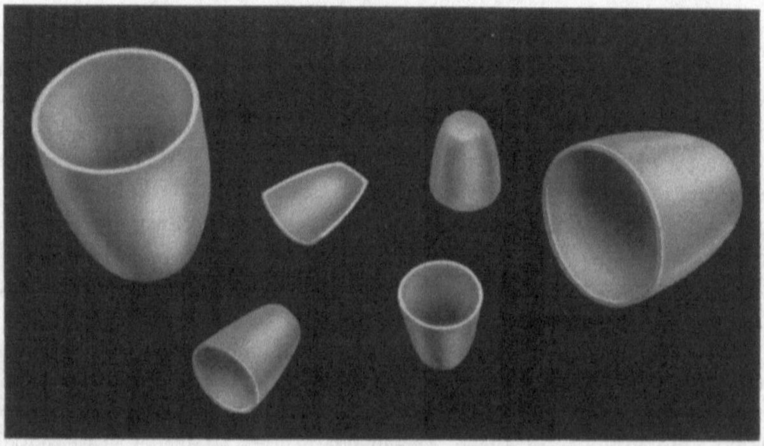

Abb. 1. Formkörper aus Siliziumnitrid

Oxydationsbeständigkeit

Das Oxydationsverhalten von Formkörpern aus Siliziumnitrid wurde durch die Gewichtszunahme beim Glühen an Luft ermittelt. Es wurden Proben untersucht, die durch Nitrieren von Siliziumpreßlingen hergestellt waren. Die Dichte betrug im Durchschnitt 2,56 g/cm³. Dies entspricht einem Porenraum von 20%. Im Temperaturbereich bis 1300 °C nähert sich die Gewichtszunahme einem Grenz-

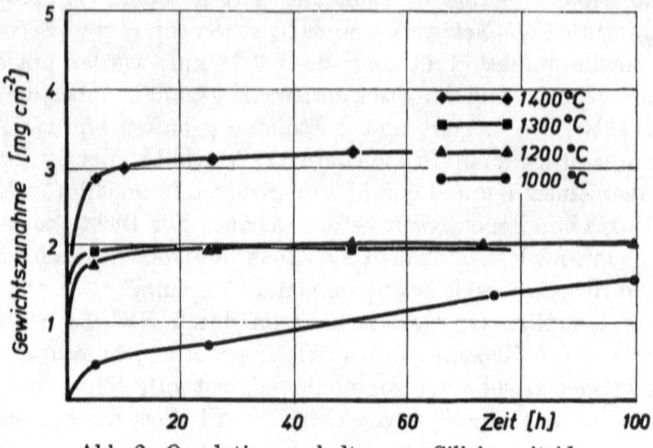

Abb. 2. Oxydationsverhalten von Siliziumnitrid

wert, wobei die Geschwindigkeit bei niedrigeren Temperaturen geringer ist (Abb. 2). Auch noch bei 1400 °C ergibt sich für die Zundermenge in Abhängigkeit von der Zeit ein parabolischer Verlauf. Offensichtlich bildet sich auf der Oberfläche eine schützende Deckschicht aus SiO_2, die eine weitere Oxydation verhindert. Vergleicht man die der Literatur zu entnehmenden Angaben über das Oxydationsverhalten miteinander sowie mit den hier gefundenen Werten, so stellt man erhebliche Unterschiede fest, die jedoch mit der unterschiedlichen Dichte der geprüften Körper zu erklären sind [2].

Beständigkeit gegen Metallschmelzen

Zur Prüfung der Wechselwirkung zwischen Siliziumnitrid und Metallschmelzen wurde die für Benetzungsversuche übliche Anordnung des „liegenden Tropfens" benutzt. Der bei Untersuchungstemperatur flüssige Tropfen des Metalls ruht auf einer ebenen geschliffenen Platte aus Si_3N_4. Solche Platten waren aus Siliziumpulver gepreßt und unter Stickstoff in Si_3N_4 umgewandelt worden. Die Metallproben wurden in Form kleiner Zylinder von 6 mm ⌀ eingesetzt, teils als kompaktes Material, teils als Pulverpreßling.

Für Prüftemperaturen bis 900 °C stand eine Hochvakuumapparatur mit einem Probengefäß aus Quarzglas, für höhere Temperaturen ein Hochvakuumofen mit Wolframstäben als Heizelement zur Verfügung, wie sie bereits von A. Merz und H. Kotsch[1]) beschrieben worden sind. In einigen Fällen wurden die Versuche nicht unter Vakuum, sondern unter Argon durchgeführt, um einer zu starken Verdampfung des Metalls zu begegnen. Die Einrichtungen gestatten es, die Probe während des Erhitzens zu beobachten und das Benetzungsverhalten photographisch festzuhalten. Eine Reaktion zwischen Metall und Si_3N_4-Unterlage läßt sich nach dem Versuch an einem Querschliff der Probe nachweisen.

Die Auswahl der in die Untersuchung aufzunehmenden Metalle ist auf die beschränkt, deren Schmelzpunkt unter 1700 °C liegt, also unter der Temperatur, bei der schon eine merkliche Zersetzung des Siliziumnitrids beginnt.

Im System $Si_3N_4 + Me$ besteht formal die Möglichkeit, daß sich das Metall Me mit einem der beiden Elemente im Siliziumnitrid entweder zu einem Nitrid oder zu einem Silizid umsetzt. In Abb. 3 sind die Metalle, die Silizide bilden, zusammengestellt.

Die niedrig schmelzenden Metalle der *IIb—IVb-Gruppe des Periodensystems* bilden keine Silizide. Die Entstehung von Nitriden durch Zersetzung von Si_3N_4 ist aus thermodynamischen Daten nicht zu erwarten. *Zink*, *Kadmium* und *Zinn*, *Blei* wurden jeweils bei Temperaturen von 50° über ihrem Schmelzpunkt untersucht. Die Metalle benetzten die Si_3N_4-Unterlage nicht; eine Reaktion war nicht zu beobachten.

Auf der anderen Seite sind die *Metalle der Eisengruppe* zur Bildung von Siliziden befähigt. Nach Literaturangaben zersetzt Eisen schon von 700 °C an Si_3N_4 [3]. Untersucht wurden *Eisen*, *Kobalt* und *Nickel*. Sobald die Metallprobe schmilzt,

[1]) A. Merz und H. Kotsch, Beständigkeit von Metallboriden, insbesondere Zirkoniumborid, gegen Metallschmelzen, S. 68—77.

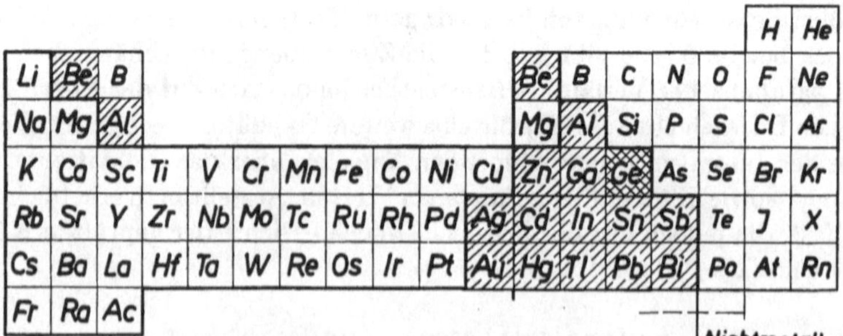

Abb. 3. Silizidbildende Metalle

(Die Metalle, die Silizide bilden, sind durch Schraffur gekennzeichnet)

tritt eine heftige Reaktion mit der Unterlage ein. Der Tropfen verändert ständig seine Gestalt; er wird zunächst langsam flacher und zieht sich dann plötzlich wieder zusammen. Dies kann durch die Aufnahme von Silizium an der Grenzfläche zwischen Metall und Si_3N_4 und die anschließende Verteilung des Siliziums im Tropfen erklärt werden. Durch den bei der Reaktion freiwerdenden Stickstoff wird der Tropfen oftmals emporgehoben. Am Querschliff der Probe nach Beendigung des Versuchs erkennt man deutlich, wie durch die Reaktion mit dem Metalltropfen Material von der Unterlage abgetragen worden ist. Der Querschliff in Abb. 4 wurde am System Si_3N_4 + Fe nach einer Versuchsdauer von 10 min bei 1500 °C erhalten. Der glänzende Saum auf der Si_3N_4-Probe hat eine Mikrohärte von 750 kp/mm² und besteht wahrscheinlich aus einer Eisen–Silizium-Legierung. Eine Bestimmung des Benetzungswinkels während des Versuchs war nicht möglich, da die Berührungsfläche Metall–Si_3N_4 nicht mehr von der Seite zu erkennen war und auch der Tropfen ständig Silizium aufnahm, ganz abgesehen von der Bewegung des Tropfens. Es ließ sich nur feststellen, daß der Benetzungswinkel für Eisen, Kobalt und Nickel stets $\vartheta > 90°$ war. Chrom zeigt das gleiche Verhalten wie die Metalle der Eisengruppe.

Kupfer bildet ebenfalls Silizide, die jedoch einen relativ niedrigen Schmelzpunkt besitzen und wenig stabil sind, so daß sie sich mit vielen Metallen zu den entsprechenden Metallsiliziden und Kupfer umsetzen. Hiervon macht man beim

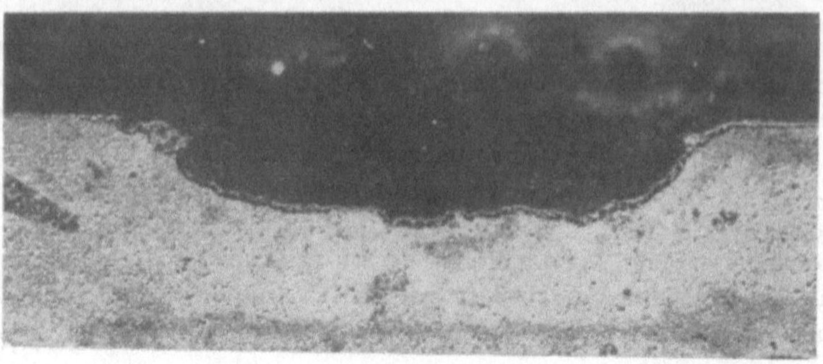

Abb. 4. Querschliff einer Si_3N_4-Platte nach einem Benetzungsversuch mit Eisen (10 min, 1500 °C)

„Kupfersilizid-Verfahren“ zur Herstellung hochschmelzender Silizide Gebrauch. Auch Si_3N_4 ist als die stabilere Verbindung gegenüber Kupfer beständig und wird von diesem nicht benetzt. Dies gilt für Versuche sowohl unter Vakuum als auch unter Wasserstoff und Argon. Hierzu stehen jedoch die in der Literatur wiederholt anzutreffenden Angaben im Widerspruch, daß Kupferschmelzen Tiegel aus Siliziumnitrid stark angreifen [1, 2]. Weitere Untersuchungen ergaben, daß dies nur beim Schmelzen an Luft eintritt, wobei als Reaktionsprodukt eine dunkelbraune bis schwarze, dünnflüssige Schmelze entsteht. Die Zerstörung des Tiegels erfolgt nicht durch die Reaktion Si_3N_4 + Cu, sondern durch eine Reaktion zwischen den Oxydationsprodukten CuO und SiO_2.

Von den Metallen der IIa-*Gruppe des Periodensystems* wurden Magnesium und Kalzium untersucht. *Magnesium* benetzt Si_3N_4 nicht, während bei *Kalzium* eine fast vollständige Benetzung eintritt. Eine Reaktion zwischen Metall und Si_3N_4 konnte bei den vorliegenden Untersuchungen nicht festgestellt werden, jedoch sind zur eindeutigen Klärung noch Versuche über längere Zeit notwendig. Wie schon beim Kupfer beschrieben, ist das Auftreten von Nebenreaktionen in Anwesenheit von Sauerstoff wahrscheinlich.

Im Hinblick auf eine technische Verwendung von Siliziumnitrid ist das Verhalten gegenüber Silizium und Aluminium bemerkenswert, da fast alle bekannten Werkstoffe gegen Schmelzen dieser Metalle nicht beständig sind. *Aluminium* bildet kein Silizid, und die Nitridbildung ist auch nicht ausgeprägt genug, um eine Umsetzung von Si_3N_4 mit flüssigem Aluminium zu bewirken. Es wird auch nicht von Aluminium benetzt. Die Beständigkeit ist durch Versuche von 1000 h bei 800 °C unter Schutzgas und an Luft nachgewiesen. Aus diesem Grunde wird Si_3N_4 als beständiger Werkstoff für Teile vorgeschlagen, die mit flüssigem Aluminium in Berührung kommen.

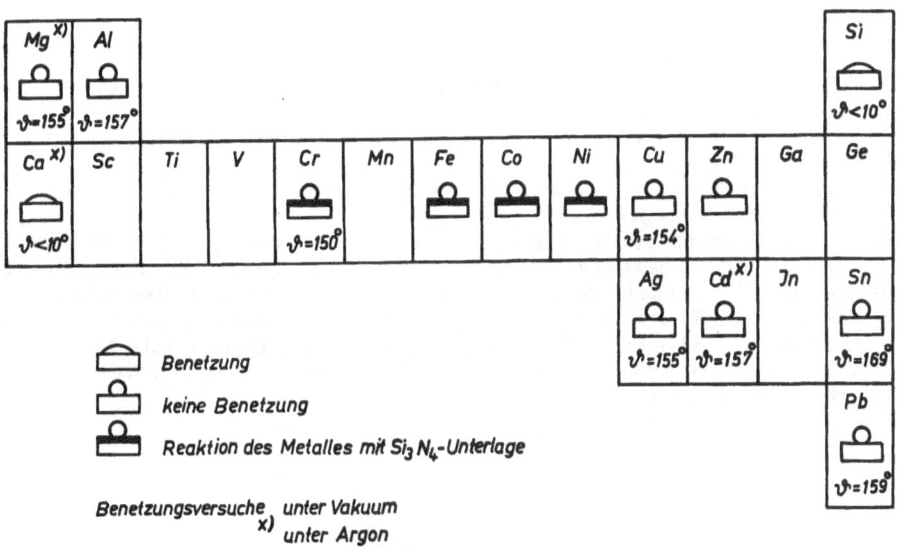

Abb. 5. Benetzung von Si_3N_4 durch Metalle

Silizium benetzt unter Vakuum Siliziumnitrid fast vollständig. Unter Argon ist die Benetzung etwas geringer. Eine Reaktion zwischen Silizium und Siliziumnitrid konnte nach den bisherigen Versuchen nicht festgestellt werden. Hieraus dürften sich ebenfalls Anwendungsmöglichkeiten von Si_3N_4 ableiten lassen. Im Gegensatz zum festgestellten Benetzungsverhalten fällt auf, daß die Siliziumtropfen, die beim zu schnellen Erhitzen während der Nitrierung gepreßter Siliziumkörper austreten, das bereits gebildete Siliziumnitrid nicht benetzen. Die Vermutung, durch eine Verunreinigung des Siliziums mit Eisen trete zunächst eine Eisen–Siliziumschmelze aus, die nicht benetzt, konnte nicht bestätigt werden. Der Eisengehalt der Tropfen beträgt etwa 2%; Siliziumschmelzen mit Eisengehalten bis zu 10% benetzen aber unter Vakuum die Si_3N_4-Unterlage noch vollständig. Das unterschiedliche Benetzungsverhalten dürfte vielmehr auf die Anwesenheit von Stickstoff bei der Nitrierung zurückzuführen sein.

Die Ergebnisse der beschriebenen Untersuchung über das Verhalten von Metallschmelzen gegenüber Si_3N_4 sind in Abb. 5 zusammengetragen.

Zusammenfassung

Man erhält Fertigteile aus Siliziumnitrid, indem man zunächst entsprechende Formkörper aus Silizium durch Pressen oder Schlickergießen herstellt und im Stickstoffstrom glüht. Eine Dimensionsänderung tritt dabei nicht auf. Das Oxydationsverhalten ist von der Dichte des Siliziumnitridkörpers abhängig; bis 1400 °C ist die Beständigkeit an Luft für die technische Anwendung ausreichend. Das Verhalten von Si_3N_4-Körpern gegenüber verschiedenen Metallschmelzen wurde geprüft. Der Beständigkeit gegenüber Schmelzen von Aluminium und Silizium kommt praktische Bedeutung zu.

Literatur

[1] Collins, J. F., Gerby, R. W., New refractory uses for Silicon Nitride reported. J. Metals 7 (1955) H. 5, 612–615.

[2] Sage, A. M., Histed, J. H., Application of Silicon Nitride. Powder Metallurgy (1961) H. 8, 196–212.

[3] Glemser, D., Beltz, K., Naumann, P., Zur Kenntnis des Systems Silizium-Stickstoff. Z. anorg. allg. Chem. **291** (1957) 51–66.

[4] Parr, N. L., Sands, R., Pratt, P. L., May, E. R. W., Shakespeare, C. R., Thompson, D. S., Structural aspects of Silicon Nitride. Powder Metallurgy (1961) H. 8, 152–163.

[5] Samsonov, G. V., Silizide und ihre Anwendung in der Technik. Kiew 1959, S. 139.

[6] Pehlke, R. D., Elliott, J. F., High temperature thermodynamics of the Silicon, Nitrogen, Silicon–Nitride system. Trans. Metallurg. Soc. AIME **215** (1959) 781–785.

[7] Deeley, G. G., Herbert, J. M., Moore, N. C., Dense Silicon Nitride. Powder Metallurgy (1961) H. 8, 145–151.

Dr.-Ing. Egon Strobel

Leiter der Abteilung Technologie der Metallpulvergewinnung und -verarbeitung

UNTERSUCHUNGEN AN GESINTERTEN EISEN-GRAPHIT-GLEITWERKSTOFFEN MIT ZUSÄTZEN VON NICHTEISENMETALLEN

Allgemeines über die Trockenschmierung

In der Technik spielt die gleitende Bewegung von Maschinenelementen eine wichtige Rolle. Die Bewegung kann dabei hin- und hergehend, drehend oder auch pendelnd sein. Um die hierbei auftretenden Reibungsverluste so niedrig wie möglich zu halten, wird in der Regel mit einem flüssigen Schmiermittel wie Öl, Fett oder Wasser der Reibbeiwert herabgesetzt. Im Maschinenbau gibt es aber oft Lagerbelastungen, bei denen normale Gleit- oder Kugellager mit Ölschmierung versagen. Solche Fälle liegen z. B. vor, wenn eine Welle unter hoher Belastung sehr langsam läuft oder nur pendelnde Bewegungen macht. Unter solchen Bedingungen kann sich kein zusammenhängender und tragender Ölfilm bilden, so daß trockene Reibung und unter Umständen ein Fressen der Welle eintritt.

Schwierige Bedingungen entstehen, wenn die Lagerstellen Wärmestrahlung ausgesetzt sind. Die meisten Schmieröle versagen von etwa 180 °C an, da sie allmählich zersetzt werden. Die Wellen kommen hierbei zum Festsitzen. Insbesondere bei intermittierendem Betrieb, wie er z. B. bei Steuerwellen von Dampfturbinen vorliegt, besteht dann die Gefahr, daß die Wellen bei Bedarf nicht mehr anlaufen und die Steuerung versagt. In ähnlicher Weise können sich auch niedrige Temperaturen auswirken, indem das Öl zum Stocken kommt und dadurch der Ölfilm abreißt. Es tritt Trockenreibung ein, die schließlich zur Zerstörung des Lagers führt. Die Industrie hat deshalb ein großes Interesse an Werkstoffen, die selbstschmierend sind, d. h. ohne Ölzusatz arbeiten können. Die gestellten Ansprüche sind recht verschiedenartig. Die Entwicklung erstreckte sich daher auf eine größere Zahl selbstschmierender Werkstoffe. Soweit nicht stark korrosive Einflüsse die Verwendung von NE-Metallen verlangen, wurde Wert darauf gelegt, Gleitstoffe auf Eisenbasis zu entwickeln.

Als Schmiermittel bei der Festkörperschmierung kommen Graphit, Molybdän-Disulfid und weiche Metalle wie Blei, Kupfer oder Zinn in Frage. Auch Kombinationen von Metallen mit Kunststoffen, z. B. Kunstharzen oder Tetrafluoraethylen, wurden in neuester Zeit als selbstschmierende Lagerwerkstoffe verwendet [1, 2, 3]. Die pulvermetallurgische Technologie ermöglicht es, verschiedenartige Verbundwerkstoffe herzustellen. Voraussetzung für die Selbstschmierung ist eine möglichst feine Verteilung der Gleitmittel im Werkstoff. Zur Aufnahme des Belastungsdrucks muß ein tragendes Metallgerüst vorhanden sein.

Bei Trockenschmierung spielt die Beseitigung des entstehenden Abriebs eine maßgebliche Rolle. Sind die Gleitflächen eben, so wird der Abrieb durch die Gleitbewegung leicht beiseite geschoben. Bei Lagern dagegen setzt sich der Abrieb im Lagerspalt ab und schließlich fest. Es kommt dann zu Abriebanhäufungen, die durch die rotierende Bewegung der Welle nach einer gewissen Zeit mitgerissen werden und den vom festen Schmiermittel auf der Welle gebildeten Film zerstören. Meist ist damit eine Beschädigung der Lagerlauffläche und der Welle verbunden; Lagertemperatur und Verschleiß steigen stark an. Versuche, den Abrieb durch Nuten abzuführen, blieben leider erfolglos.

Die geschilderten Abriebverhältnisse im Lager führen daher zu einer besonders kritischen Belastungsart des selbstschmierenden Gleitstoffs. Zur Überprüfung des Gleitverhaltens der entwickelten Werkstoffe wurden deshalb Lagerlaufversuche in einem Prüfstand, der später beschrieben wird, vorgenommen.

Bisher sind wenige Veröffentlichungen über solche Versuche bekannt geworden. H. Lüpfert [4] hat bei Untersuchungen über Notlaufeigenschaften auch Versuche ohne Schmiermittel durchgeführt. Er berichtet, daß die Grenzbelastungswerte stark streuen. In der vorliegenden Arbeit wurden die Erfahrungen von Lüpfert berücksichtigt, soweit sie eine Einengung des Streubereichs der Grenzbelastungen erwarten ließen. Es gibt aber zahlreiche weitere Einflüsse, wie z. B. die Lagerpassung, den Wellenschliff oder die Bearbeitung der Lagerfläche, die schwer erfaßbar sind und zu Streuungen der Grenzbelastungswerte führen.

Eigene Versuche

In Abb. 1 ist der Prüfstand zu sehen, auf dem Gleitlager aus den entwickelten Gleitwerkstoffen untersucht wurden. Die Abmessungen waren 26 mm äußerer ∅, 16 mm innerer ∅ und 12,5 mm Höhe. Die projizierte Lagerfläche betrug danach 2 cm². Die Belastung erfolgte durch Gewichte und konnte bis 150 kp/cm² bei Gleitgeschwindigkeiten von 0,3 bis 5 m/s in 8 Stufen gesteigert werden. Die Temperatur im Lager wurde durch ein Thermoelement alle 15 min gemessen und auf einem Schreibgerät festgehalten, der Verschleiß wurde mit einer Meßuhr bestimmt. Der Lagerversuch war als beendet anzusehen, sobald die Temperatur auf 180 °C stieg oder der Verschleiß mehr als 0,3 mm betrug. Es ergaben sich dabei Temperaturkurven wie sie in Abb. 2 schematisch eingetragen sind. Ihr Verlauf ist für die Beurteilung eines Lagerwerkstoffs maßgebend. Je flacher er ist, um so geringer ist die Reibung zwischen Lager und Welle. Während z. B. aus dem Verlauf der Kurven für die Lager *a* und *b* folgt, daß von Anfang an, wahrscheinlich durch den entstehenden Abrieb, eine Temperaturerhöhung eintritt, zeigen die Lager *c* und *d* ein wesentlich besseres Laufverhalten, da die Lagertemperatur auch bei zunehmender Belastung zunächst längere Zeit konstant bleibt. Erst wenn der Abrieb so groß geworden ist, daß er durch die Drehbewegung der Welle mitgerissen und damit der Graphitschmierfilm zerstört wird, steigen Temperatur und Verschleiß stark an.

Es hat sich gezeigt, daß bei der beschriebenen Art der Lagerprüfung zwar noch recht große Streuungen auftraten, es aber trotzdem möglich war, eine Klassifizierung der verschiedenen Gleitwerkstoffe vorzunehmen. Die Versuche in der Praxis ergaben durchweg höhere Grenzbelastungswerte als auf dem Lagerprüf-

Abb. 1. Kleiner Lagerprüfstand für Lager 16 mm Innendurchmesser, 26 mm Außendurchmesser, 12,5 mm Höhe und Gleitgeschwindigkeiten in 8 Stufen von 0,3 bis 5 m/s

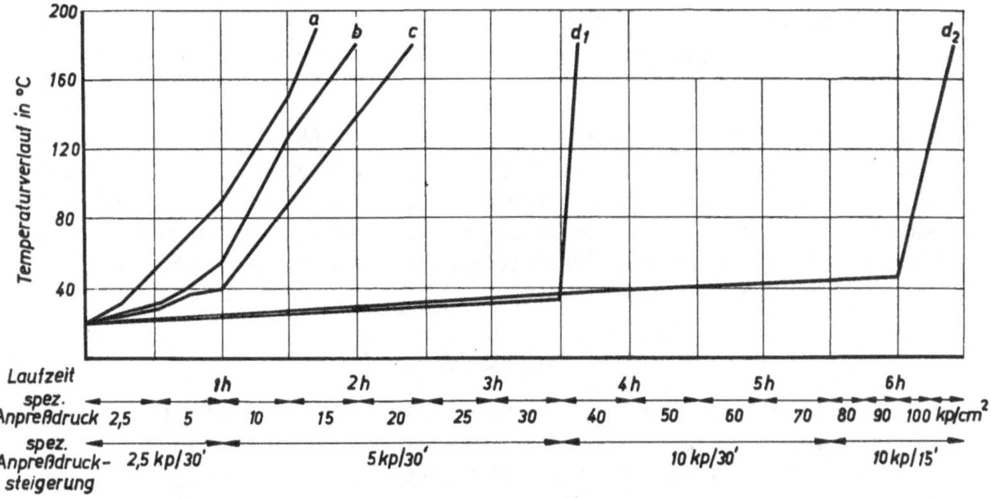

Abb. 2. Schematische Aufzeichnung des Temperaturverlaufs bei Lagerlaufversuchen mit selbstschmierenden Werkstoffen unterschiedlichen Gleitverhaltens
Gleitgeschwindigkeit konstant = 1,1 m/s

stand. Aus Abb. 2 ist auch die Art der Belastungssteigerung bei den Lagerversuchen zu ersehen. Sie erfolgte, um die Versuchszeit abzukürzen, schneller als bei den Versuchen von LÜPFERT.

Die Gleitgeschwindigkeit wurde mit 1,1 m/s konstant gehalten. Die von E. GILBERT, H. WIEMER und R. HANEBUTH [5] gemachten Angaben, daß bei trockener Schmierung kaum Gleitgeschwindigkeiten über 1,1 m/s in Frage kommen, wurden bestätigt. Bei höheren Gleitgeschwindigkeiten gehen die Grenzbelastungswerte stark zurück, wie z. B. in Abb. 3 für den später noch zu besprechenden Eisen–Blei–Graphit-Werkstoff gezeigt wird.

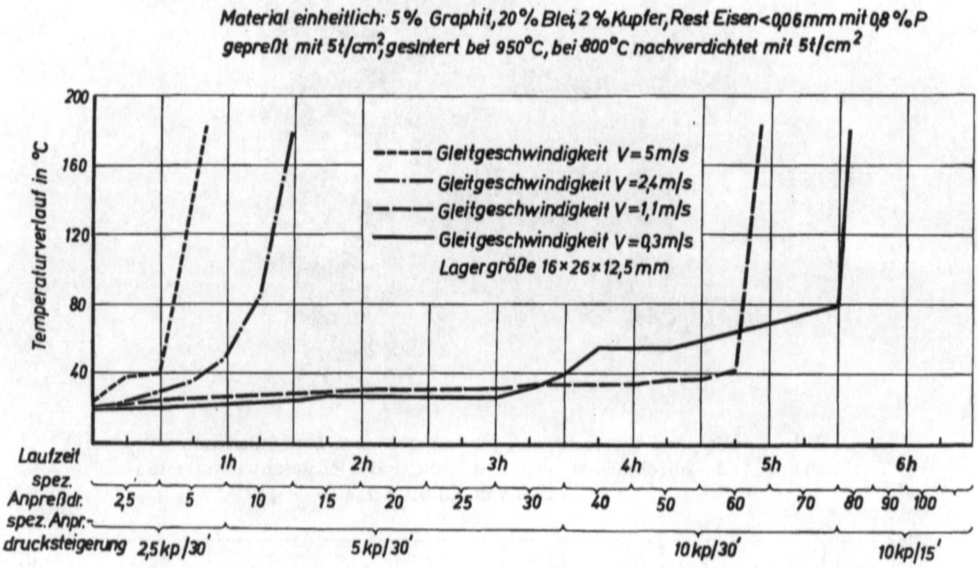

Abb. 3. Lagerlaufversuche bei verschiedenen Gleitgeschwindigkeiten mit bei 800 °C nachverdichtetem Eisen–Blei–Graphit-Gleitstoff

In der Literatur [6—10] wurde wiederholt über die Möglichkeit berichtet, die Gleiteigenschaften, und insbesondere die Notlaufeigenschaften, von Sintereisenlagern durch Zusätze von Graphit oder Metallen wie Kupfer, Blei, Zinn und Zink zu verbessern. Die Ergebnisse solcher Versuche waren allerdings unbefriedigend, da die Festigkeit zu stark herabgesetzt wurde bzw. durch das Heißpressen die Gestehungskosten zu hoch wurden [7].

Eisen–Graphit-Gleitwerkstoffe

Die Untersuchungen erstreckten sich zunächst auf das Gleitverhalten von hochgraphithaltigen Eisen–Graphit-Verbundwerkstoffen mit Graphitgehalten bis 20 Gew.-%, das ist etwas mehr als 50 Vol.-%. Die erforderliche Festigkeit und das für Schmierzwecke günstige Gefüge wurden durch ein besonderes Herstellungsverfahren erzielt. Der Graphit wird zwar vom Eisen umschlossen, liegt aber frei an der Oberfläche, so daß er schmierend wirken kann.

Abb. 4. Combsplattenpaket (Insides) aus Eisen–Graphit-Gleitstoff

Der Eisen–Graphit-Verbundwerkstoff eignete sich als selbstschmierender Lagerwerkstoff für langsame und pendelnde Lagerbewegungen bis 250 °C bei Lagerdrücken von etwa 10 bis 20 kp/cm². Er bewährte sich in Steuerungslagern von Turbinen, die der VEB Turbinenfabrik Dresden nach China liefert, nachdem sich vorher ölgeschmierte Steuerlager als unbrauchbar erwiesen hatten.

Als weiteres Anwendungsbeispiel seien die Combsplatten in Gardinenwebstühlen erwähnt (Abb. 4 und 5). Die Combsplatten dienen zur Führung der Schützen. Sie bestanden bisher aus einem importierten Sondermessing und mußten mit

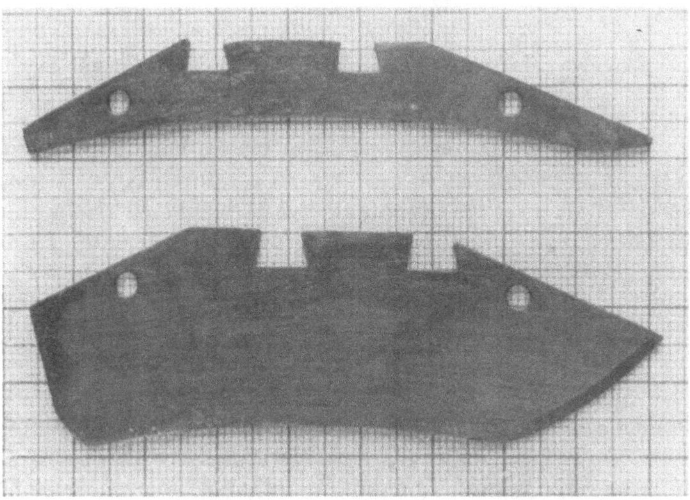

Abb. 5. Gestanzte Combsplatte mit Distanzstück

Pudergraphit geschmiert werden. Diese Art der Schmierung führt zu einer Verschmutzung der Gewebe und ist nur unter Beachtung besonderer hygienischer Vorschriften zulässig. Durch Verwendung des selbstschmierenden Eisen–Graphit-Werkstoffs mit etwa 13 Gew.-% Graphit für die Combsplatten entfallen diese Schwierigkeiten. Auch die empfindlichen Dederongewebe lassen sich einwandfrei damit herstellen. Für einen Gardinenwebstuhl werden etwa 6000 Platten benötigt, so daß auch die Einsparung an Buntmetall beachtlich ist.

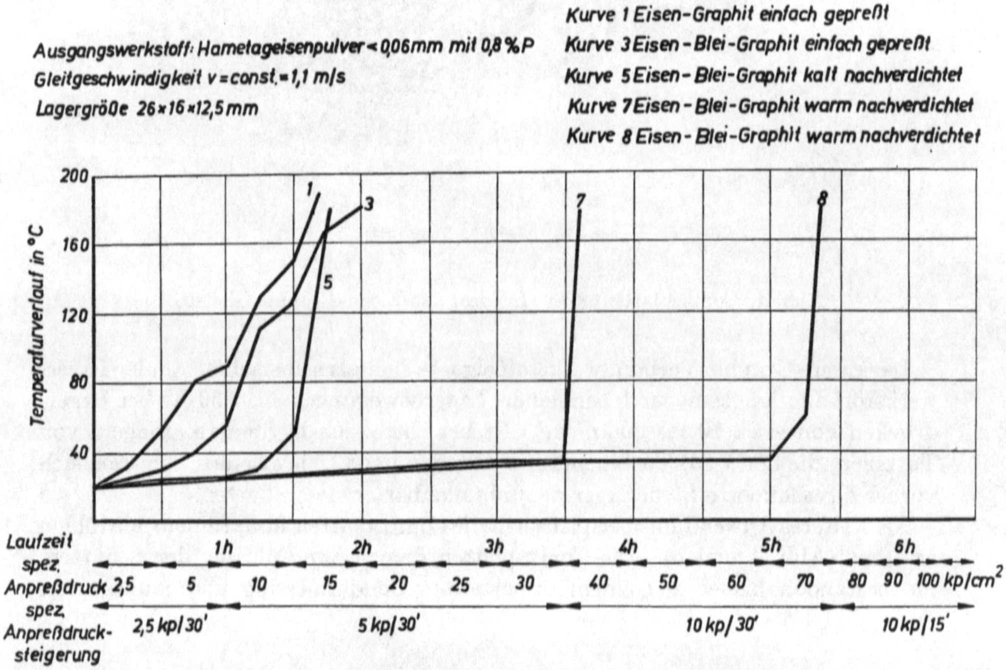

Abb. 6. Laufeigenschaften hochbleihaltiger Eisengraphitlager mit technologisch verschiedener Vorbehandlung

In Abb. 6 ist der Temperaturverlauf bei einem Versuch mit reinem Eisen–Graphit-Verbundwerkstoff bei 20 Gew.% Graphit durch Kurve 1 wiedergegeben. Dieser Werkstoff verträgt bei höherer Gleitgeschwindigkeit nur noch geringe Belastungen und ist deshalb nur für langsame Bewegungen unter 1,1 m/s und Belastungen nicht viel über 20 kp/cm² zu empfehlen.

Eisen–Blei–Graphit-Gleitwerkstoffe

Die Gleiteigenschaften von Eisen–Graphit-Werkstoffen lassen sich steigern, wenn man ihnen bis etwa 20 Gew.% Blei zusetzt. Der Graphit kann dann bis auf 5 Gew.% vermindert werden. Die Grenzbelastung erreichte (Kurve 3 in Abb. 6) bei 1,1 m/s etwa 5 kp/cm² und lag damit etwa zweimal so hoch wie beim Werkstoff ohne Blei. Außerdem stieg die Biegebruchfestigkeit von etwa 4 auf 17 kp/mm².

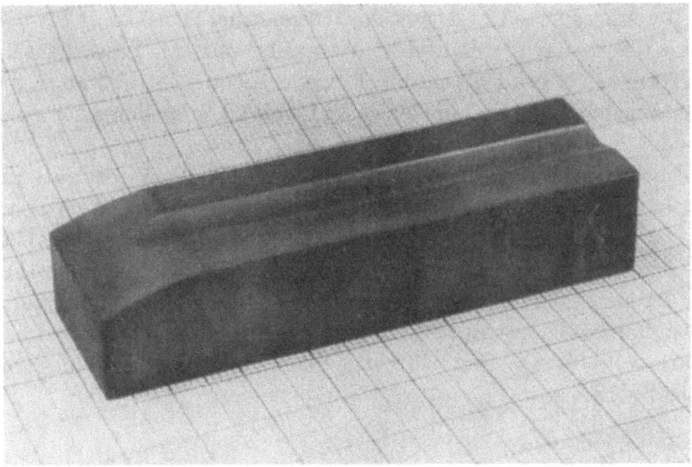

Abb. 7. Gleitstück für Stromabnehmer an Oberleitungsomnibussen

Durch den hohen Bleigehalt läßt sich der Werkstoff gut kalt nachverdichten. Damit ist eine weitere Erhöhung der Biegebruchfestigkeit bis auf 30 kp/mm² möglich. Bei einem Nachpreßdruck von rund 7 Mp/cm² ist praktisch die kompakte Wichte des Materials erreicht. Mit zunehmender Dichte werden auch die Laufeigenschaften und die Belastbarkeit besser (Kurve 5 in Abb. 6). Ähnliche Ergebnisse erreicht man durch Tränken normaler Eisen–Blei–Graphit-Gleitkörper mit Schwefel [11]. Einen kalt nachverdichteten hochbleihaltigen Eisen–Graphit-Werkstoff kann man bei 1,1 m/s Gleitgeschwindigkeit mit etwa 10 kp/cm²

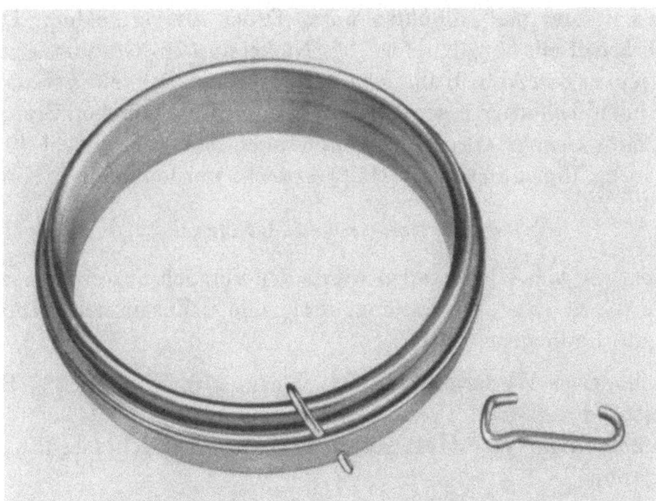

Abb. 8. Zwirnring mit Ohrläufer

belasten. Besonders gute Laufeigenschaften zeigt bei 800 °C mit etwa 2,5 Mp/cm² Preßdruck warm nachverdichtetes Material, dessen Laufeigenschaften die Temperaturkurven 7 und 8 in Abb. 6 wiedergeben. Es dürften in diesem Falle Grenzbelastungswerte von 40 bis 50 kp/cm² bei 1,1 m/s Gleitgeschwindigkeit anwendbar sein.

In der Praxis wurden mit dem Eisen–Blei–Graphit-Werkstoff gute Erfahrungen gemacht. In den meisten Fällen genügt bereits der kalt nachverdichtete Werkstoff, z. B. für Lager in hochbeanspruchten Turbinensteuerungen, als Gleitschienen für Stahlschmelzöfen, als Lager in Transportwagen von Lackiertrockenöfen und als O-Bus-Stromabnehmer (Abb. 7). Ein besonderer Anwendungsfall des hochbleihaltigen Werkstoffs mit nur 1% Graphitzusatz waren selbstschmierende Spinn- und Zwirnringe (Abb. 8). Die bisherigen Versuche erbrachten eine Erhöhung der Spinn- oder Zwirnleistung.

Gleitwerkstoffe auf Bronze–Graphit-Grundlage

Da in vielen Fällen außer den Gleiteigenschaften auch die Korrosionsbeständigkeit des selbstschmierenden Werkstoffs entscheidend ist, wurden auch Werkstoffe auf NE-Metall-Grundlage in die Untersuchungen einbezogen. Es handelt sich dabei um Zinn–Bronze–Graphit und Nickel–Bronze–Graphit.

Die Herstellung eines Werkstoffs mit 80% Kupfer, 13% Zinn und 7% Graphit ist schwierig und deshalb kostspielig. Er muß in Formen bei 800 °C warm gepreßt und unter Druck abgekühlt werden. Seine Laufeigenschaften sind sehr gut und ähneln denen des warm nachverdichteten hochbleihaltigen Eisen–Graphit-Werkstoffs (Abb. 9). Gleitwerkstoffe aus Zinn–Bronze–Graphit sind auch außerhalb der Deutschen Demokratischen Republik bekannt geworden.

Es wurde versucht, durch Anwendung von Nickel statt Zinn die Technologie zu vereinfachen und das Abkühlen unter Druck zu vermeiden. Der zunächst erprobte Werkstoff mit 80% Kupfer, 13% Nickel und 7% Graphit zeigte kalt nachverdichtet (Kurve 8 in Abb. 9) ähnliche Belastungsmöglichkeiten wie der kalt nachverdichtete hochbleihaltige Eisen–Graphit-Werkstoff. Die hohen Grenzbelastungswerte der Zinn–Graphit–Bronze konnten aber bei der Nickel–Bronze durch Warmnachverdichten nur etwa zur Hälfte erreicht werden (Abb. 9, Kurve 4 und 6).

Eisen–Bronze–Graphit-Gleitwerkstoffe

Zur Einsparung von NE-Metallen wurde der Versuch unternommen, einen Teil des Kupfers durch Eisen zu ersetzen. Folgende 2 Zusammensetzungen zeigten besonders gute Laufeigenschaften:

1. ein bleihaltiger Werkstoff aus 60% Eisen, 27% Kupfer, 9% Blei und 4% Graphit und
2. ein nickelhaltiger Werkstoff mit 40% Eisen, 41% Kupfer, 13% Nickel und 6% Graphit.

Bei nicht zu hohen korrosiven Beanspruchungen erwiesen sich beide Gleitwerkstoffe als brauchbar.

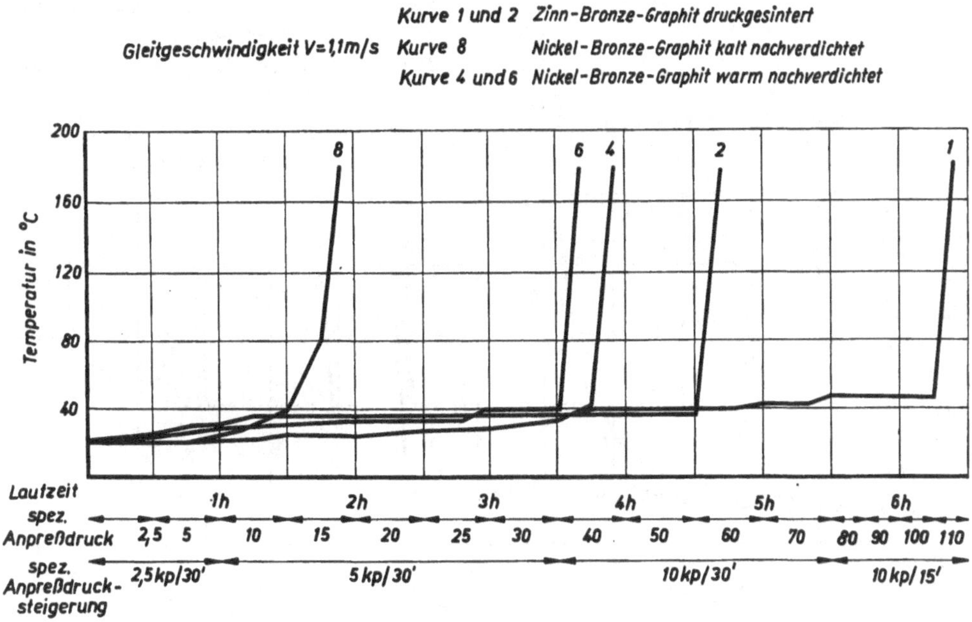

Abb. 9. Laufeigenschaften von selbstschmierenden Gleitlagern aus Zinn–Bronze- und Nickel–Bronze-Graphit

An erster Stelle kommt der bleihaltige Eisen–Bronze–Graphit-Werkstoff in Frage, der einfach und wirtschaftlich herstellbar ist. Er ist im kalt verdichteten Zustand bei 1,1 m/s Gleitgeschwindigkeit bis 25 kp/cm² belastbar (Abb. 10, Kurven 2 und 3) und hat damit den höchsten Grenzbelastungswert der untersuchten kalt verdichteten Werkstoffe.

Der kalt verdichtete nickelhaltige Eisen–Bronze–Graphit-Werkstoff ist bei 1,1 m/s Gleitgeschwindigkeit mit 15 kp/cm² etwa doppelt so hoch belastbar wie der kalt nachverdichtete Eisen–Blei–Graphit-Werkstoff (Abb. 10, Kurve 7). Damit zeigt er das zweitbeste Laufverhalten unter den kaltnachverdichteten Werkstoffen dieser Versuchsreihen. Warm nachverdichtet (Kurven 8 und 9 in Abb. 10) erreicht er allerdings nicht die Qualität des hochbleihaltigen Eisen–Graphit-Werkstoffs.

Abb. 11 enthält eine Zusammenstellung der Ergebnisse der Lagerlaufversuche mit einer Gleitgeschwindigkeit von 1,1 m/s für die verschiedenen Materialsorten, und zwar kalt und warm nachverdichtete. Man erkennt, daß für Grenzbelastungswerte über 25 kp/cm² die Verwendung von warm nachverdichtetem Material nicht zu umgehen ist (Abb. 11, Kurven I—IV). Nur der kalt nachverdichtete bleihaltige Eisen–Bronze–Graphit-Werkstoff liegt mit einem Grenzbelastungswert von 25 kp/cm² (Abb. 11, Kurve 1) an der unteren Grenze der warm verdichteten Materialsorten. Für die meisten Belastungsfälle wird man daher diesen Werkstoff verwenden können, zumal dieser Gleitstoff gleichzeitig rostträge und daher auch bei nicht allzu starken korrosiven Einflüssen einsetzbar ist.

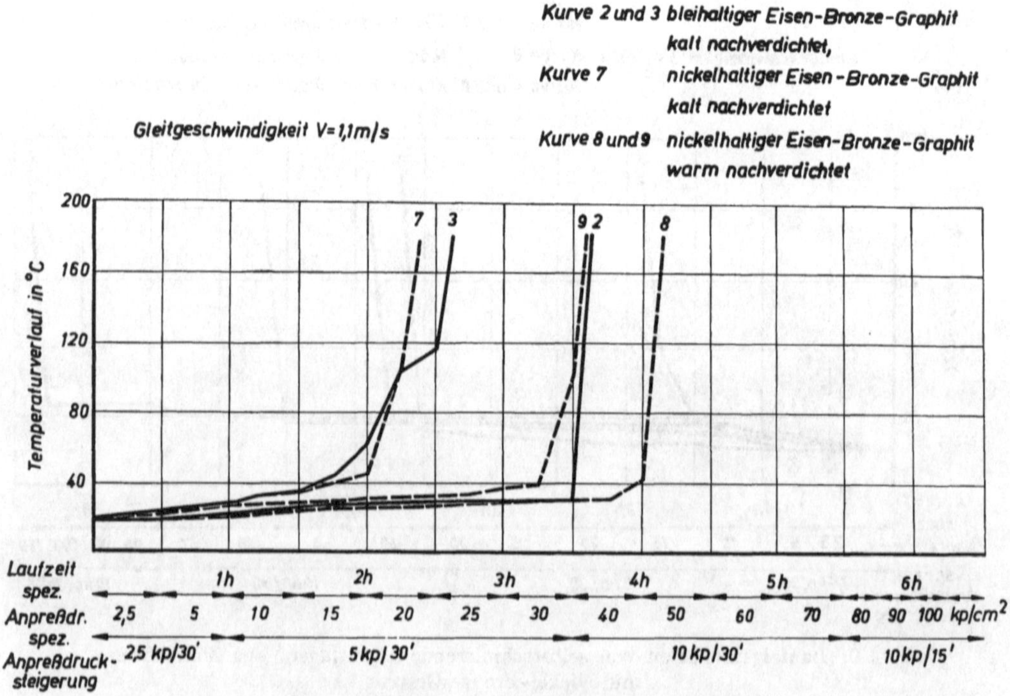

Abb. 10. Laufeigenschaften selbstschmierender Gleitlager aus blei- und nickelhaltigem Eisen–Bronze-Graphit

Zusammenfassung

Mit den entwickelten selbstschmierenden Werkstoffen konnte eine Vielzahl von Gleitproblemen gelöst werden, für die bisher technische Möglichkeiten nicht ausreichend gegeben waren. So konnten Lager in Turbinensteuerungen, in Lebensmittelmaschinen, in Transportwagen von Trocken- und Lackieröfen sowie Gleitschienen in Industrieöfen und Führungsplatten in Webstühlen aus dem neuen Werkstoff hergestellt werden. Auch als Führungsbüchsen und Stopfbuchsenpackungsringe von Dampfmaschinen bestanden die selbstschmierenden Werkstoffe ihre Bewährungsprobe.

Die Eignung der Werkstoffe wurde auf einem für diese Zwecke gebauten Lagerprüfstand untersucht. Hierbei ergab sich, daß, abgesehen von der Werkstoffzusammensetzung, die Werkstoff-Wichte für die Erreichung hoher Grenzbelastungswerte eine maßgebliche Rolle spielt. Um die für eine hohe Wichte erforderliche kostspielige Warmverformung zu ersparen, wurde versucht, durch geeignete Wahl der Metallpulverzusammensetzungen und durch einfaches Kaltnachverdichten eine möglichst hohe Materialwichte zu erreichen. Bei einem bleihaltigen Eisen–Bronze–Graphit-Werkstoff konnte hiermit ein Grenzbelastungswert erzielt werden, der an der unteren Grenze der warmverdichteten Materialsorten liegt. Er beträgt etwa 25 kp/cm² bei einer Gleitgeschwindigkeit von 1,1 m/s. Eine

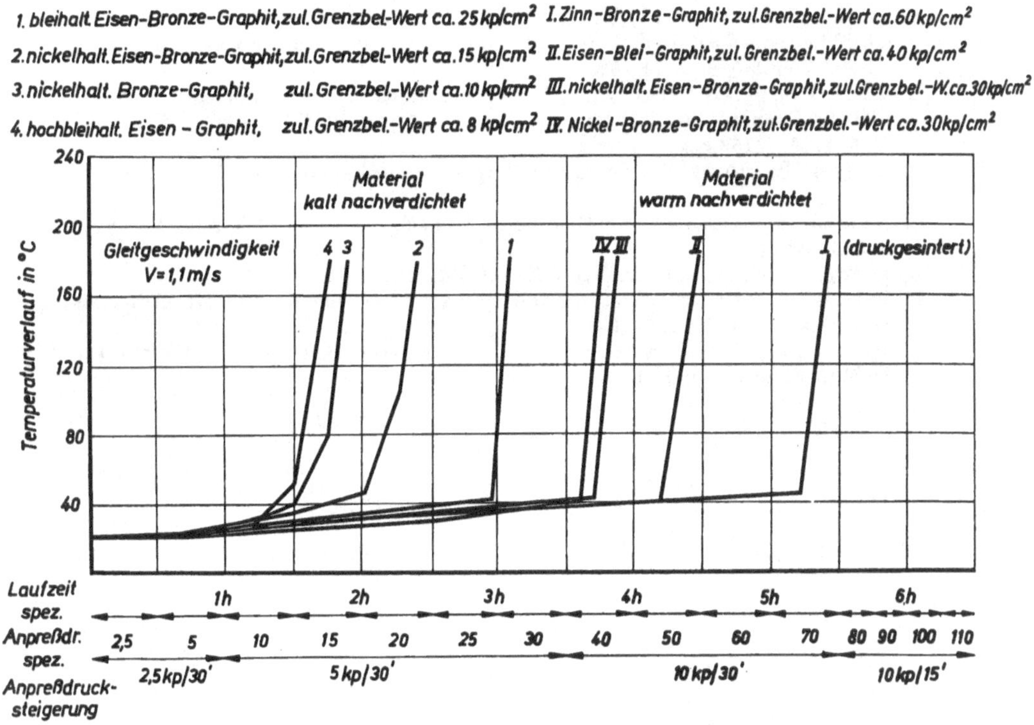

Abb. 11. Zusammenstellung der Lagerlaufversuche zwecks Ermittlung der Grenzbelastungswerte von selbstschmierenden Gleitstoffen

Überschreitung dieser Gleitgeschwindigkeit ist bei Trockenschmierung nicht zu empfehlen. Sie führt zu einem starken Abfall der Grenzbelastungswerte.

Die durch die Lagerprüfung festgestellten Grenzbelastungswerte lagen im Durchschnitt niedriger als bei Versuchen in der Praxis mit anderen Belastungsfällen. Damit wurde bestätigt, daß — bedingt durch die ungünstigen Abriebverhältnisse im Lager — ein selbstschmierender Werkstoff beim Lagerversuch einer besonders scharfen Belastungsprobe unterzogen wird. Die Lagerversuche waren deshalb trotz des dabei auftretenden Streubereichs ein gutes Kriterium für die Belastbarkeit der selbstschmierenden Werkstoffe.

Literatur

[1] Ricklin, S., Miller, R. R., Materials and Methods 40 (1954) H. 4, 112—114.

[2] Gefülltes Teflon als Werkstoff für ungeschmierte Lager. Schmiertechnik 2 (1955/56) H. 2, 69.

[3] Kluck, H. G., DU — ein neuartiger mehrschichtiger Trockenlagerwerkstoff. ATZ 62 (1960) H. 6, 154—157.

[4] Lüpfert, H., Die Notlaufeigenschaften der Gleitlagermetalle in Maschinen der Feinmechanik. VDI Forschungsheft 417 (1942) Ausg. B, Bd. 13.

[5] GILBERT, E., WIEMER, H., HANEBUTH, R., Versuche über den Einfluß von Molybdändisulfid auf die Gleiteigenschaften von Sintermetall- und Kunstkohlelagern. Schmiertechnik **3** (1956) H. 2, 74–77.

[6] LICHTMANN, W. J., SMIRNOWA, J. N., Strukturänderung der metallkeramischen Komposition Eisengraphit beim Sintern. Ber. Akad. Wiss. UdSSR 1952, Bd. LXXXVI, H. 6, 1151–1153.

[7] KIEFFER, R., HOTOP, W., Pulvermetallurgie. Springer-Verlag, Berlin 1948, S. 343 bis 346.

[8] WIEMER, H., Werkstoffe für Gleitlager. (Kühnel, R.) Springer-Verlag, Berlin 1952, S. 322–332.

[9] ROHDE, E., Sintermetallgleitlager. ZVDJ, Bd. 85, Nr. 41/42, S. 834.

[10] WIEMER, H., FISCHER, W. A., Sinterkörper aus Eisen und Kohlenstoff. Arch. Eisenhüttenwes. **19** (1948) 125–135.

[11] MAASSEN, G., Anwendbarkeit von schwefelgetränktem Sintereisen als Gleitwerkstoff. Stahl u. Eisen **73** (1953) H. 4, 219–222.

Dipl.-Ing. Ralf Krumphold

Wissenschaftlicher Oberassistent in der Metallographischen Abteilung

VERGLEICHENDE UNTERSUCHUNGEN AN PULVER- UND SCHMELZMETALLURGISCH HERGESTELLTEM MOLYBDÄN

Für die Produktion der hochschmelzenden Metalle Wolfram, Molybdän, Tantal und Niob dominierten bis Anfang der fünfziger Jahre pulvermetallurgische Fertigungsverfahren, vorzugsweise das Direktsintern. Größere Molybdänteile mit Gewichten von etwa 100 bis 200 kg konnten bis dahin nur durch Indirektsintern hergestellt werden [1]. Erst die Entwicklung leistungsfähiger Lichtbogenschmelzöfen schuf die Voraussetzungen für die Produktion großer Ingots [2, 3]. R. R. Freeman [4] berichtete auf dem 3. Plansee-Seminar ,,Hochschmelzende Metalle" 1958 in Reutte/Tirol, daß die Climax Molybdenum Company Molybdäningots bis zu einem Durchmesser von 300 mm mit einem Gewicht von 1000 kg und mehr im Vakuumlichtbogenofen herstellt. In jüngster Zeit wird dem Schmelzen und Reinigen der hochschmelzenden Metalle im Elektronenstrahlofen große Bedeutung beigemessen [5, 6].

Molybdän hat auf Grund seiner Warmfestigkeit ein beachtliches Anwendungsgebiet in der Lampen- und Röhrenindustrie, Vakuumtechnik, im Ofenbau und in anderen Industriezweigen gefunden. Aus der Vielzahl der Publikationen über Molybdän und seine Legierungen ist zu entnehmen, daß in sämtlichen Industriestaaten eine rege Forschungs- und Entwicklungsarbeit auf diesem Gebiet geleistet wird und dieses Metall immer mehr an Bedeutung gewinnt. In unserem Institut wurden Vergleichsuntersuchungen an pulver- und schmelzmetallurgisch hergestelltem Molybdän durchgeführt, über die im folgenden berichtet werden soll.

Für die Herstellung von kompaktem Molybdän stand handelsübliches Pulver mit einer mittleren Teilchengröße von 2 μm und einem Sauerstoffgehalt von 0,3–0,4 Gew.-% zur Verfügung. Das unbehandelte Ausgangspulver wurde mit 2,5 Mp/cm^2 zu Flachproben sowie unter Zugabe von Kohlenstoff zu Abschmelzelektroden verpreßt. Während die Flachproben drei Stunden bei 1800 °C unter technischem Wasserstoff in widerstandsbeheizten Hochtemperaturöfen indirekt zu annähernd kompaktem Metall (durchschnittliche Dichte 9,90–10,05 g/cm^3) gesintert wurden, war für die Abschmelzelektroden eine Vorsinterung im Temperaturintervall 1000–1300 °C ausreichend, um ihnen die erforderliche Rohfestigkeit zu verleihen.

Das Abschmelzen der Elektroden erfolgte sowohl im Vakuumlichtbogen- als auch im Elektronenstrahlofen. Die maximalen Ingotgewichte betrugen im Vakuumlichtbogenofen 17 kg und im Elektronenstrahlofen 3 kg. Auf einige Schwierigkeiten bei der schmelzmetallurgischen Herstellung von Molybdän wurde bereits auf dem Kolloquium „Werkstoffprobleme hochschmelzender und reaktiver Metalle“ im Oktober 1961 in Karl-Marx-Stadt hingewiesen [7]. Zum Vergleich der Eigenschaften wurde in beiden Aggregaten Molybdän mit und ohne Kohlenstoffzugabe geschmolzen. Ferner wurde handelsübliches Molybdänblech, hergestellt nach dem Coolidge-Verfahren im VEB Schaltgerätewerk Werder, in die Untersuchung einbezogen.

Die Sauerstoff- und Kohlenstoffgehalte der untersuchten Proben sind aus der nachfolgenden Tabelle ersichtlich:

Bezeichnung der Probe	Herstellungsverfahren	Sauerstoffgehalt Gew.-%	Kohlenstoffgehalt Gew.-%	Bemerkungen
L 3	mit Zugabe von C im Lichtbogenofen geschmolzen	≃ 0,01	≃ 0,05	Der Stickstoffgehalt des geschmolzenen Metalles war < 0,0015 Gew.-%
L 18		≃ 0,008	≃ 0,055	
L 28		≃ 0,005	≃ 0,05	
L 59		≃ 0,004	≃ 0,09	
L 62		≃ 0,0045	< 0,02	
L 116		≃ 0,0025	≃ 0,06	
L 119		≃ 0,0035	< 0,02	
L 15	ohne Zugabe von C im Lichtbogenofen geschmolzen	n. b.	n. b.	
E 4	ohne Zugabe von C im Elektronenstrahlofen geschmolzen	≃ 0,01	n. b.	
E 8		0,005 –0,010	< 0,01	
E 16		0,010 –0,018	≃ 0,005	
E 13	mit Zugabe von C im Elektronenstrahlofen geschmolzen	0,005 –0,008	< 0,01	
K 1	Knopfschmelzen ohne C-Zugabe im Elektronenstrahlofen geschmolzen	0,0015–0,0030	< 0,005	
K 6		≃ 0,005	n. b.	
K 11		0,004 –0,006	< 0,005	
K 12		< 0,003	< 0,003	
—	direkt gesintert (VEB Schaltgerätewerk Werder)	0,003 –0,005	n. b.	Stickstoffgehalt ≃ 0,0008 Gew.-%
—	indirekt in H_2 gesintert 1800°C/3 h	0,002 –0,005	n. b.	Stickstoffgehalt ≃ 0,001 Gew.-%
Ausgangspulver	—	0,3–0,4	0,01–0,02	

Die spanlose Formung des gesinterten Werkstoffs durch Schmieden, Walzen, Strangpressen oder Hämmern bereitete in der Regel keine Schwierigkeiten; mit fortschreitender Verformung konnte die Vorwärmtemperatur, beginnend bei 1300 °C, ständig gesenkt werden, bis sich das Metall nach etwa 80% Querschnittsabnahme auch bei Raumtemperatur verarbeiten ließ. Als erste Verarbeitungsstufe hat sich für Schmelzmolybdän das Strangpressen als zweckmäßig erwiesen. Die Ingots, deren ∅ 60 mm betrug, wurden in einem Salzbadofen auf 1300 °C vorgewärmt und unter Verwendung von Glas als Schmiermittel zu Stangen von 25 mm ∅ gepreßt. Während das Preßgut nur vereinzelt Risse zeigte, ging beim Freiformschmieden nicht selten fast die Hälfte der Ingots durch Aufreißen der Korngrenzen zu Bruch.

Aus direkt und indirekt gesintertem sowie lichtbogengeschmolzenem Molybdän (Probe L 3) wurden durch Schmieden, Warm- und Kaltwalzen 0,8—1,0 mm dicke Bleche hergestellt und aus ihnen Schulterstäbe von 25 mm Meßlänge gestanzt. Die Zugfestigkeit, Dehnung und Vickers-Härte HV30 dieser Proben bei 20 °C sind in Abhängigkeit von der Glühtemperatur in Abb. 1 wiedergegeben. Die Glühungen wurden bis 1800 °C in einem Hochtemperaturofen mit Molybdänheizwicklung unter technischem Wasserstoff und oberhalb dieser Temperatur bis 2180 °C in einer induktionsbeheizten Hochvakuum-Glüh- und -Sinteranlage der Gerätebauanstalt Balzers, Liechtenstein, durchgeführt.

Wesentliche Unterschiede in den vorgenannten Eigenschaften zwischen direkt und indirekt gesintertem Molybdän konnten nicht festgestellt werden, so daß im folgenden vornehmlich auf die Besonderheiten von Schmelz- und Sintermolybdän eingegangen werden soll.

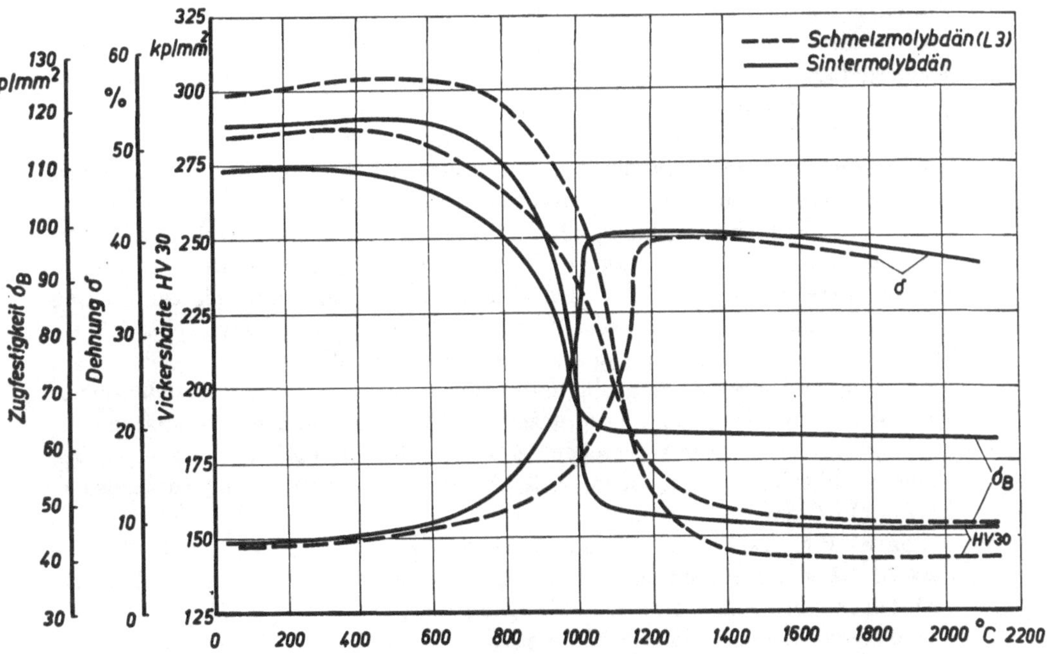

Abb. 1. Zugfestigkeit, Dehnung und Vickers-Härte von Sinter- und Schmelzmolybdän in Abhängigkeit von der Glühtemperatur

Zugfestigkeit, Dehnung und VICKERS-Härte des Schmelzmolybdäns sind analog den am gesinterten Metall ermittelten Werten, jedoch um etwa 150 grd in den Bereich höherer Temperaturen verschoben. R. KIEFFER und E. PIPITZ [8] führen diese Erscheinung auf einen unterschiedlichen Desoxydationsgrad sowie unterschiedliche Verteilung der Oxidphase zurück. Demgegenüber nehmen H. SCOTT, W. A. TAEBEL und D. D. LAWTHERS [9] an, daß die Ursachen des unterschiedlichen Rekristallisationsverhaltens des gesinterten und geschmolzenen Molybdäns mit 0,5% Titan-Zusatz in dem verfahrensbedingten hohen Endkohlenstoffgehalt des lichtbogengeschmolzenen Werkstoffs liegen.

Während die Härte- und Zugfestigkeitswerte am untersuchten Blech bei Raumtemperatur gut reproduzierbar waren, unterlag die Dehnung der oberhalb 1150 bis 1200 °C geglühten Proben beider Molybdänsorten starken Streuungen [7], und zwar für die Proben L 3 zwischen 4 und 44% und für Sintermolybdän zwischen 10 und 44%. Der Grund ist darin zu suchen, daß die Prüfung der oberhalb 1150 °C geglühten Proben in ihrem Übergangsbereich duktil-spröd erfolgte. Die Dehnungsmessungen wurden deshalb an diesen Proben bei 75—80 °C wiederholt. Es zeigte sich, daß bei dieser Prüftemperatur die Werte gut reproduzierbar waren. So streuen beispielsweise die Dehnungswerte von 20 Sinterproben, die eine Stunde bei 1400 °C geglüht wurden, zwischen 34 und 42%, was für gestanzte Molybdänproben als normal anzusprechen ist.

Ein kennzeichnender Unterschied zwischen Sinter- und Schmelzmolybdän besteht ferner in der Charakteristik des Kornwachstums oberhalb der Rekristallisationstemperatur. Das gesinterte Metall hat ein stabiles, feinkörniges Rekristallisationsgefüge bis etwa 1950 °C, während Schmelzmolybdän eine merkliche Neigung zum Kornwachstum aufweist. In Abb. 2a ist der Einfluß der Glühtemperatur auf das Kornwachstum von indirekt gesintertem und in Abb. 2b von lichtbogengeschmolzenem Molybdän gegenübergestellt. Das unterschiedliche Rekristallisationsverhalten führt J. H. BECHTHOLD [10] auf Abweichungen im Sauerstoff- und Kohlenstoffgehalt zurück. Die Glühversuche oberhalb 1800 °C bestätigten die von N. K. CHEN und R. MADDIN [11] gemachten Beobachtungen, daß im Bereich 1950–2125 °C das Kornwachstum sehr groß, bis zur Bildung von einkristallinem Material, sein kann. Ein Einfluß der Glühatmosphäre (Wasserstoff, Argon, Vakuum) auf das Kornwachstum wurde nicht festgestellt. Nach einstündiger Glühbehandlung oberhalb 1800 °C trat bei beiden Molybdänsorten eine zweite Phase längs der Korngrenzen auf (Abb. 2a und 2b). Die Mikrohärteprüfung H_{m5} ergab Werte zwischen 1200 und 1400 kp/mm². Es ist mit großer Wahrscheinlichkeit anzunehmen, daß es sich entsprechend dem Zustandsdiagramm Mo–C um Mo_2C handelt.

Von W. P. SYKES wurde bereits 1918 festgestellt, daß die Duktilität des Molybdäns in Nähe der Raumtemperatur außerordentlich temperaturempfindlich ist und das Metall einen plötzlichen Übergang duktil-spröd zeigt. Die sogenannte Übergangstemperatur, die charakteristisch für sämtliche Metalle mit kubischraumzentriertem Gitter ist, wird durch eine Vielzahl von Faktoren bestimmt, von denen neben dem Einfluß der Verunreinigungen und der Legierungszusätze besonders die Vorgeschichte des Werkstoffs und seine Glühbehandlung hervorgehoben werden [12]. Den Einfluß der Verunreinigungen durch Sauerstoff, Stickstoff und Kohlenstoff auf den Übergang duktil-spröd untersuchten L. E. Olds und G. W. P. Rengstorff [13] an lichtbogengeschmolzenem Molybdän. Sie stellten fest, daß schon durch Verunreinigungen von 0,0001—0,0002% Sauerstoff, 0,003% Stickstoff oder 0,014% Kohlenstoff die Duktilität des polykristallinen Molybdäns (Gußzustand) bei Raumtemperatur verlorengeht.

Bei unseren Untersuchungen wurde zur Beurteilung der Lage der Übergangstemperatur dem Biegeversuch der Vorzug gegeben. Die Prüfstäbe (6 × 2 bis 4 × 40 mm) wurden aus den gegossenen Ingots senkrecht zum Stengelkristallgefüge und aus dem Band parallel zur Walzrichtung mechanisch herausgearbeitet. Die Messung der Bruchdurchbiegung erfolgte bei einem Auflageabstand von 28 mm mit einer Meßuhr. Auf Abb. 3 sind die Ergebnisse dieser Untersuchungen zusammengestellt: Der Übergang duktil-spröd des lichtbogengeschmolzenen Ausgangswerkstoffs liegt zwischen 250 und 300 °C und der des gesinterten zwischen 150 und 200 °C. Nach einer Warmverformung mit etwa 60% Querschnittsabnahme (Vorwärmtemperatur 1300 °C) liegt die Übergangstemperatur für beide Molybdänsorten im Temperaturbereich von 10 bis 60 °C. Durch anschließendes Kaltwalzen wird die Übergangstemperatur weiter in Richtung tieferer Temperaturen verlagert und beträgt nach 60%iger Kaltwalzung für Sintermolybdän etwa —100 °C. Eine Glühbehandlung des warm- und kaltgewalzten Sintermolybdäns oberhalb 1150 °C bewirkt eine Verschiebung der Übergangstemperatur in den Bereich von etwa —25 bis +25 °C. Die verbleibende Kurve auf Abb. 3 charakterisiert den Verlauf des Übergangs duktil-spröd von Kristalliten, die aus dem im Elektronenstrahlofen geschmolzenen Ingot E 8 herausgebrochen und zu Biegeproben parallel zur Wachstumsrichtung der Stengelkristalle mechanisch verarbeitet wurden. Die einzelnen Kristallite wiesen trotz ihres hohen Sauerstoffgehalts von 0,005—0,010% und eines Kohlenstoffgehalts von <0,01% eine relativ niedrige Übergangstemperatur von etwa 0 °C auf und ließen sich oberhalb 100 °C walzen, während der Ingot selbst bei 1300 °C noch unverarbeitbar war. Noch bessere Verformbarkeit besitzen Kristallite von Knopfschmelzen, die im Elektronenstrahlofen geschmolzen wurden und einen Sauerstoffgehalt <0,0035% und Kohlenstoffgehalt < 0,0025% aufweisen. Aus den lichtbogengeschmolzenen Ingots L 62 und L 116 wurden gleichfalls einzelne, jedoch unbearbeitete Kristallite auf ihre Duktilität geprüft, und ihre Übergangstemperatur wurde abgeschätzt; sie liegt um 0 °C.

Wenn bisher von einem Übergangsbereich duktil-spröd des polykristallinen Molybdäns im Guß- und Sinterzustand gesprochen wurde, so muß eine zweite Erscheinung bei Molybdän berücksichtigt werden, die mit der Übergangstemperatur in keinem direkten Zusammenhang steht, jedoch gleichfalls eine Versprödung des Molybdäns hervorruft. Es handelt sich um die Beschaffenheit und Verunreinigung der Kornbegrenzungsflächen der einzelnen Kristallite. Während sämtliche verformten Proben ausnahmslos transkristallin brachen, rissen die aus dem Ingot L 116 herausgearbeiteten Proben interkristallin. Im Verlauf des Biegeversuchs war das interkristalline Aufreißen einzelner Korngrenzen dadurch erkennbar, daß nach Erreichen einer bestimmten Durchbiegung der kontinuierliche Anstieg durch einen

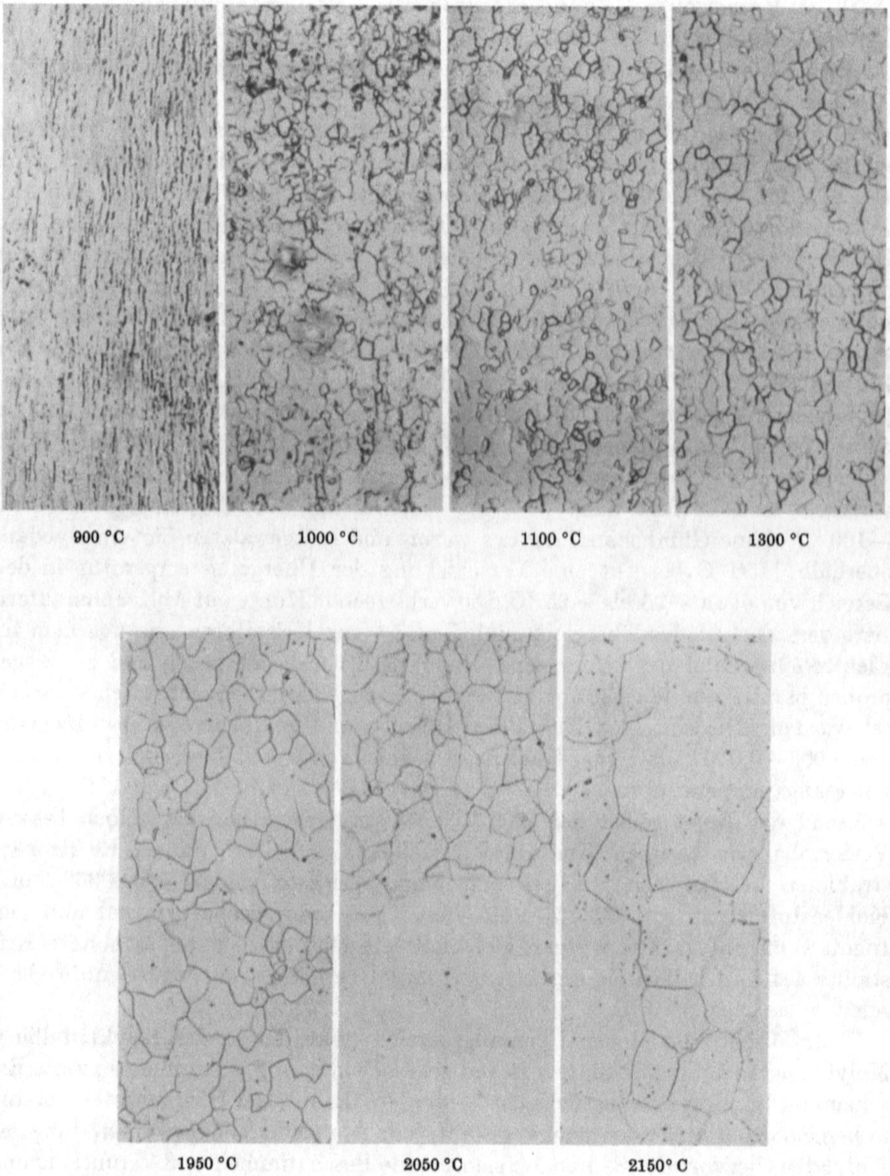

Abb. 2a. Einfluß der Glühtemperatur auf das Kornwachstum von indirekt gesintertem Molybdän (Haltezeit: 1 h), 200:1

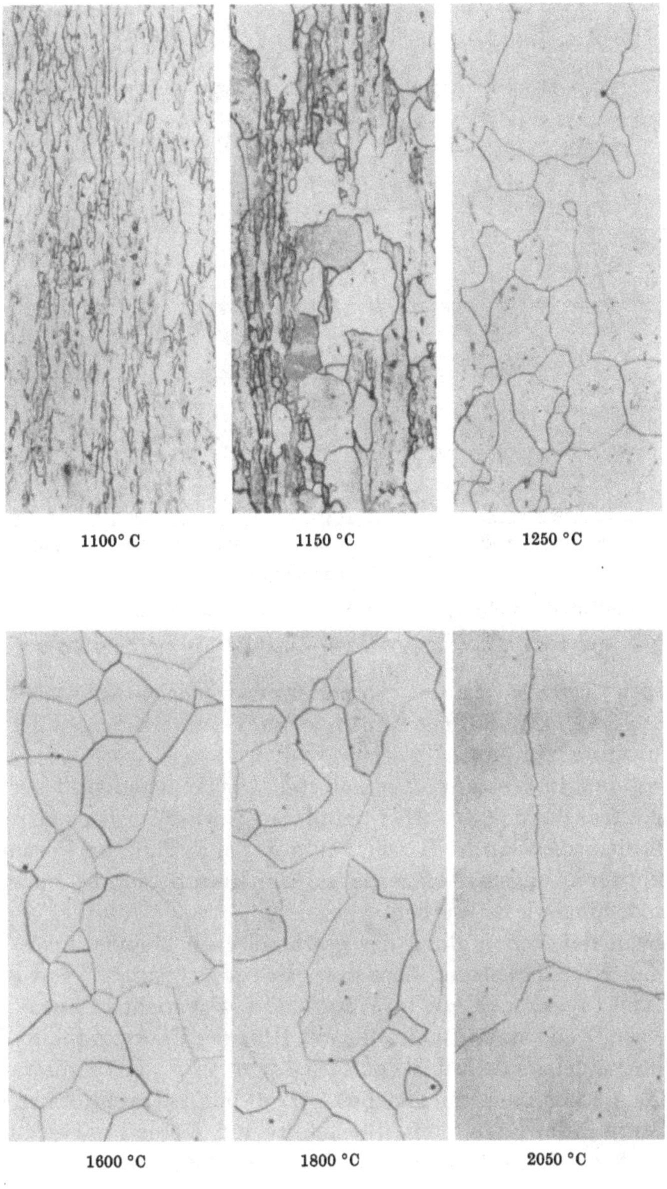

Abb. 2b. Einfluß der Glühtemperatur auf das Kornwachstum von lichtbogengeschmolzenem Molybdän (Haltezeit: 1 h), 200:1

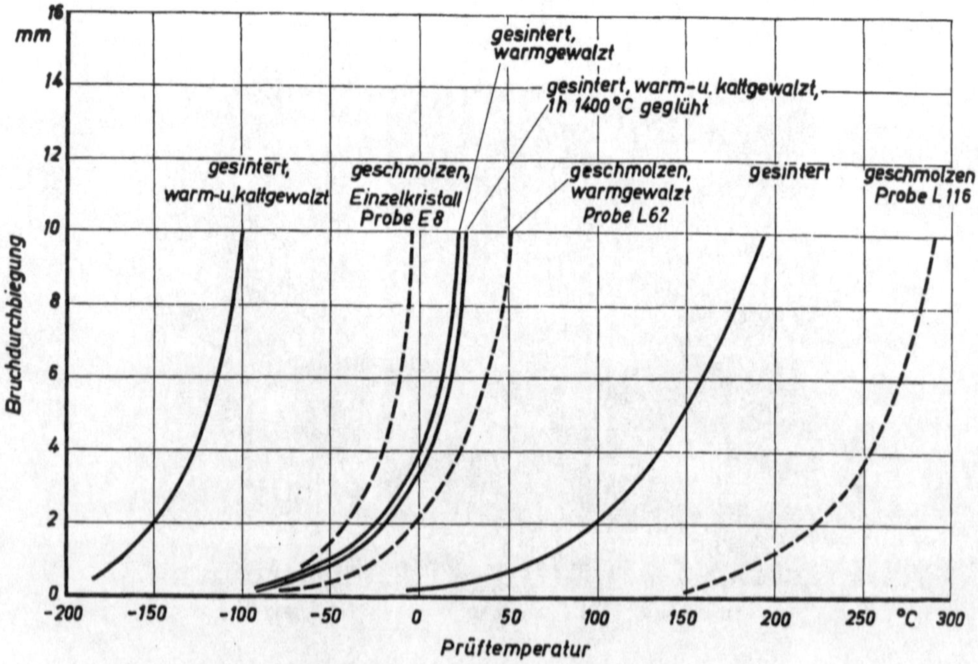

Abb. 3. Einfluß der Behandlung von Sinter- und Schmelzmolybdän auf die Lage des Übergangsbereiches duktil-spröd

stufenförmigen abgelöst wurde. Orientierungsversuche mit sauerstoffreichen Proben ließen erkennen, daß mit Zunahme der Verunreinigungen des Metalls die Neigung zum interkristallinen Bruch wächst.

Obwohl bei dem in Wasserstoff gesinterten Ausgangswerkstoff der Bruch fast ausschließlich transkristallin verlief, muß bei einem Vergleich der Übergangsbereiche duktil-spröd auch in diesem Fall auf den Einfluß der Verunreinigungen an den Kornbegrenzungsflächen sowie auf die Mikroporen, die einem Sinterkörper eigen sind, hingewiesen werden.

Das Problem der Versprödung des geschmolzenen Metalls durch Verunreinigungen an den Kornbegrenzungsflächen wurde schon frühzeitig von R. M. Parke und J. L. Ham [3] erkannt. G. C. Woodside [14] berichtete ebenfalls über die Möglichkeit der Desoxydationskontrolle mit Hilfe der Fraktographie. Durch lichtoptische Untersuchungen wurden von C. A. Zapffe, F. K. Landgraf und C. O. Worden [15] auf Molybdänbruchflächen 3 Oxid- und 2 Karbidformen festgestellt. Über den Einfluß der Sauerstoff-, Stickstoff- und Kohlenstoffverunreinigungen gibt die Arbeit von L. E. Olds und G. W. P. Rengstorff [13] umfassend Auskunft.

Für die eigenen licht- und elektronenmikroskopischen Untersuchungen an Bruchflächen des gesinterten und geschmolzenen Molybdäns wurden die Proben durch leichte Hammerschläge bei Raumtemperatur zertrümmert. Die im Elektronenstrahlofen mit und ohne Kohlenstoffzusatz hergestellten Ingots und Knopfschmelzen zerfielen schon bei den ersten Schlägen fast ausschließlich interkristallin, während die im Lichtbogenofen mit Kohlenstoffzusatz geschmolzenen Ingots einen größeren Kraftaufwand erforderten und einen Mischbruch zeigten.

Die unbehandelten Bruchflächen wurden unter dem Lichtmikroskop bei 200-, 500- und 800facher Vergrößerung untersucht oder zur Anfertigung von Präparaten für die elektronenmikroskopische Auswertung eingesetzt. Für die Abbildung der Bruchflächen im Elektronenmikroskop fand das Doppelabdruckverfahren mit Silbermatrize nach V. Ch. Dahlitz und J. A. Schuchmann [16] Anwendung. Auf die zu untersuchende Fläche wird eine etwa 5 μm dicke Silberschicht aufgedampft, die sich leicht von der Probe entfernen läßt. Zur Erhöhung des Kontrasts wird auf die Ag-Matrize schräg eine Pt–C-Mischschicht und anschließend, parallel zur Schichtnormalen, eine Kohlenstoffschicht aufgedampft. Das Ablösen der Silbermatrize erfolgt durch 40%ige HNO_3.

Anhand der nachfolgenden Bilder werden Bruch- und Schliffaufnahmen von Proben mit unterschiedlichen Sauerstoff- und Kohlenstoffgehalten gegenübergestellt. Der im Elektronenstrahlofen ohne Desoxydationsmittel geschmolzene Ingot E 16 mit einem Sauerstoffgehalt von 0,010–0,018% und einem Kohlenstoffgehalt von $\simeq$ 0,005% ließ sich nicht warmschmieden. Die charakteristischen Verunreinigungen auf den Bruchflächen und an den Korngrenzen sind auf Abb. 4 wiedergegeben. Die Färbung der eigenartig geformten Verunreinigungen (Abb. 4a) ist rötlichbraun und identisch mit der Färbung der nadelförmigen Verunreinigung (Abb. 4c). Abb. 4b zeigt die Begrenzungsfläche des Nachbarkristalls zu Abb. 4a an etwa der gleichen Stelle. Die beiden Schliffbilder 4d und 4e demonstrieren, in welcher Weise diese Verunreinigungen an den Korngrenzen sichtbar werden.

Der Sauerstoffgehalt des Ingots E 8 liegt zwischen 0,005 und 0,010%, und der Kohlenstoffgehalt ist $<$0,01%. Die Bruchaufnahmen (Abb. 5) zeugen davon, daß zwischen den einzelnen Formen dieser Verunreinigungen kein deutlicher Unterschied erkennbar ist. Die Färbung der zusammenhängenden Schichten sowie Nadeln ist ebenfalls rötlichbraun. Die gleiche Färbung, das Hineinwachsen der einen Form in die andere sowie die chemische Zusammensetzung der Ingots lassen darauf schließen, daß es sich um ein und dieselbe Verunreinigung, handelt. Bei sehr hohen Sauerstoffgehalten entsteht auf den Kornbegrenzungsflächen ein zusammenhängender Oxidfilm.

Die Knopfschmelzen K 11 und K 1 mit relativ niedrigen Sauerstoff- und Kohlenstoffgehalten (Abb. 6a und 6b) zeigen im wesentlichen nadelförmige Verunreinigungen sowie einzelne Kornbegrenzungsflächen (Abb. 6c), frei von jeglichen Verunreinigungen. Die Auswertung einer Vielzahl von Schmelzproben ergab, daß auf ein und derselben Kornfläche der Verunreinigungsgrad stark unterschiedlich sein kann und daß es zu stufenartiger Anordnung der Verunreinigungen kommt. Die Ursache hierfür ist darin zu suchen, daß der Schmelzablauf sowohl im Lichtbogen- als auch im Elektronenstrahlofen diskontinuierlich vonstatten geht, und damit sind die Voraussetzungen für ein ungleichmäßiges Kristallwachstum und eine unterschiedliche Oxidablagerung gegeben. Es kam nicht selten vor, daß mehrere Formen der vermutlichen Oxidverunreinigung auf derselben Begrenzungsfläche eines Kristalliten zu finden waren. Ferner geht aus den bisher be-

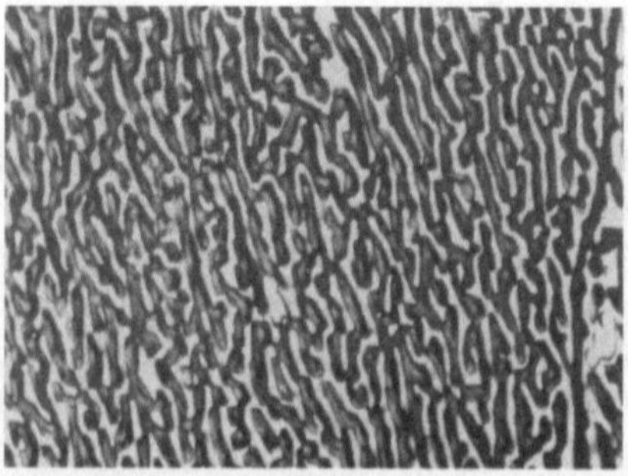

a) 500:1

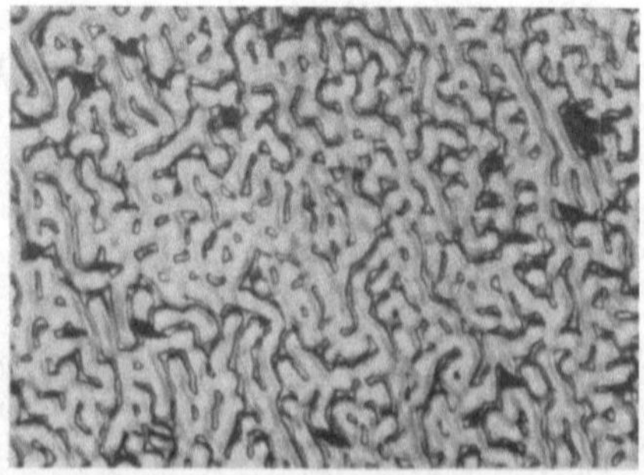

b) 500:1

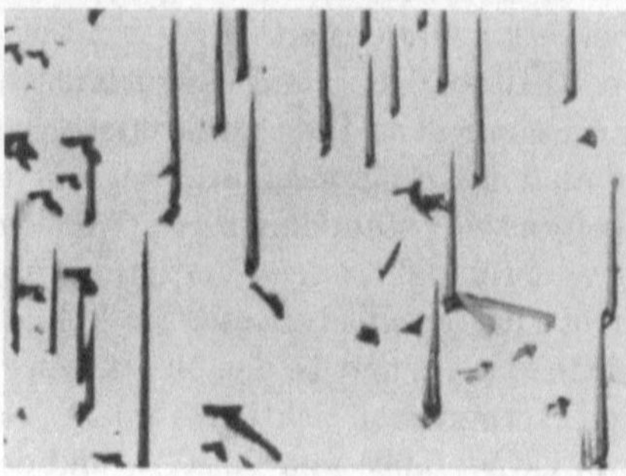

c) 200:1

a—c) Unbehandelte Kornbegrenzungsflächen von Kristalliten des vorwiegend interkristallin gebrochenen Ingots

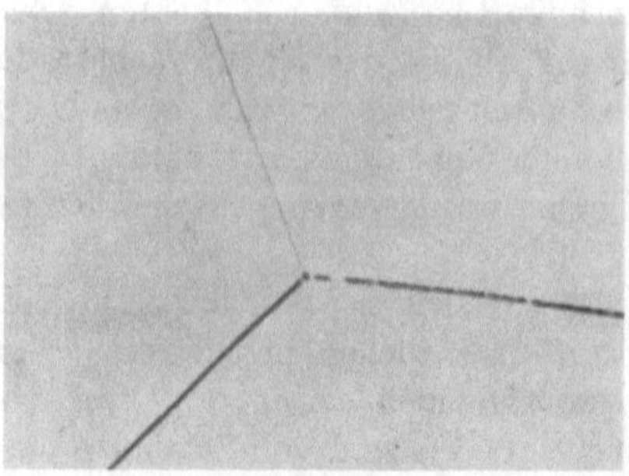

d) 500:1

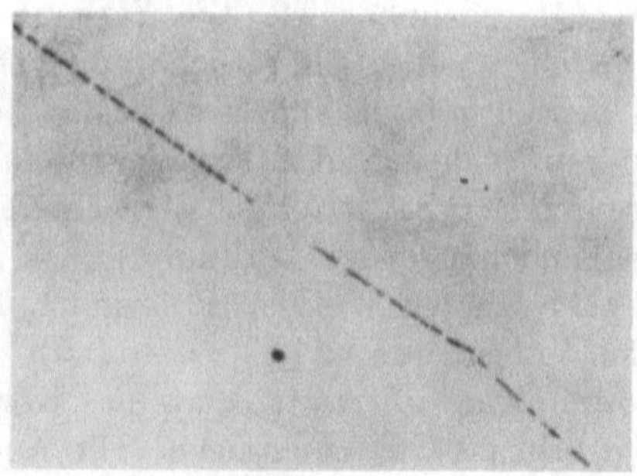

e) 500:1

in alkoholischer H_2SO_4 elektrolytisch poliert und geätzt

d, e) Schliffbilder

Abb. 4. Bruch- und Schliffbilder des im Elektronenstrahlofen ohne C-Zusatz geschmolzenen Molybdäns E 16

Sauerstoffgehalt: 0,010—0,018%; Kohlenstoffgehalt: ≃ 0,005%

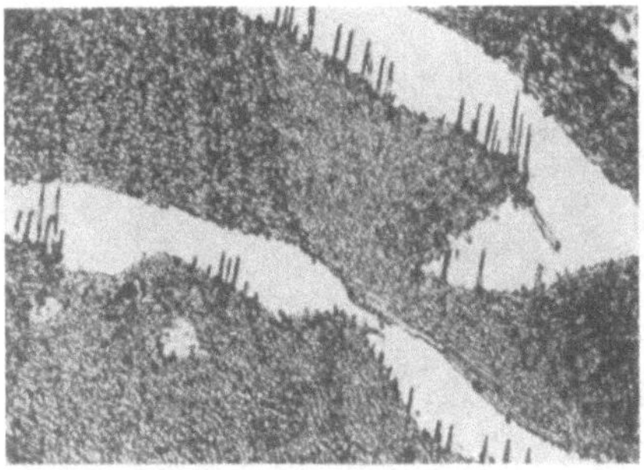

a) 800:1

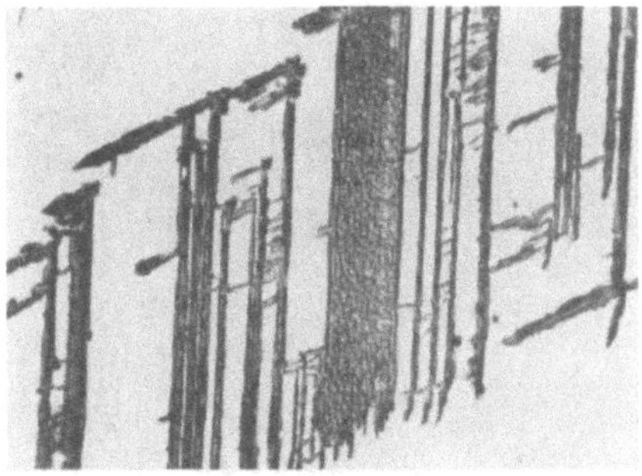

b) 500:1

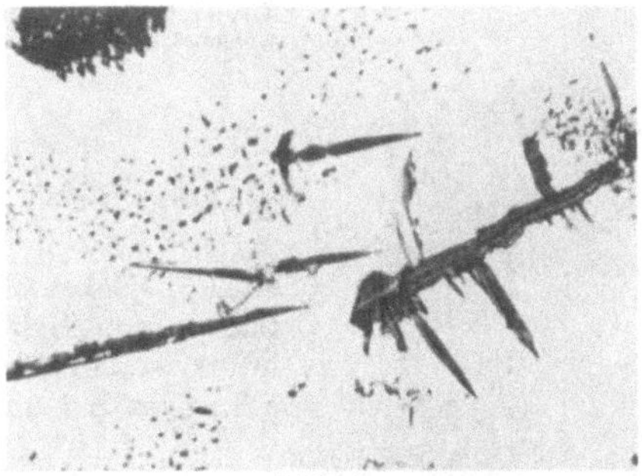

c) 500:1

Abb. 5. Unbehandelte Kornbegrenzungsflächen von Kristalliten des vorwiegend interkristallin gebrochenen Ingots E 8

Sauerstoffgehalt: 0,005–0,010%; Kohlenstoffgehalt: $< 0{,}01\%$

sprochenen Bruchgefügebildern hervor, daß eine Beziehung zwischen der Anordnung der Oxidverunreinigung und dem Kristallwachstum besteht.

Mit steigenden Zugaben von Kohlenstoff als Desoxydationsmittel verschwindet die rötlichbraune Verunreinigung; statt dieser tritt eine stark gefiederte Phase auf. Bei der Probe E 13 (Abb. 7a und 7d) ist nicht eindeutig zu entscheiden, ob es sich um Oxid- oder Karbidverunreinigungen handelt, während bei den Proben L 62 und L 119 die neue Form der Verunreinigung sowohl auf den Begrenzungsflächen der Kristallite als auch an den Korngrenzen unverkennbar ist.

An den Korngrenzen und teilweise im Korn selbst tritt die Verunreinigung als eine helle, außerordentlich harte Phase ($H_{m\,5}$ 1200–1400 kp/mm^2) auf. Mit großer Wahrscheinlichkeit handelt es sich um das Molybdänkarbid Mo_2C. Durch Glühen oberhalb 1800 °C ist ein Wachsen der Karbidphase an den Korngrenzen sowie im Korn feststellbar (Abb. 8).

Während des Erstarrens der Schmelze und Abkühlung des Ingots entstehen bei sauerstoffhaltigem Molybdän außerordentlich breite Korngrenzenspalte, die keine enge Bindung der einzelnen Kristallite gewährleisten. Bei einer nachfolgenden Vakuumglühbehandlung kann es deshalb vorkommen, daß in den Korngrenzenspalten auf den Begrenzungsflächen Kondensationsprodukte niederschlagen (Abb. 8c). Daß zwischen den einzelnen Kristallen kein inniger Kontakt

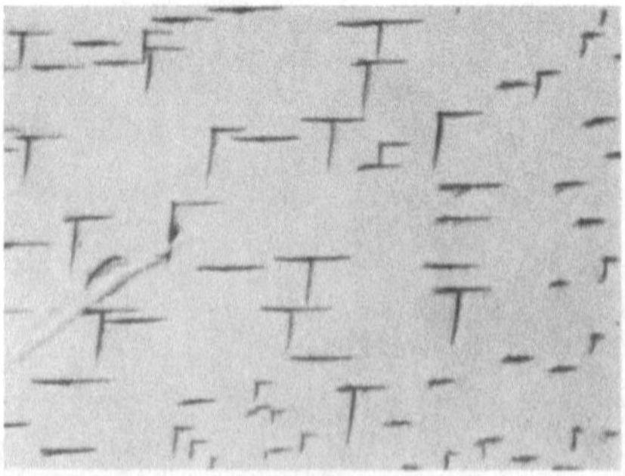

a) 500:1

Knopfschmelze K 11
Sauerstoffgehalt: 0,004–0,006%
Kohlenstoffgehalt: < 0,005%

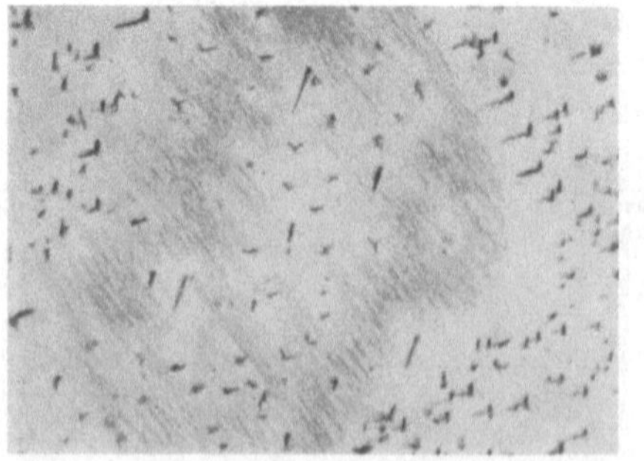

b) 200:1

Knopfschmelze K 1
Sauerstoffgehalt: 0,0015–0,0030%
Kohlenstoffgehalt: < 0,005%

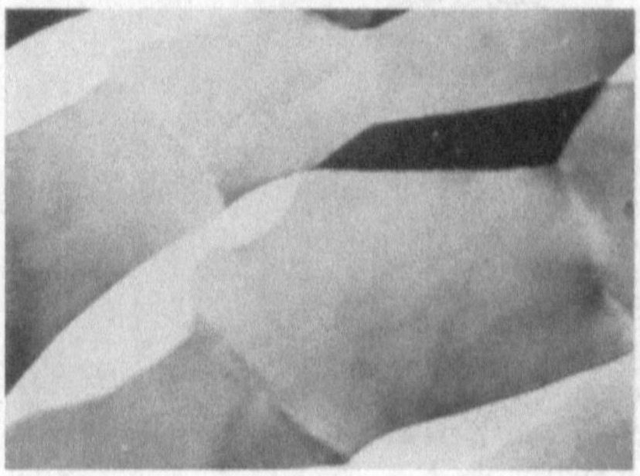

c) 200:1

Knopfschmelze K 1
Sauerstoffgehalt: 0,0015–0,0030%
Kohlenstoffgehalt: <0,005%

Abb. 6. Unbehandelte Kornbegrenzungsflächen von Kristalliten der vorwiegend interkristallin gebrochenen Knopfschmelzen K 1 und K 11

besteht, ließ sich durch Zunderversuche bei 450 °C nachweisen. Die Ingots oxydierten nicht nur oberflächlich, sondern zeigten im Innern, an den Begrenzungsflächen der Kristallite, starke Zunderschichten. Ferner wurde beim Ätzen der Schliffe wiederholt ein tiefes Eindringen der Ätzlösung in die Korngrenzen festgestellt.

R. I. Jaffee, C. T. Sims und J. J. Harwood [17] sehen den Grund der geringen Festigkeit zwischen den benachbarten Molybdänkörnern darin, daß die Verunreinigungen kleine Kontaktwinkel zu den Kornbegrenzungsflächen besitzen und somit einer festen Bindung der Molybdänkörner untereinander entgegenstehen. Bei den außerordentlich duktilen Mo–Re-Legierungen mit etwa 35% Rheniumgehalt bildet sich nach R. I. Jaffee und Mitarbeitern ein komplexes Oxid aus, das einen großen Kontaktwinkel besitzt und demzufolge dazu neigt, tief in die Körner der Grundlegierung einzudringen. Aus ökonomischen Gründen ist jedoch der Einsatz von Mo–Re-Legierungen nur begrenzt vertretbar, deshalb ist bei der Herstellung von Molybdän die Einhaltung und weitere Senkung der schon relativ niedrigen Sauerstoff-, Stickstoff- und Kohlenstoffgehalte für die Verarbeitung und die Eigenschaften des Metalls von entscheidender Bedeutung.

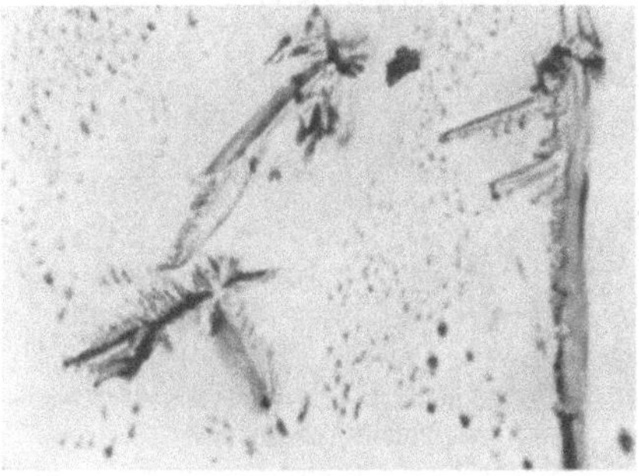

a) Probe: E 13, 500:1

Sauerstoffgehalt: 0,005 – 0,008%
Kohlenstoffgehalt: < 0,01%

b) Probe: L 62, 500:1

Sauerstoffgehalt: ≃ 0,0045%
Kohlenstoffgehalt: < 0,02%

a – c) Unbehandelte Kornbegrenzungsflächen von Kristalliten der teilweise interkristallin gebrochenen Ingots

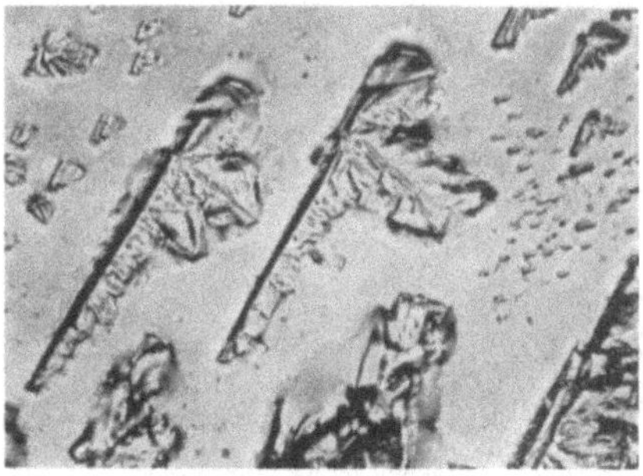

c) Probe: L 119, 500:1

Sauerstoffgehalt: ≃ 0,0035%
Kohlenstoffgehalt: < 0,02%

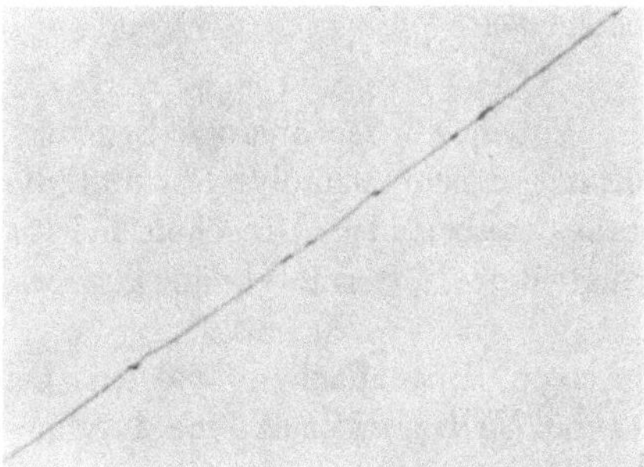

d) Probe: E 13, 500:1

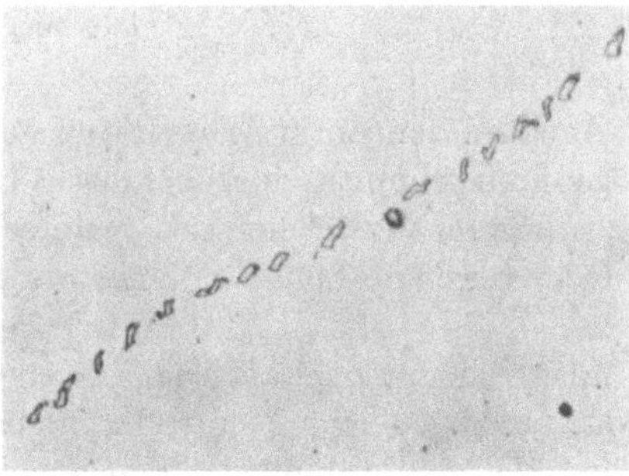

e) Probe: L 62, 500:1

in alkoholischer H_2SO_4 elektrolytisch poliert und geätzt

d,e) Schliffbilder

Abb. 7. Bruch- und Schliffbilder der mit C-Zusatz geschmolzenen Ingots E 13, L 62 und L 119

a) Probe: L 28, 500:1
Glühbehandlung: 2150 °C/1 h
Sauerstoffgehalt: $\simeq$ 0,005%
Kohlenstoffgehalt: $\simeq$ 0,05%

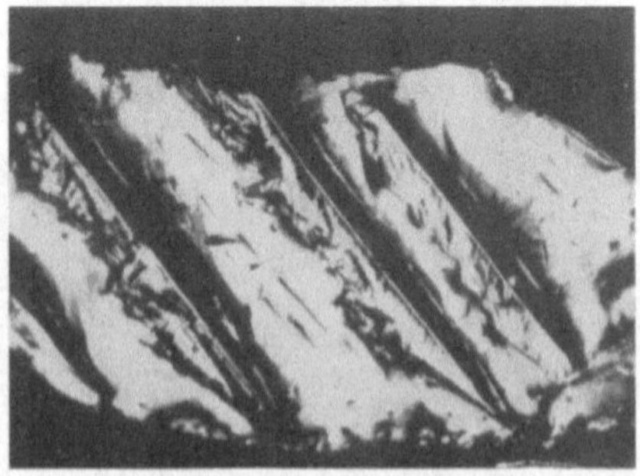

b) Probe: L 59, 200:1
Glühbehandlung: 2150 °C/1 h
Sauerstoffgehalt: $\simeq$ 0,004%
Kohlenstoffgehalt: $\simeq$ 0,09%

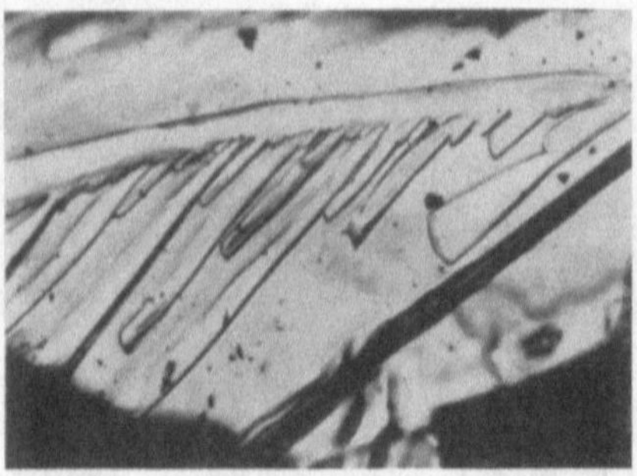

c) Probe: L 15
Glühbehandlung: 2050 °C/1 h
Sauerstoffgehalt: n. b.
Kohlenstoffgehalt: n. b.

a–c) Unbehandelte Kornbegrenzungsflächen von Kristalliten der geglühten, interkristallin gebrochenen Ingots

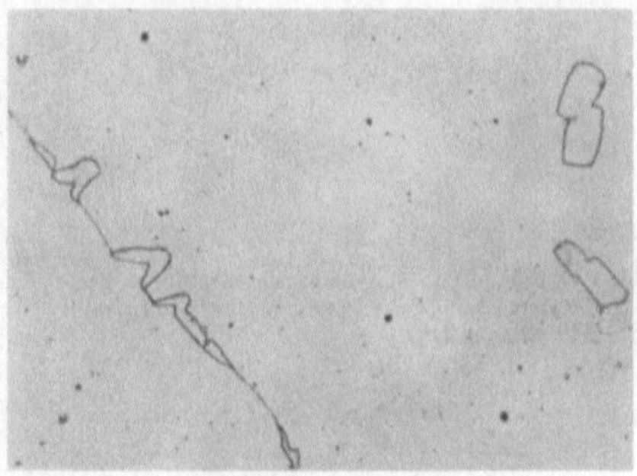

d) Probe: L 59, 200:1
in alkoholischer H_2SO_4 elektrolytisch poliert und geätzt

d) Schliffbild

Abb. 8. Bruch- und Schliffbilder von lichtbogengeschmolzenem, vakuumgeglühtem Molybdän

Auch an den unter Wasserstoff gesinterten Proben wurden analoge Bruchgefügeuntersuchungen durchgeführt. Im Gegensatz zu Schmelzmolybdän sind die Kornbegrenzungsflächen des gesinterten Metalles sauber. Die Ursachen hierfür dürften durch die hohe Reinheit sowie Feinkörnigkeit des Sintermolybdäns gegeben sein.

Elektronenmikroskopische Untersuchungen von Bruchflächen wurden bei 2000- und 6000facher Vergrößerung im Elmi C vom VEB Carl Zeiss Jena durchgeführt. Die Abb. 9, 10 und 11 zeigen eine Auswahl der mannigfaltigen Formen und unterschiedlichen Größen der an geschmolzenem Molybdän auf den Kornbegrenzungsflächen beobachteten Verunreinigungen. Zur Identifizierung dieser Verunreinigungen wurden Elektronenbeugungsuntersuchungen bei streifendem Einfall des Elektronenstrahls herangezogen. Die Versuche sind jedoch noch nicht abgeschlossen; über die Ergebnisse soll später zusammenfassend berichtet werden. Zum gegenwärtigen Zeitpunkt kann nur soviel gesagt werden, daß es sich bei den

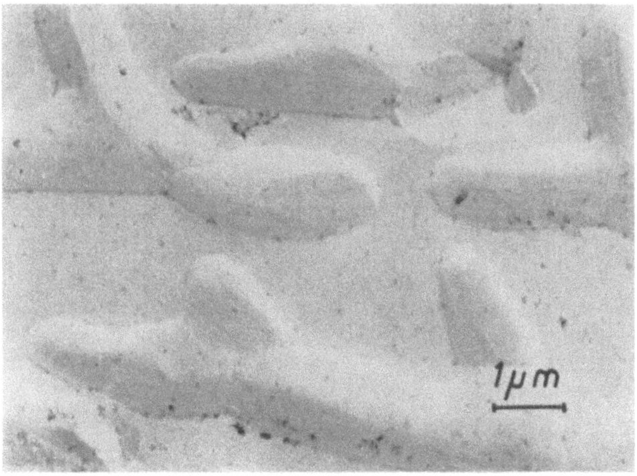

a) Probe: E 4, 12000:1

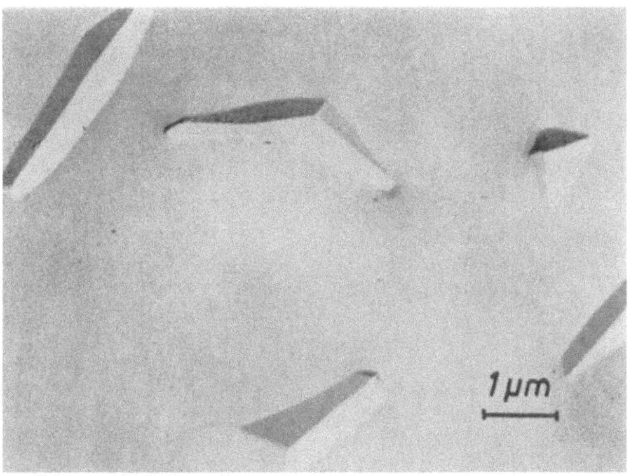

b) Probe: E 8, 12000:1

Abb. 9a—h. Elektronenmikroskopische Bruchgefügeaufnahmen von Kornbegrenzungsflächen einzelner Kristallite der im Elektronenstrahlofen ohne C-Zusatz geschmolzenen Ingots

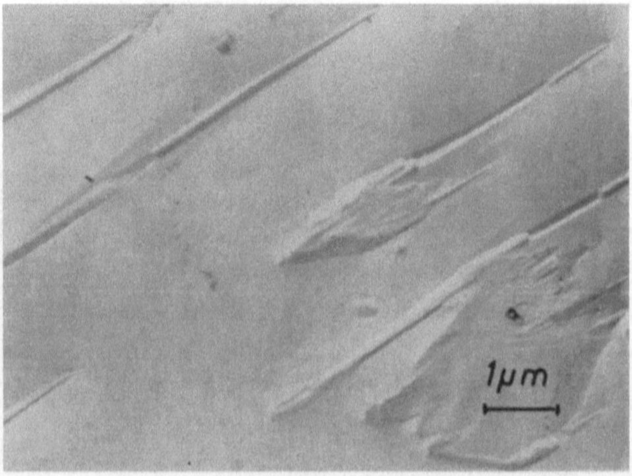

c) Probe: K 6, 12000:1

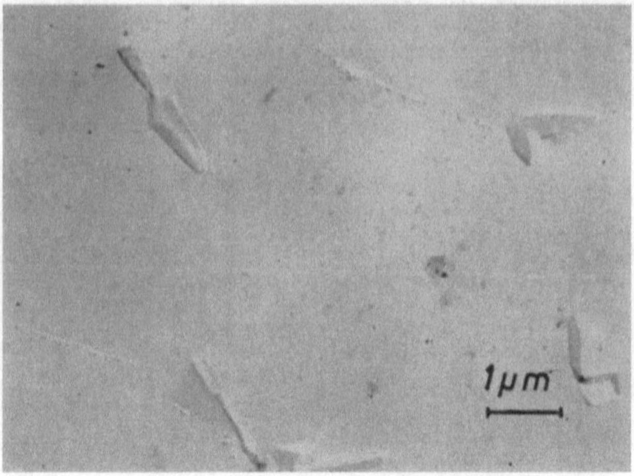

d) Probe: K 6, 12000:1

Abb. 9

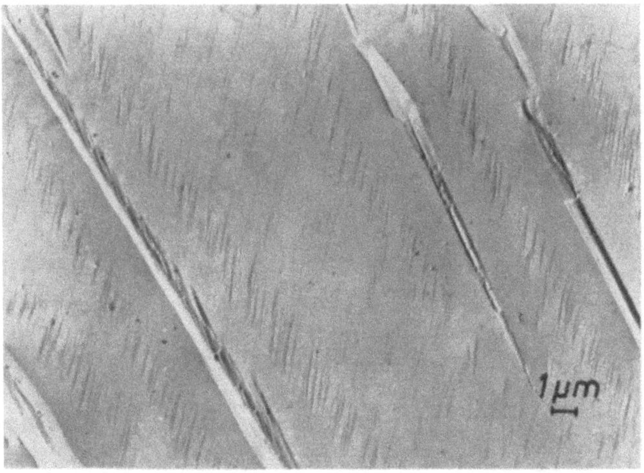

e) Probe: K 12, 4000:1

f) Probe: K 12, 4000:1

Abb. 9

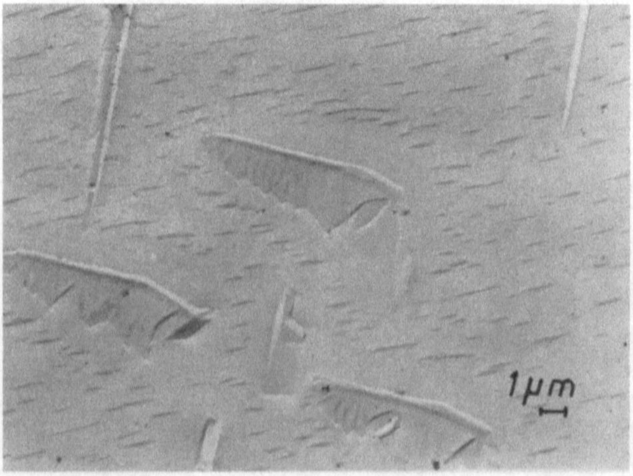

g) Probe: K 12, 4000:1

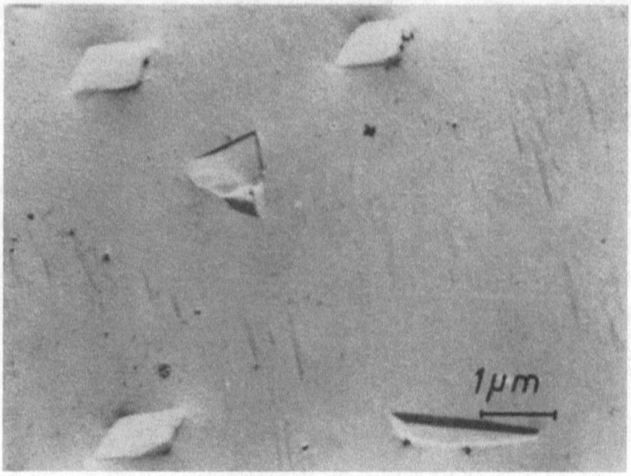

h) Probe: K 12, 12000:1

Abb. 9

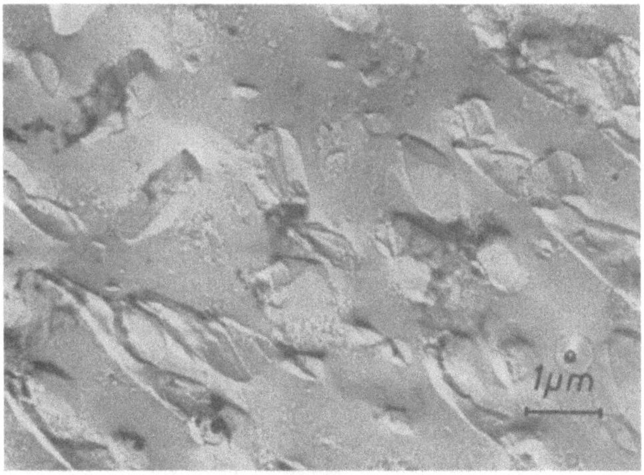

a) 12000:1

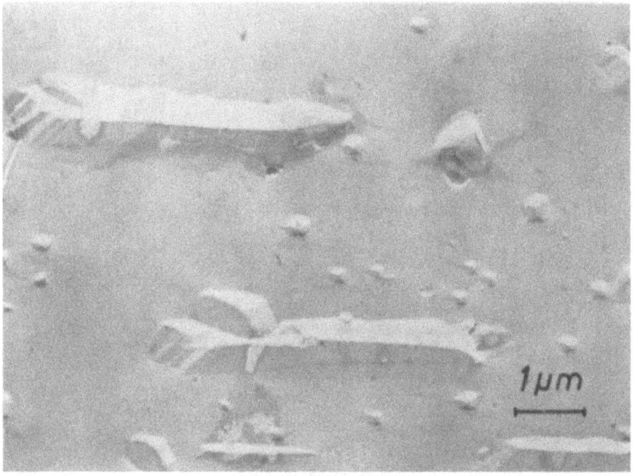

b) 12000:1

Abb. 10a–c. Elektronenmikroskopische Bruchgefüge, aufnahmen einzelner Kristallite des Ingots L 18

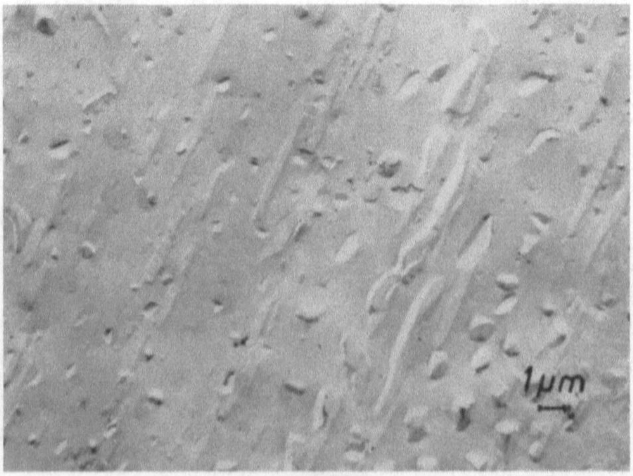

c) 4000:1

Abb. 10

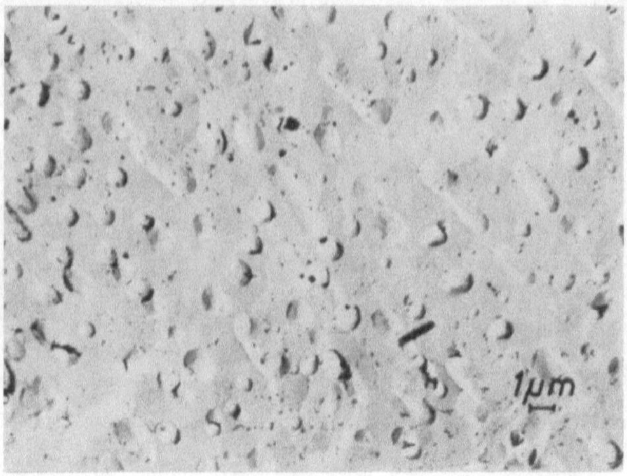

Abb. 11. Elektronenmikroskopische Bruchgefügeaufnahme einer Kornbegrenzungsfläche der Probe L 59 nach dem Strangpressen und einstündiger Glühung bei 1400 °C, 4000:1

Verunreinigungen auf den Bruchflächen der Kristallite des ohne Kohlenstoffzusatz geschmolzenen Molybdäns um eine Molybdän-Sauerstoffverbindung handelt.

Zusammenfassung

Die Zugfestigkeit, Dehnung und VICKERS-Härte von gesintertem und geschmolzenem Molybdän in Abhängigkeit von der Glühtemperatur weisen einen analogen Verlauf der Eigenschaften im untersuchten Temperaturintervall 20—2180 °C auf. Unterschiede bestehen vornehmlich in der höheren Rekristallisationstemperatur und der merklichen Neigung des geschmolzenen Metalls zum Kornwachstum. An gesintertem und geschmolzenem Molybdän mit vergleichbaren Gehalten an Verunreinigungen und mit etwa gleicher Verarbeitung wurde eine gute Übereinstimmung in der Übergangstemperatur duktil-spröd festgestellt. Die Sprödigkeit der Ingots wird hauptsächlich durch die Wirkung der Sauerstoff- und Kohlenstoffverunreinigungen auf den Begrenzungsflächen der Kristallite hervorgerufen, was durch licht- und elektronenmikroskopische Aufnahmen belegt wird.

Literatur

[1] KIEFFER, R., BENESOVSKY, F., The present status of molybdenum production. Powder Metallurg. Bull. **7** (1956) H. 3/6, 113—121.

[2] KROLL, W. J., Trans. electrochem. Soc. **78** (1940) 35ff.

[3] PARKE, R. M., HAM, J. L., Metals Technology. Techn. Publ. 1052, Vol. 13, No. 6.

[4] FREEMAN, R. R., The properties and applications of commercial arc-cast Molybdenum and its alloys. Plansee-Seminar „De Re metallica" **3** (1959) 203—222.

[5] OGIERMANN, G., SCHEIBE, W., Betrachtungen über das Schmelzen im Vakuumlichtbogen- und Elektronenstrahlofen. Metall **15** (1961) H. 1, 3—8.

[6] SMITH, H. R., HUNT, C. A., HANKS, C. W., Electron-bombardement melting. J. Metals **11** (1959) H. 2, 112—117.

[7] RINGPFEIL, H., KRUMPHOLD, R., Molybdän und Molybdänlegierungen — Werkstoffprobleme hochschmelzender und reaktiver Metalle. VEB Deutscher Verlag für Grundstoffindustrie, Leipzig 1962, S. 206—228.

[8] KIEFFER, R., PIPITZ, E., Sintered and arc-melted Molybdenum alloys. In: The metal molybdenum, Hrsg.: J. J. Harwood, Cleveland, Amer. Soc. Metals, Ohio 1958, S. 530—552.

[9] SCOTT, H., TAEBEL, W. A., LAWTHERS, D. D., Consolidation of molybdenum by powder metallurgy practice. In: The metal molybdenum, Hrsg.: J. J. Harwood, Cleveland, Amer. Soc. Metals, Ohio 1958, S. 51—79.

[10] BECHTHOLD, J. H., Recrystallization applied to control of the mechanical properties of molybdenum. Trans. Amer. Soc. Metals **46** (1954) 1449.

[11] CHEN, N. K., MADDIN, R., Plasticity of molybdenum single crystals. Trans. Metallurg. Sec. AIME **191** (1951) 937.

[12] NORTHCOTT, L., Some features of the refractory metals. J. less-common Metals **3** (1961) 125—148.

[13] OLDS, L. E., RENGSTORFF, G. W. P., Effect of oxygen, nitrogen and carbon of the ductility of cast molybdenum. J. Metals **8** (1956) H. 2, 150—155.

[14] WOODSIDE, G. C., Deoxidation control by fractography. Iron Age **160** (1947) H. 4, 78—79.

[15] ZAPFFE, C. A., LANDGRAF, F. K., WORDEN, C. O., Fractographic study of cast molybdenum. Techn. Publ. No. 2421, Class E, Metals Technology, 1948.

[16] DAHLITZ, V. CH., SCHUCHMANN, J. A., Ein Doppelabdruckverfahren mit Hilfe von Kohlenschichten. Optik **10** (1953) H. 1/3, 143–146.

[17] JAFFEE, R. I., SIMS, C. T., HARWOOD, J. J., The offect of rhenium on the fabricability and ductility of molybdenum and tungsten. Plansee-Seminar „De Re metallica" **3** (1959) 380–411.

Dipl.-Ing. Fritz Lochmann

Wissenschaftlicher Arbeitsleiter in der Abteilung Technologie der Metallpulvergewinnung und -verarbeitung

ÜBER DEN EINFLUSS DER BETRIEBSBEDINGUNGEN BEIM VERDÜSEN VON METALLSCHMELZEN AUF DIE GESTALT DER PULVERTEILCHEN

Die Gewinnung von Metallpulvern durch Verdüsen von Schmelzen ist bereits vor einigen Jahren in der Deutschen Demokratischen Republik betriebsfähig eingeführt worden und hat sich bewährt. Für die Verwendung der Pulver hat neben anderen Eigenschaften auch die Gestalt der Teilchen grundsätzliche Bedeutung. Sie läßt sich durch die Betriebsbedingungen beim Verdüsen beeinflussen. Dazu gehören auch Zusätze zur Schmelze. Doch nicht bei allen Metallen gelingt die Erzeugung von Pulvern aus Teilchen bestimmter Kornform.

Über eingehende Studien zur Korngestalt verdüster Metallpulver berichtete bereits vor einigen Jahren E. Pelzel [1]. Die Korngestalt ist von Vorgängen abhängig, die nach Auflösen des Gießstrahls bis zum Erstarren der flüssigen Metallteilchen ablaufen. Am stärksten hängt sie von der Oberflächenspannung und der Strömungsgeschwindigkeit des Zerstäubungsmittels sowie von seiner chemischen Reaktionsfähigkeit ab.

Die Oberflächenspannung ist bei flüssigen Metallen sehr groß, wenn diese frei von Verunreinigungen sind. Unter ihrem Einfluß nehmen die Teilchen Kugelform an. Solange nicht äußere Einflüsse überwiegen, behalten die Teilchen diese Gestalt auch nach dem Erstarren bei. Zu den äußeren Einflüssen gehört die Strömungsgeschwindigkeit des Zerstäubungsmittels, die höher ist als die Geschwindigkeit des flüssigen Teilchens. Dies führt dazu, daß die ursprünglich kugelförmigen Tropfen in die Länge gezogen werden. Je höher die Geschwindigkeit, desto größer die Streckung. Da die Strömungsgeschwindigkeit des entspannten Zerstäubungsmittels innerhalb der Verdüsungseinrichtung nicht gleichmäßig ist, erfährt das flüssige Teilchen eine drehende Bewegung. Bei geringer Oberflächenspannung führt dies zu weiteren Abweichungen von der Tropfenform, und auch eine Teilung des Tropfens ist dann nicht ausgeschlossen.

Bei Anwendung von Luft als Zerstäubungsmittel tritt eine Oxydation der Teilchenoberfläche ein. Das noch flüssige Teilchen wird dadurch entweder mit geschmolzener Schlacke oder mit einer bereits festen Oxidhaut überzogen. Ein flüssiger Überzug setzt die Wirkung der Oberflächenspannung nicht so stark herab wie ein fester. Man darf deshalb erwarten, daß im ersten Falle eher kugelförmige Teilchen erzielt werden als im zweiten.

Es sei auch auf Versuche von G. Naeser [2] verwiesen, der fand, daß man Eisenpulver mit kugeligen Teilchen durch Verdüsen geschmolzenen Stahls mit niedrigem Kohlenstoffgehalt mittels Luft erzielen kann. Der Sammelbehälter mit

Wasser für das Pulver muß dabei in einem bestimmten Abstand von der Düse aufgestellt werden. Bei großer Fallhöhe erstarrt der Metalltropfen unterwegs und behält seine ursprünglich angenommene Kugelgestalt nach Auffangen im Wasser des Sammelbehälters. Bei sehr geringer Fallhöhe ist der Metalltropfen, wenn er den Wasserspiegel des Sammelbehälters erreicht, noch flüssig — er nimmt durch das Abschrecken dann spratzige Gestalt an.

Im Zusammenhang mit Pulverwalzversuchen ermittelten P. E. Evans und G. C. Smith [3] das Fließverhalten von luft- und wasserzerstäubten Kupferpulvern. Luftzerstäubtes Kupferpulver fließt wegen seiner kugeligen Teilchen mindestens doppelt so rasch wie das spratzige, mit Wasser zerstäubte. Für das Pulverwalzen ist kugeliges Kupferpulver jedoch ungeeignet.

Im folgenden soll über einige bei uns gemachte Erfahrungen berichtet werden.

In der Deutschen Demokratischen Republik erzeugt man das für Preßteile aus Sintereisen und Sinterstahl sowie für Reibbeläge benötigte Eisenpulver heute zum größten Teil nach dem Verdüsungsverfahren, wobei Schmelzen hohen Kohlenstoffgehalts in der Regel mit Luft zerstäubt werden, so daß kugelförmige Teilchen entstehen. Die größeren von ihnen enthalten Hohlräume, die von dem bei der Reaktion zwischen dem im Eisen befindlichen Kohlenstoff und dem aufgenommenen Sauerstoff gebildeten Kohlenoxid herrühren. Wie Abb. 1 zeigt, haften auf der Oberfläche vereinzelt kleine Ansätze. Bisweilen sind auch halbschalenförmige Teilchen zu erkennen, die wohl durch das Auseinanderreißen hohler Teilchen entstehen. Nach einem Glühprozeß, bei dem die Oxide durch den Kohlenstoff reduziert werden, liegt ein ziemlich reines Eisenpulver vor, das sich gut verpressen läßt.

Pulver mit kugeligen, möglichst kompakten Teilchen benötigt man für die Umhüllungsmasse von Schweißelektroden. Die Pulverteilchen, die in Abb. 2

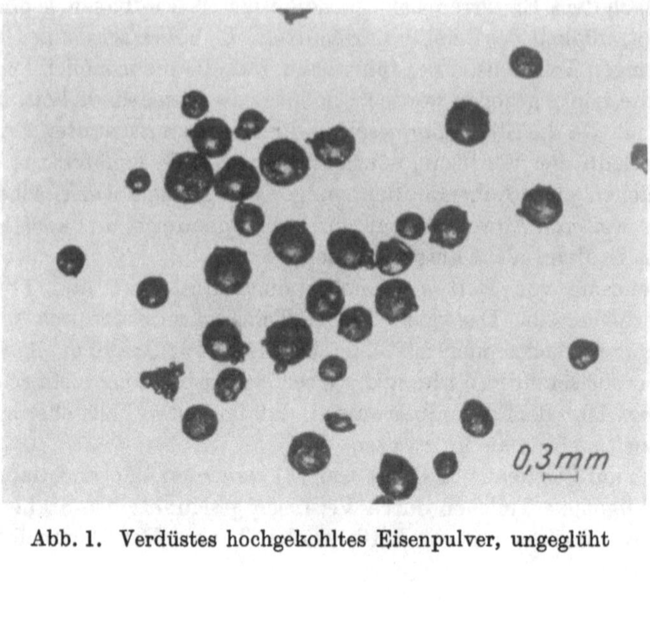

Abb. 1. Verdüstes hochgekohltes Eisenpulver, ungeglüht

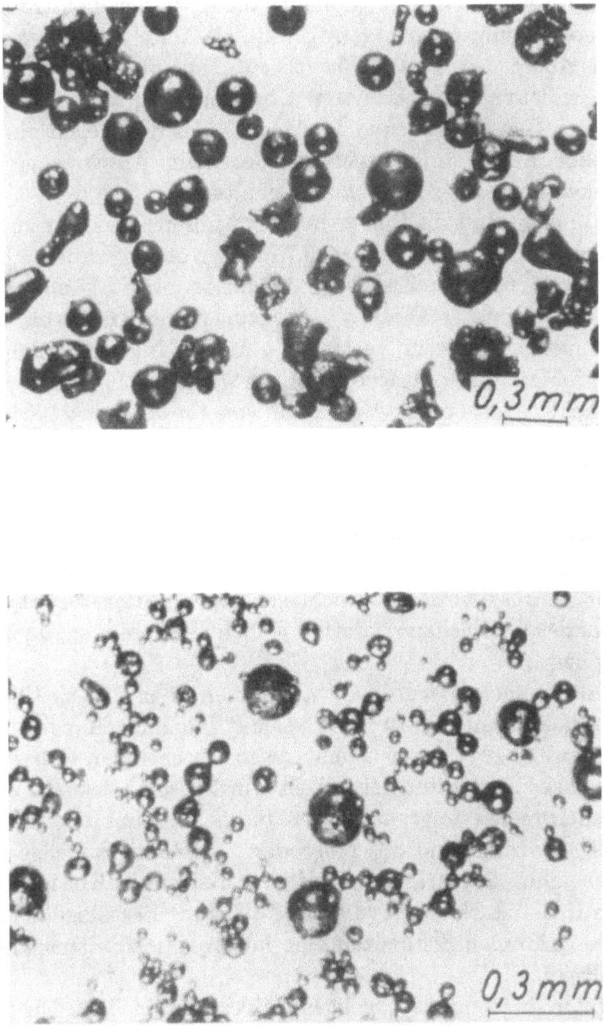

Abb. 2. Verdüstes Eisenpulver Qualitätsmarke C 10;
oben Fallhöhe 1,5 m — unten Fallhöhe 3,7 m

dargestellt sind, stammen aus verdüsten Schmelzen der Stahlmarke C 10. Die Teilchen oben trafen den Wasserspiegel im Auffanggefäß in etwa 1,5 m Entfernung von der Düse. Die größten davon haben eine ausgesprochene Kugelgestalt, die feineren dagegen sind keulenförmig bis spratzig. Hieraus ist zu schließen, daß sich die noch flüssigen kugeligen Teilchen auf dem Wege zum Auffangbehälter eine gewisse Zeit in einer Zone befanden, in der die Strömungsgeschwindigkeit des Zerstäubungsmittels gering war; sie kann mit zunehmender Entfernung von der Achse des Gießstrahls bis auf Null absinken. In diesem Gebiet reichen die Beschleunigungskräfte zum Umformen der kugeligen Teilchengestalt nicht mehr aus. Die feineren und feinsten Teilchen dagegen entstanden durch Einwirken hoher Beschleunigungskräfte oder beim Abschrecken noch flüssiger größerer Teilchen im Wasser des Sammelbehälters.

Einheitlich kugelig sind die Pulver in Abb. 2 unten. Dies war zu erwarten. Bei diesem Beispiel war die Fallhöhe auf 3,7 m vergrößert worden. Die hohe Oberflächenspannung des flüssigen Eisens ermöglicht dann die Bildung solcher Teilchen.

Pulver aus korrosionsbeständigen Legierungen werden sowohl mit spratzigen als auch mit kugeligen Teilchen verlangt (Abb. 3). Kugelige Teilchen sind für die Herstellung von Metallfiltern erforderlich, spratzige für Preßteile.

Wir untersuchten ferner das Verhalten von Chrom–Nickel-Stählen mit 18% Chrom und 8% Nickel sowie 17% Chrom und 13% Nickel bei unterschiedlichen Gehalten an Silizium in der Schmelze. Si-freie Stähle lieferten spratzige Pulverteilchen. Ein Zusatz von 0,5—1,0% Si in Form von Reinsilizium zur Schmelze führt zu kugeligen Teilchen, während Stähle bei Zugabe von 2,5 und 5% Si wieder spratzige ergeben. Auch bei diesen hochlegierten Stählen entstehen Oxidhäute, wenn mit Luft verdüst wird. Mit technisch reinem Stickstoff als Zerstäubungsmittel ließ sich die Oberflächenoxydation jedoch einschränken, da sein Sauerstoffgehalt niedrig liegt.

Bei weiteren Versuchen wurden Stahlschmelzen mit 18% Chrom und 10% Nickel oder 20% Chrom und 10% Nickel mit Silizium, Mangan und Molybdän legiert, wobei jeweils zwei dieser Elemente in wechselnden Gehalten angewandt wurden. Die stark überhitzten Schmelzen wurden mit Stickstoff zerstäubt. Aus größeren Versuchsreihen folgt, daß sich aus Stahlschmelzen mit 18% Chrom, 10% Nickel, 3% Silizium und 2% Molybdän zuverlässig kugelige Pulverteilchen erzeugen lassen, ohne Beschränkung auf eine bestimmte Korngröße. Dieses Ergebnis kann auf die stark desoxydierende Wirkung des Siliziums zurückgeführt werden, da die oxidfreien Schmelzen eine höhere Oberflächenspannung besitzen als die oxidhaltigen.

Für Nickelfilter ist ebenfalls kugeliges Pulver erforderlich. Die durch Zerstäuben hergestellten Pulver wiesen zunächst spratzige Teilchen auf. Erst durch Zugabe von Phosphor oder Zinn zur Nickelschmelze entstanden Pulver mit den gewünschten kugeligen Teilchen.

Ähnlich lagen die Verhältnisse bei der Verdüsung von Kupfer–Nickel-Legierungen mit etwa 65% Nickel. Beim Zerstäuben der üblichen Legierungen mit Luft fallen spratzige Pulver an. Geringe Zusätze von Mangan oder Phosphor zur Schmelze erhöhen die Oberflächenspannung, da sie vorhandene Oxide zu Metall

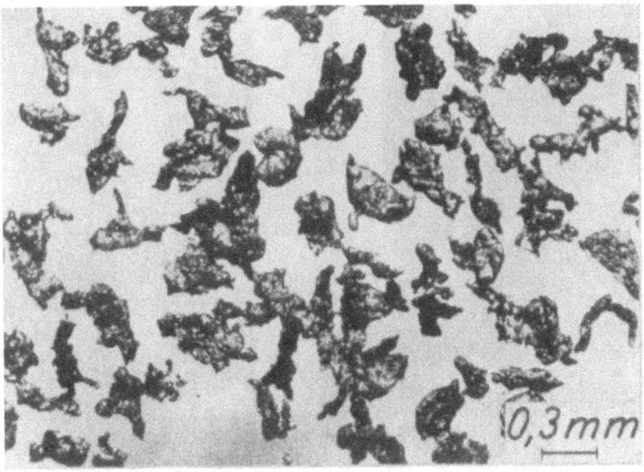

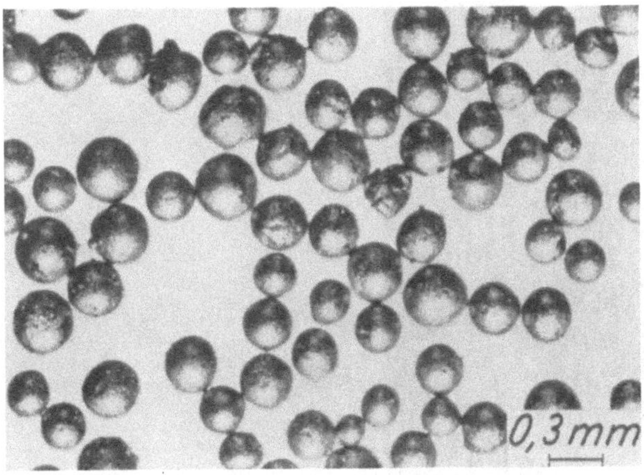

Abb. 3. Verdüstes Chrom-Nickel-Stahlpulver

oben spratzig — unten kugelig

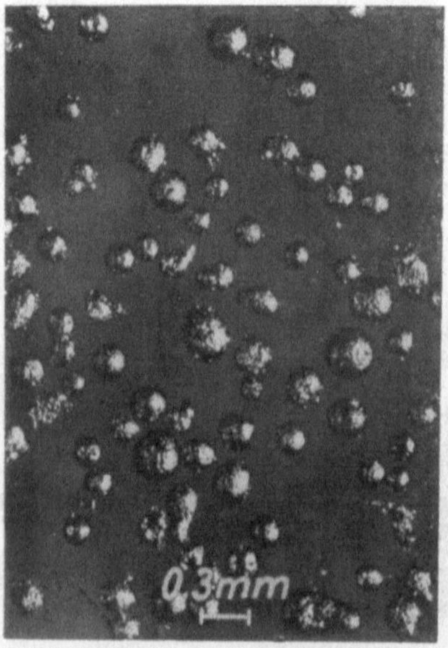

Gießtemperatur: a) 1150 °C

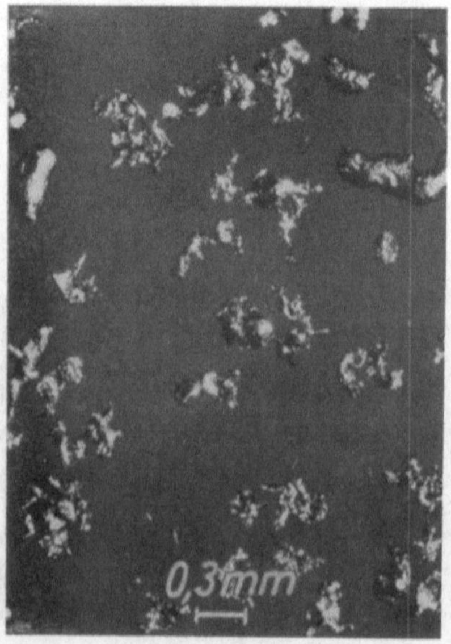

b) 1400 °C

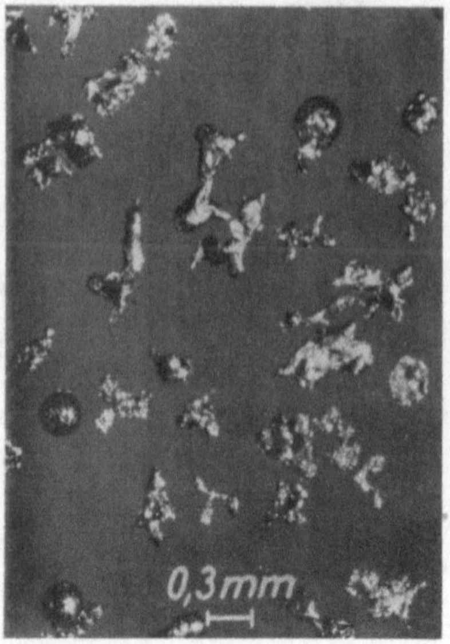

c) 1230 °C

Abb. 4
Verdüstes Kupferpulver

reduzieren. Der Gießstrahl wird zu feinen Tröpfchen aufgelöst, die bis zum völligen Erstarren kugelig bleiben.

Verdüstes Kupferpulver besteht aus kugeligen Teilchen, wenn die Schmelze nur wenig überhitzt und bei etwa 1150 °C zerstäubt wird (Abb. 4, oben links). Erhitzt man die Schmelze bis auf etwa 1400 °C und erhöht dabei den Oxidgehalt, so bilden sich spratzige Kupferteilchen (Abb. 4, oben rechts). Sowohl kugelige als auch spratzige Kupferteilchen entstehen nebeneinander aus Schmelzen, die bei etwa 1230 °C zerstäubt wurden (Abb. 4, unten links).

Spratzige Teilchen ließen sich bei Kupferpulver auch durch Zugabe von 1–3% Zinn zur Kupferschmelze erzielen. E. Pelzel [1] nimmt an, daß Zinn die Oberflächenspannung des Kupfers herabsetzt; dasselbe soll auch für Zink gelten.

Zinn–Bronze-Schmelzen mit 6–10% Sn lieferten keulenförmige Teilchen (Abb. 5). Ausgeprägt spratzige Bronzepulver dagegen erhielten wir, wenn wir der

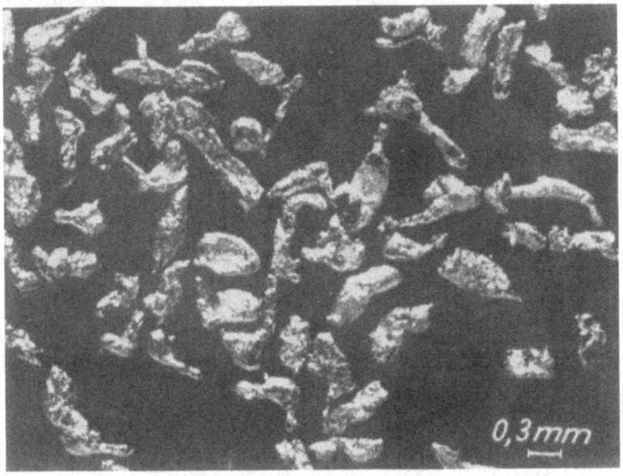

Abb. 5. Verdüstes Bronzepulver
Zinngehalt 10%

Zinn–Bronze etwa 2,5% Zink zusetzten (Abb. 6). Es zeigte sich, daß mit Zinn und Zink in der Kupferschmelze die Oberflächenspannung des Kupfers verstärkt herabgesetzt werden kann. Fügt man etwa 0,05% Phosphor als Phosphorkupfer den Zinn–Bronze-Schmelzen zu, dann entstehen statt spratziger oder keulenförmiger Teilchen ausgesprochen kugelige (Abb. 7). Phosphor dient bekanntlich als Desoxydationsmittel für Kupfer und seine Legierungen.

R. Genders und G. L. Bailey [1, 4] nehmen an, daß durch Phosphor die Oxydation des Gießstrahls verhindert wird, indem er an der Oberfläche des noch flüssigen Teilchens zu gasförmigem Phosphorpentoxid verbrennt. Dieses umhüllt den Gießstrahl, so daß die Oxydation des Metalls durch die Zerstäubungsluft unterbleibt. Damit sind bei Bronzepulvern wesentliche Voraussetzungen erfüllt, die kugelige Kornform zu erzielen.

Die kugeligen Bronzepulver verarbeitet man bei uns auf Bronzefilter, die aus den Dreistofflegierungen mit Kupfer, Zinn und Zink hergestellten spratzigen Pulver auf Gleitlager.

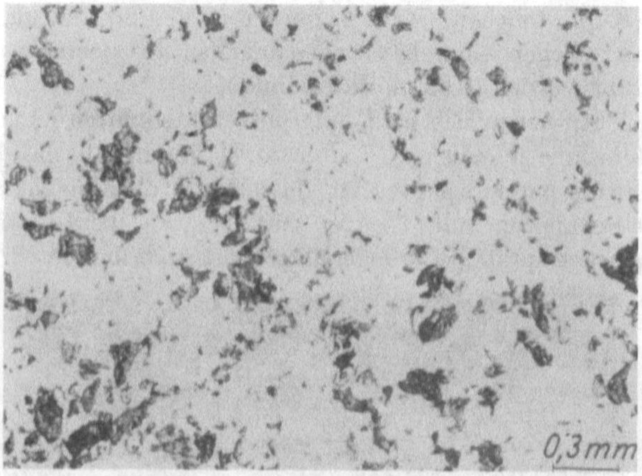

Abb. 6. Verdüstes Bronzepulver

Zinngehalt 10% mit Zusatz von 2,5% Zink

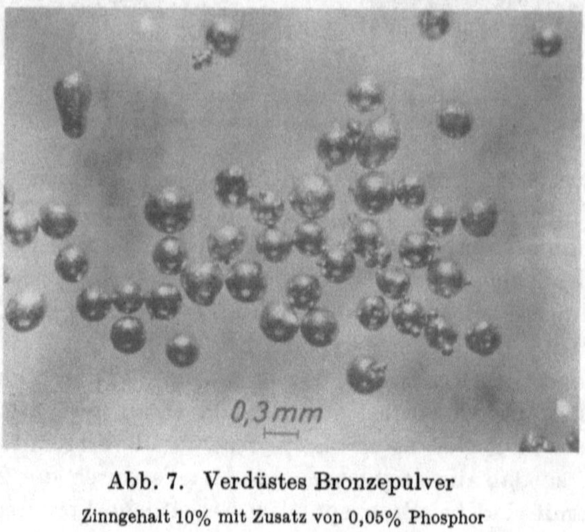

Abb. 7. Verdüstes Bronzepulver

Zinngehalt 10% mit Zusatz von 0,05% Phosphor

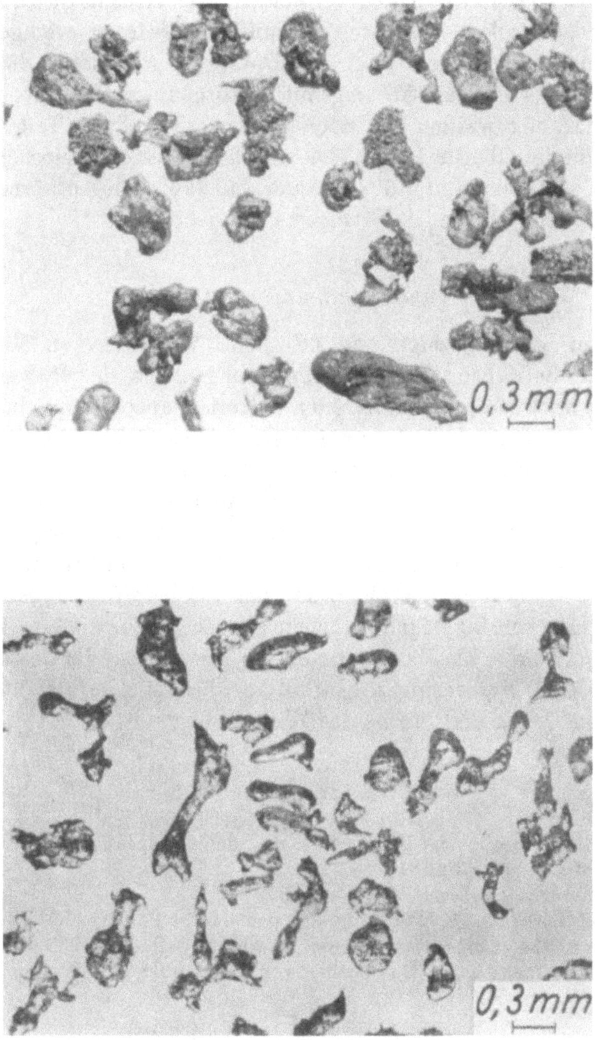

Abb. 8. Verdüstes Aluminiumpulver

oben in Wasser verdüst — unten trocken verdüst

Aluminiumpulver stellt man außer durch Vermahlen von Folienabfällen auch durch Verdüsen her. Hierbei kann man auf das Auffangen der Teilchen in einem Wasserbehälter verzichten. Die Teilchen setzen sich dann zum geringen Teil auch an den Wänden des Schachts ab, was aber keine nennenswerten Störungen verursacht. Ein Zusammenbacken einzelner Teilchen im Sammelbehälter läßt sich durch geringere Fallgeschwindigkeit vermeiden. Man erreicht dies durch entgegenströmende Luft. Trocken verdüstes Aluminiumpulver ist weniger spratzig als das im Wasserbad aufgefangene (Abb. 8). Die spratzige Gestalt erhält das Pulverteilchen durch die vom Zerstäubungsmittel ausgeübten Beschleunigungskräfte. Unter ihrer Wirkung werden die noch flüssigen kugeligen Teilchen gestreckt, und sie reißen an der Oberfläche auf. Die durch Oxydation entstehende feste Tonerdehaut, die das Teilchen umhüllt, verhindert, daß nach Aufhören der Zerstäubungskräfte die Teilchen wieder Kugelgestalt annehmen.

Zusammenfassung

An Beispielen wurde gezeigt, wie sich beim Verdüsen von Metallschmelzen durch geeignete Betriebsbedingungen die Teilchenform der Pulver beeinflussen läßt. Die dazu notwendigen Maßnahmen betreffen sowohl die Schmelze als auch die Verdüsung. Wesentlich sind eine Schmelzenbehandlung, durch die die Oberflächenspannung verändert wird, sowie die Zeit zwischen der Bildung des noch flüssigen Teilchens aus der Schmelze und seinem Erstarren. Man regelt sie durch Einstellen der Entfernung vom Düsenende zum Wasserspiegel des Auffangbehälters. Bei der Erzeugung von Aluminiumpulver verdüst man zweckmäßig trocken. Bei rostbeständigen Stählen hat sich Stickstoff als Zerstäubungsmittel für die Erzeugung von kugeligen Teilchen als geeignet erwiesen. Hauptsächlich sind es aber auch hierbei Zusätze zur Schmelze, die sich auf die Gestalt der Pulverteilchen auswirken. Nur geringen Einfluß auf die Teilchenform haben nach unseren Versuchen Druck und Menge des Zerstäubungsmittels.

Literatur

[1] PELZEL, E., Studien über die Korngestalt und den Gefügeaufbau von Verdüsungspulvern. Metall **9** (1955) H. 3/4, 81–88.

[2] DBP-Auslegeschrift 1027489 (1959).

[3] EVANS, P. E., SMITH, G. C., The Compaction of Metal Powders by Rolling. II. — An Examination of the Compaction Process. Powder Metallurgy (1959) H. 3, 26.

[4] GENDERS, R., BAILEY, G. L., Das Gießen von Messingblöcken. Springer-Verlag, Berlin 1930, S. 51.

Dipl.-Met. Heinz Dieter Wiesinger

Wissenschaftlicher Oberassistent in der Metallographischen Abteilung

HOCHTEMPERATURMIKROSKOPIE VON REKRISTALLISATIONSVORGÄNGEN AN KRISTALLORIENTIERTEN MAGNETWERKSTOFFEN

Obwohl weichmagnetische Texturwerkstoffe seit Jahrzehnten produziert und wegen ihrer günstigen physikalischen Eigenschaften in steigendem Maße in der Industrie eingesetzt werden, sind zahlreiche Fragen im Hinblick auf die Ursachen der Texturbildung trotz intensiver Bemühungen noch ungeklärt. Daraus resultieren nicht zuletzt die Unsicherheiten im Herstellungsprozeß. Die Methode der Hochtemperaturmikroskopie empfahl sich für diesen Problemkreis, da dieses Untersuchungsverfahren hierfür bisher noch nicht benutzt wurde und die Gefügeänderungen, die zur Texturbildung führen, in einem Temperaturbereich erfolgen, der für Hochtemperaturmikroskopie besonders günstig ist. Zudem sind es relativ schnell ablaufende Vorgänge, die sich durch indirekte Methoden schwer erfassen lassen. Schließlich kann die Texturbildung durch Oberflächeneffekte entscheidend beeinflußt werden.

Zu diesem Zweck war es zunächst notwendig, eine geeignete Anlage für Hochtemperaturmikroskopie zu entwickeln, da kommerzielle Heiztische nur für Temperaturen bis maximal 1050 °C angeboten wurden. Erst in diesem Jahr werden auf dem Weltmarkt auch Heiztische für höhere Temperaturen offeriert. Alle diese Modelle erfordern jedoch zylinderförmige Proben, so daß eine Untersuchung der im Institut besonders interessierenden Texturbleche unmöglich oder sehr erschwert ist.

Die Mehrzahl der in der Literatur beschriebenen Heiztische arbeitet mit indirekter elektrischer Widerstandserhitzung, Heiztischkonstruktionen mit direkter elektrischer Widerstandserhitzung sind dagegen nur wenige bekannt geworden [1]. Letzterer Beheizungsart wurde der Vorzug gegeben, weil sie die Möglichkeit bietet, beliebig hohe Temperaturen bis zum Schmelzpunkt des jeweils untersuchten Materials zu erreichen und vor allem blechförmige Proben untersuchen zu können. Heiztische dieses Typs bieten noch weitere Vorteile: eine geringe Temperaturträgheit, so daß hohe Aufheiz- und Abkühlgeschwindigkeiten, bis zum Abschrekken, erreicht werden können, große Reinheit der Atmosphäre bzw. des Vakuums, da auf keramische Bauteile und fremde Heizelemente verzichtet werden kann, geringe Temperaturbelastung der Heizkammer und des Objektivs, so daß sich eine Kühlung nahezu erübrigt, ideal einfache Konstruktion.

Abb. 1 zeigt die Heizkammer auf einem speziellen stabilen Kreuzsupport. Sie besteht im wesentlichen aus zwei kompakten Kupferteilen, die gewissermaßen die Wandung mit den Gas- bzw. Vakuumanschlüssen und den Boden darstellen. Beide Teile bilden zugleich die elektrischen Stromzuführungen. Sie sind mittels eines

Silikongummirings vakuumdicht und elektrisch isolierend verbunden. Die beiden Heizkammerteile haben Blöckchen, die zur Lagerung der Probe dienen. Diese wird aufgelegt und mit schwachen Federn leicht angedrückt, so daß sowohl freie thermische Ausdehnung als auch guter elektrischer Kontakt gewährleistet sind. Ein mittels Überwurfmutter auf eine Gummidichtung gepreßtes Quarzfenster schließt die Kammer nach oben ab. Die Temperaturmessung kann pyrometrisch oder mit Thermoelement erfolgen. Im zweiten Fall müssen möglichst dünne ($\sim$ 60 μm) Thermoelementendrähte verwendet werden. Das Thermoelement wird direkt an die Probe angeschweißt und zwischen Beobachtungsfenster und Vakuumdichtung, oder durch diese hindurch, herausgeführt.

Abb. 1. Hochtemperaturmikroskopierheiztisch

Obwohl der Heiztisch für Arbeiten unter Vakuum geeignet ist, wurde überwiegend unter Wasserstoff geglüht, um die den üblichen Glühbedingungen weichmagnetischer Werkstoffe analogen Verhältnisse zu schaffen. Das Arbeiten unter Schutzgas bringt zudem den Vorteil einer geringeren Fensterbedampfung mit sich. In Fällen stärkerer Bedampfung bei langen Beobachtungszeiten und hohen Temperaturen wurde eine einfache Hilfe in einem kleinen Quarzplättchen gefunden, das, mit einem Streifen aus ferromagnetischem Blech versehen, von außerhalb der Heizkammer mit einem kleinen Magneten zwischen Probe und Heizkammerfenster gehalten und verschoben werden kann. Es erwärmt sich relativ stark und bedampft dadurch geringer als das äußere Beobachtungsfenster. Erwähnt sei noch, daß der Heiztisch mit Gasreinigungs-, Vakuum- und Temperaturregelanlage ausgestattet wurde.

Als Mikroskop wurde das LuG vom VEB Carl Zeiss Jena als am geeignetsten gewählt. Als Objektive sind solche mit einem freien Arbeitsabstand von ca. 5 mm oder größer verwendbar. Das sind die Zeissobjektive bis zum Apochromat 15×/0,3 und die speziellen Heiztischobjektive von Leitz, Wetzlar, bis 32×/0,6, so daß Vergrößerungen bis 600fach bei Hellfeld- und 300fach bei Dunkelfeldbeleuchtung erreichbar sind. Außerdem ist polarisiertes Licht verfügbar. Mikrophotographische Aufnahmen können mit der Zeiss-Miflex-Einrichtung und Kleinbildkamera bei gleichzeitiger Gefügebeobachtung über das Einstellfernrohr hergestellt werden. Für mikrokinematographische Aufnahmen wurde die Anlage mit einer Pentaflex 16, die an dem Wandstativ des VEB Kino- und Kamerawerke Dresden über dem Mikroskop befestigt wird, ausgestattet. Die Beobachtung der Probe erfolgt hier ebenfalls über das Miflexeinstellfernrohr.

Für mikrokinematographische Aufnahmen erforderlich, aber auch für die Mikroskopie bei Temperaturen über 1100 °C vorteilhaft, war eine stärkere Beleuchtung als sie durch die am LuG oder Nf vorhandene Niedervoltlampe gegeben ist. Zu diesem Zweck wurde das Lampengehäuse der Zeiss-100-W-Lampe etwas modifiziert und mit einer Quecksilberhöchstdrucklampe HBO 200 versehen, die auf einem besonderen, am Auflichtkondensor angeschraubten Tragarm am Mikroskop angesetzt wurde. Abb. 2 zeigt die Anlage mit Schmalfilmkamera und Quecksilberhöchstdrucklampe.

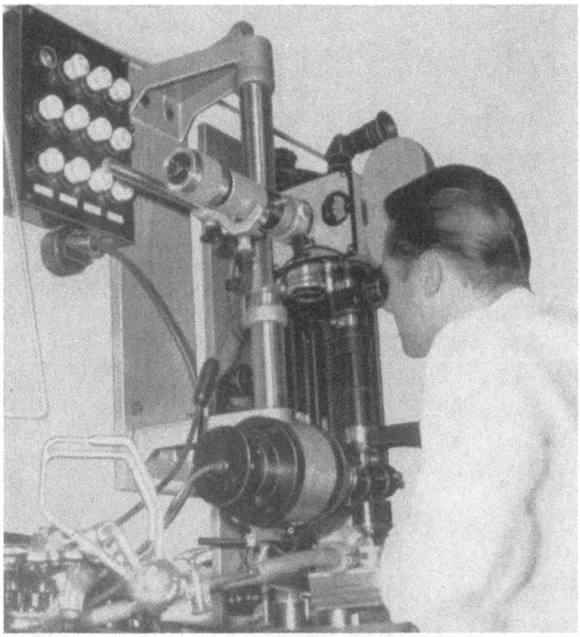

Abb. 2. Anlage für Hochtemperaturmikroskopie

Die zur Untersuchung kommenden kleinen Blechproben von ca. 5 × 22 × 0,6 bis 0,05 mm Abmessung müssen saubere metallische Oberflächen haben. Sie können mechanisch oder elektrolytisch poliert, mitunter sogar im Walzzustand eingesetzt werden. Man hat nun nichts weiter zu tun, als die Probe zu erhitzen und dabei zu beobachten, denn die Gefügeentwicklung erfolgt ab einer materialabhängigen Temperatur (bei Eisen und Eisen-Legierungen ab etwa 650 °C) von selbst, und zwar gleichermaßen im Vakuum wie unter Schutzgas.

Abb. 3 zeigt die thermisch geätzten Korngrenzen auf einer Eisenprobe mit 50% Nickel. An den Korngrenzen entstehen unter der Wirkung der Korngrenzen- und Oberflächenspannungen durch Verdampfung-Kondensation und Oberflächendiffusion scharfe V-förmige Gräben. Nach einem Wegwandern der Korngrenze verlieren die Gräben schnell ihre scharfe Form und ebnen sich allmählich wieder ein. Beide Grabenformen zeigt das in Abb. 4 wiedergegebene Interferogramm von thermisch geätzten Korngrenzengräben auf Eisen mit 50% Nickel.

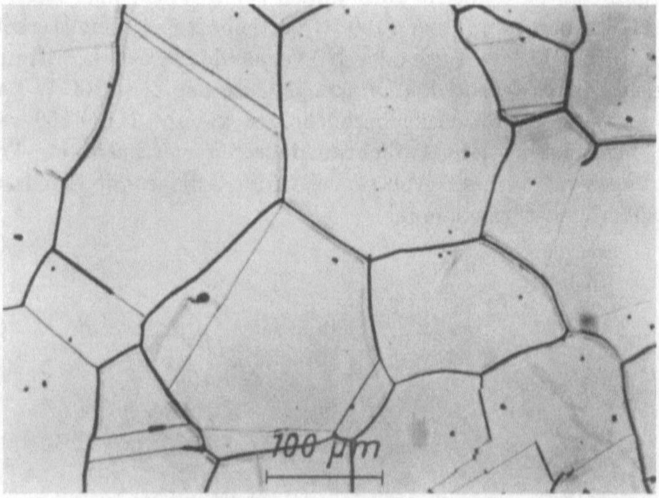

Abb. 3. Thermische Korngrenzenätzung auf Eisen mit 50% Nickel

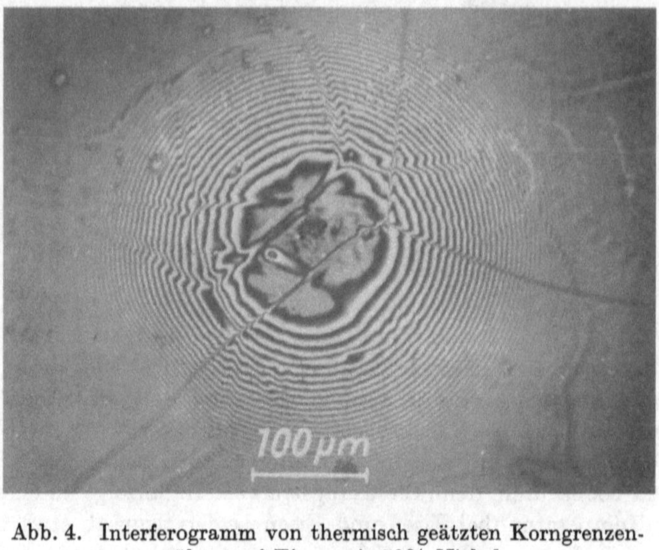

Abb. 4. Interferogramm von thermisch geätzten Korngrenzengräben auf Eisen mit 50% Nickel

Bei kritischer Sauerstoffkonzentration an der Metalloberfläche kann infolge selektiver Adsorption auch eine thermische Ätzung von Kornflächen erfolgen. Ein solches Relief auf einer Kornfläche einer bei 1150 °C geglühten Probe aus Eisen mit 3% Silizium zeigt Abb. 5.

Bei noch höherer Sauerstoffkonzentration kommt es zu einer Oxydation (Abb. 6). Sie beginnt punktförmig und wirkt selektiv unterschiedlich stark auf die verschieden kristallographisch orientierten Kornflächen. Dabei oxydiert aber auch selek-

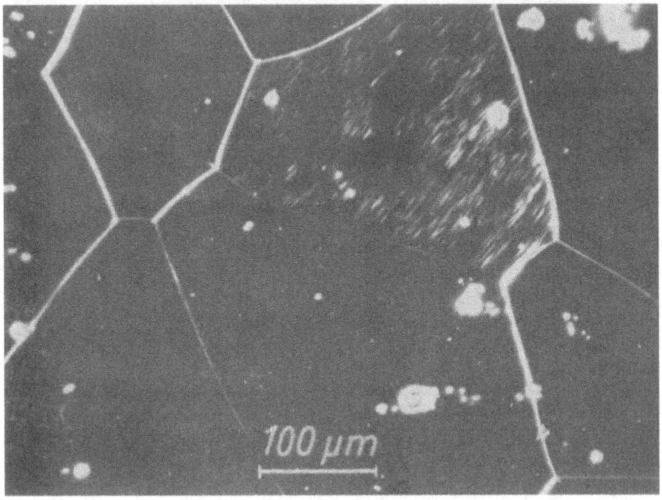

Abb. 5. Thermische Ätzung der Korngrenzen und einer Kornfläche auf Eisen mit 3% Silizium

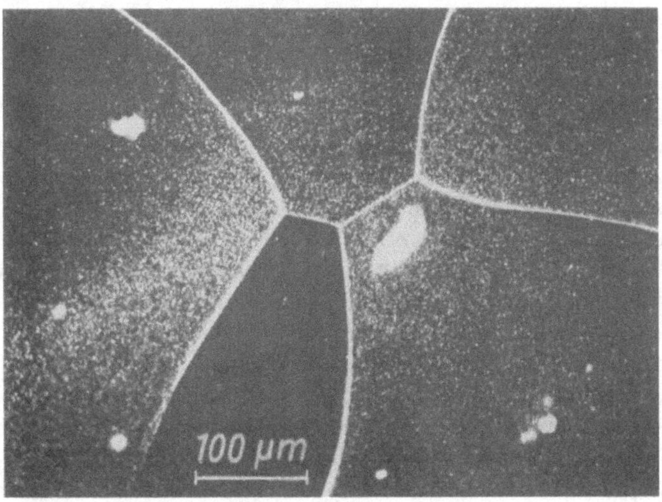

Abb. 6. Thermische Korngrenzenätzung und selektive Oxydation bei Eisen mit 3% Silizium

tiv zunächst das unedlere Legierungselement. Bei noch stärkerer Oxydation wachsen die Oxidpartikel zusammen und bedecken die Oberfläche völlig. Bei etwa 1210 °C erfolgt dann bei Eisen mit etwa 3% Silizium ein Schmelzen der Oxide zu Fayalit ($FeO \cdot SiO_2$) (Abb. 7).

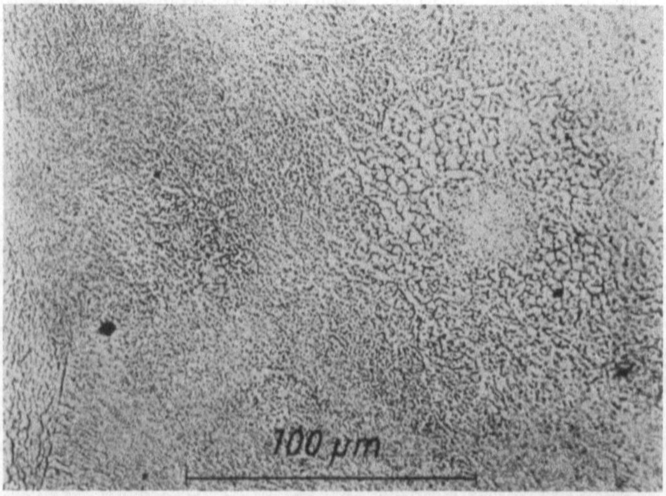

Abb. 7. Fayalitbildung ($FeO \cdot SiO_2$) auf Eisen mit 3% Silizium

Daß die Oxidpartikel auch in gewissen Beziehungen zu den Korngrenzen stehen können, zeigt Abb. 8 am Beispiel einer bei 1150 °C geglühten Probe aus Eisen mit 50% Nickel. Hier zeichnen sich Korngrenzenwanderungen ab durch erhöhte Partikeldichte vor und verminderte Oxidpartikeldichte hinter der wandernden Korngrenze.

Welche Gefügeänderungen sind mit dieser Methode an einem handelsüblichen Texturblech (110) [001] beobachtbar? Abb. 9 zeigt die thermischen Ätzungen im Temperaturgefälle einer derartigen Probe. Das Temperaturgefälle ist hier gewissermaßen als Gedächtnis der beobachteten Gefügeänderungen benutzt worden. Mit einsetzender thermischer Ätzung ist die primäre Rekristallisation bereits beendet (Bild links oben). Die anschließende Kornvergröberung mit steigender Temperatur ist minimal. Nur vereinzelt sind Korngrenzenverschiebungen beobachtbar (Bild rechts oben). Bei über 900 °C beginnt plötzlich ein sehr starkes Kornwachstum (Bild links unten), und es entsteht ein sehr grobes Gefüge (Bild rechts unten). Wir haben hier die äußere Erscheinungsform einer Sekundärrekristallisation. Sie ist bei kaltgewalztem Eisen–Nickel mit 50% Nickel nicht anders. Die folgenden Ausführungen beschränken sich jedoch auf Eisen mit 3% Silizium. Die zur Sekundärrekristallisation führende ursprüngliche Kornwachstumshemmung nach der primären Rekristallisation ist durch kritische Verunreinigungen bedingt. Bei ausreichender Temperatur lösen sich oder konglomerieren die hemmenden Ausscheidungen oder Einlagerungen, und es kommt zu dem „Sekundärrekristallisation" genannten starken Kornwachstum. MORRILL [2] sowie

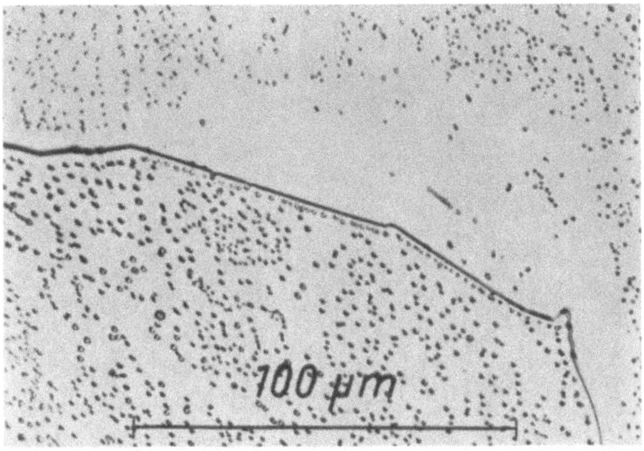

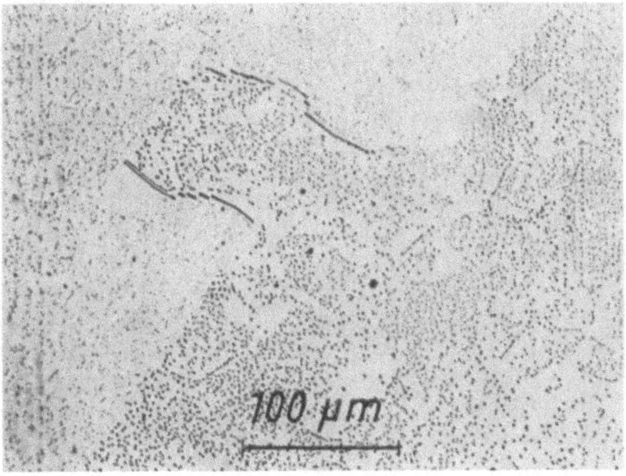

Abb. 8. Thermische Ätzungen und Oxidmuster auf Eisen mit 50% Nickel

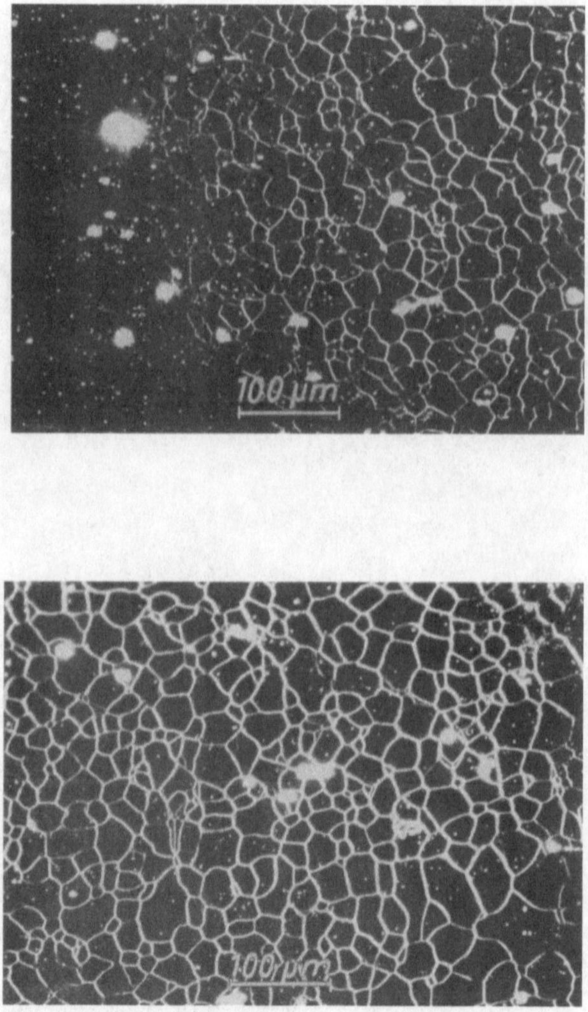

Abb. 9. Thermische Ätzungen im Temperaturgefälle einer Heiztischprobe aus Eisen mit 3% Silizium

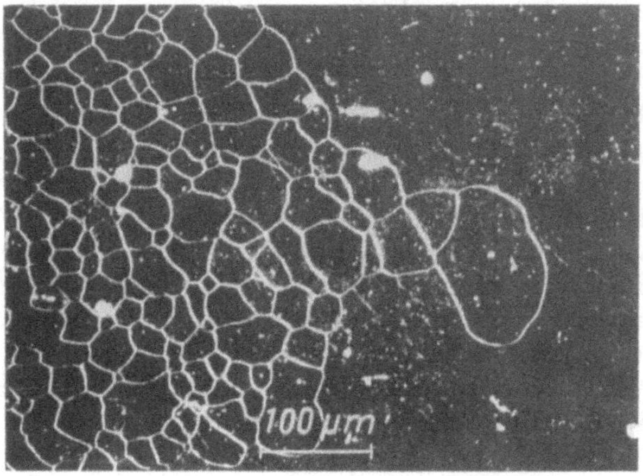

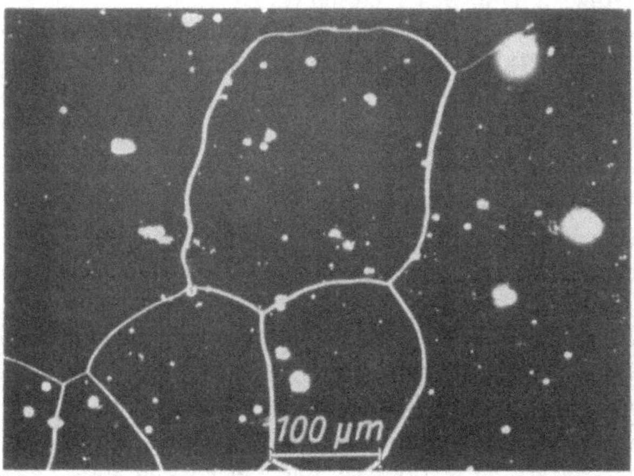

Abb. 9

Dunn [3] wiesen als erste nach, daß die Gosstextur über diesem Kornwachstumsmechanismus entsteht. Weshalb dabei aber nur Kristallite in Gosslage wachsen und die umliegenden, anders orientierten Körner aufzehren, so daß die sehr scharfe (110) [001]-Textur entsteht, ist trotz zahlreicher Arbeiten und Theorien bislang noch ungeklärt.

Über den Ablauf der Sekundärrekristallisation können im Hochtemperaturmikroskop einige wesentliche Beobachtungen gemacht werden. Abb. 10 zeigt eine Gefügestelle während der sekundären Rekristallisation. In der Dunkelfeldaufnahme ist das momentan vorliegende Gefüge sichtbar, während die Hellfeldaufnahme zum gleichen Zeitpunkt auch noch die kurze Zeit vorher vorhanden gewesenen Gefüge zeigt. Man sieht, daß wenige Körner in einer einzigen großen Bewegung die jetzt auch nicht mehr ganz stabile Matrix aufzehren. Man sieht aber auch, daß nicht die Größe der entstandenen sekundären Körner für ihr Weiterwachsen auf Grund von Korngrenzenspannungen allein ausreicht, sondern daß schon recht große Körner (z. B. das Korn in Bildmitte) von später (Anm.: Die zeitliche Folge ist aus dem unterschiedlichen Grad der Einebnung ehemaliger Korngrenzengräben ersichtlich) entstehenden überflügelt werden (Korn links). Querschliffe durch im Moment der Sekundärrekristallisation abgeschreckte Proben zeigten, daß das anormale Kornwachstum durchweg an der Oberfläche beginnt (Abb. 11). Unterschiede in der Oberflächenspannung verschieden orientierter Körner (die (110)-Ebene ist diejenige niedrigster Oberflächenspannung) stellen also die die Selektion bewirkende Triebkraft dar. Damit wird verständlich, warum auch noch während des bereits eingetretenen Kornwachstums eine Selektion erfolgt. Dieses Versuchsergebnis fand seine Bestätigung in anderen Versuchen. Demnächst wird darüber ausführlicher berichtet.

Es ist nachzutragen, daß die Sekundärrekristallisation, die zur Gosstextur führt, unter einer Oxidbedeckung der Oberfläche erfolgt. Je vollkommener die Oxidbedeckung ist, desto schärfer ist die entstehende Textur. Die beste hochtemperaturmikroskopische Beobachtungsmöglichkeit des Gefüges besteht jedoch bei sauberer Metalloberfläche. Dann kann allerdings eine interessante Rückwirkung der Gefügeentwicklung auf das entstehende Gefüge selbst erfolgen. Wenn die Korngröße nämlich die Größenordnung der Blechdicke erreicht, vermögen die thermischen Korngrenzengräben ein weiteres Kornwachstum zu behindern [4]. Damit ist wieder die Möglichkeit einer Sekundärrekristallisation gegeben. Diese erfolgt dann bei sehr reinen Legierungen und Temperaturen über 1100 °C unter der Wirkung von Unterschieden in den Oberflächenspannungen verschieden orientierter Körner, wobei eine teilweise, selektive Oxydation oder Chemisorption von Sauerstoff eine ausschlaggebende Rolle spielen kann. Bei kritischer Sauerstoffkonzentration an der Oberfläche kann sich nämlich das Verhältnis der Oberflächenspannungen verschieden orientierter Körner zueinander ändern. Die Oberflächenspannung von selektiv an der Oberfläche verunreinigten oder oxydierten Körnern wird stark erniedrigt. Auf diese Weise kann z. B. eine Würfeltextur entstehen [5, 6]. Abb. 12 bringt ein Beispiel für eine derartige Sekundärrekristallisation in einer üblichen Eisen–Silizium-Legierung mit 3% Silizium. Ein stark oxidbedecktes Korn wächst während einer 1200 °C-Glühung

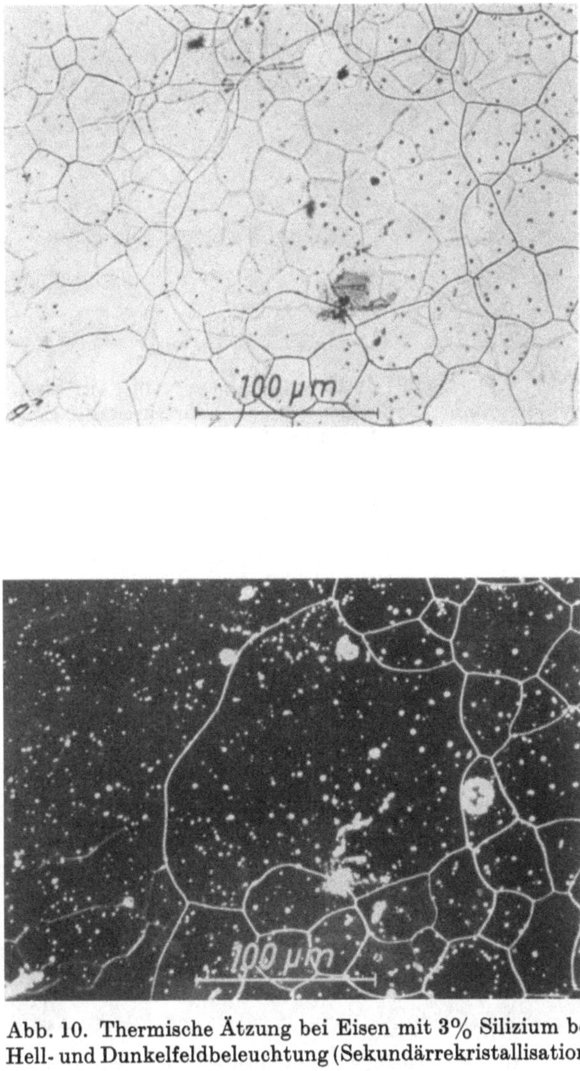

Abb. 10. Thermische Ätzung bei Eisen mit 3% Silizium bei Hell- und Dunkelfeldbeleuchtung (Sekundärrekristallisation)

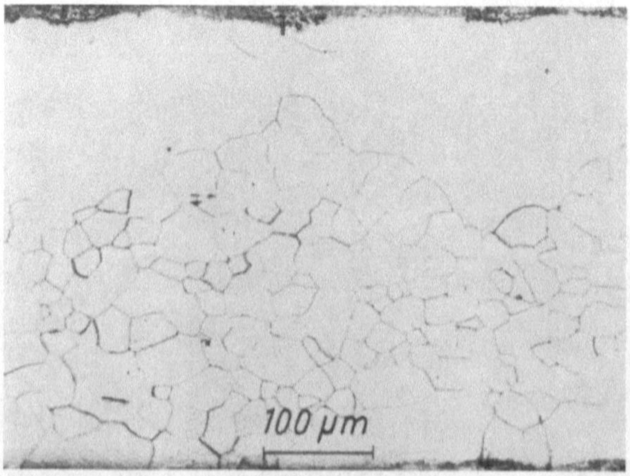

Abb. 11. Querschliff durch eine Heiztischprobe aus Eisen mit 3% Silizium. Beginnende Sekundärrekristallisation. Chemische Ätzung

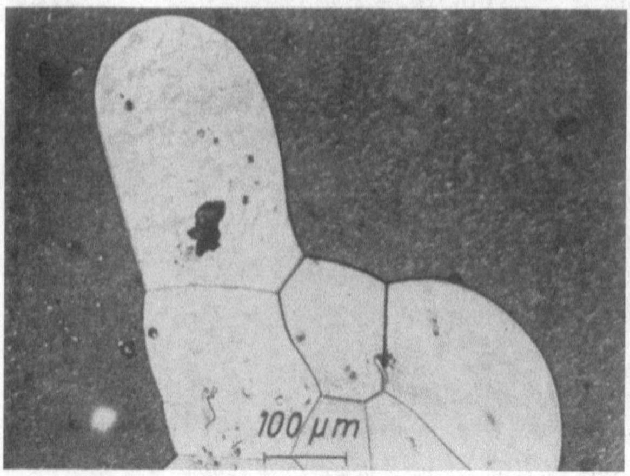

Abb. 12. Wachstum eines oxidbedeckten Korns gegen unbedeckte. Eisen mit 3% Silizium

langsam gegen eine stabile Matrix, deren Oberfläche nur einzelne Oxidpartikel aufweist. Es sei noch erwähnt, daß es sich bei der stark oxydierten Fläche erstaunlicherweise um eine Dodekaederfläche handelt.

Zusammenfassung

Es wird eine neue Einrichtung für Hochtemperaturmikroskopie beschrieben, die mit direkter elektrischer Widerstandserhitzung arbeitet. Charakteristische Beispiele für thermische Ätzungen und Oxydationen von Eisen mit 3% Silizium und Eisen mit 50% Nickel werden gezeigt. An einem handelsüblichen (110) [001]-Eisensiliziumtexturblech wird die äußere Erscheinungsform der Sekundärrekristallisation diskutiert, und es wird über Beobachtungen, die Einblick in die Ursachen der Texturbildung geben, berichtet. Ein Beispiel für eine Sekundärrekristallisation infolge Wachstumsbehinderung durch Korngrenzengräben und für Kornwachstum durch Oberflächenspannungsunterschiede infolge selektiver Oxydation wird gezeigt.

Literatur

[1] Reinacher, G. In: Handbuch der Mikroskopie in der Technik. Hrsg.: Freund, Bd. 1, Teil 2, Frankfurt/M. (1960), S. 385.
[2] Morrill, W., Metal Progr. **54** (1948) 675.
[3] Dunn, C. G., Cold working of metals. ASM Cleveland (1949) 113.
[4] Mullins, W. W., Acta metallurg. **6** (1958) 414.
[5] Walter, J. L., Dunn, C. G., Acta metallurg. **8** (1960) 497.
[6] Kohler, D., J. appl. Physics **31** (1960) 408 Suppl.

Dr.-Ing. Günther Rassmann
Stellvertretender Direktor und Leiter des Bereichs Werkstoffe mit besonderen physikalischen Eigenschaften

Dipl.-Ing. Harry Wich
Wissenschaftlicher Arbeitsleiter in der Abteilung Entwicklung von Werkstoffen mit besonderen physikalischen Eigenschaften

EINFLUSS DES ORDNUNGSZUSTANDES VON EISEN-KOBALT-LEGIERUNGEN AUF MAGNETISCHE UND MECHANISCHE EIGENSCHAFTEN

Eisen–Kobalt-Legierungen mit etwa 35–65% Co bilden unterhalb 730 °C eine Fernordnung vom CsCl-Typ. Jede Atomart besetzt dabei die Plätze eines einfachen kubischen Translationsgitters. Ineinandergestellt ergeben diese sich gegenseitig zentrierenden Gitter das kubisch-raumzentrierte Gitter. Die ferritische α-Phase ist bis zur Umwandlung in γ-Austenit bei 980 °C beständig und homogen. Der Nachweis der Fernordnung ist nach verschiedenen Methoden einschließlich der Neutronenbeugung erbracht worden [1, 2, 3]. Danach besteht völlig gesichert die Ordnungsphase FeCo. In mehreren Arbeiten werden die mit der Fernordnung verbundenen Eigenschaftsänderungen verfolgt [4, 5, 6]. Dabei muß nach dem Verhalten der spezifischen Wärme angenommen werden, daß der Übergang zur ungeordneten Atomverteilung in zwei Stufen erfolgt.

Von Hall [7] wurde der Einfluß der Ordnungsvorgänge auf die Anisotropiekonstante K_1 der Kristallenergie untersucht. Bei 50% Co geht die Kristallenergie der geordneten Legierung gegen Null und wechselt von positiven zu negativen Werten über. Im ungeordneten Zustand erfolgt der Nulldurchgang bei etwa 42% Co. Nach diesem Verhalten läßt die Ordnungsphase günstige weichmagnetische Eigenschaften bei 50% Co erwarten. Im Schrifttum [6, 8] wird jedoch durch zunehmende Ordnungseinstellung eine verschlechternde Wirkung auf die magnetischen Eigenschaften, besonders auf die Koerzitivfeldstärke, festgestellt. Die magnetische Sättigungspolarisation erhöht sich durch den Ordnungsvorgang um etwa 4% [9].

Bei eigenen Arbeiten zur Herstellung weichmagnetischer Eisen–Kobalt-Legierungen, die infolge der hohen Sättigungsinduktion und Curie-Temperatur von über 900 °C zunehmende Bedeutung erlangt haben, zeigte sich ein ausgeprägter Einfluß des Ordnungsgrads auf die technologischen und magnetischen Eigenschaften. Da diese Ergebnisse mit den Angaben im Schrifttum teilweise nicht im Einklang standen, wurden ausführliche Untersuchungen zur Klärung des Ordnungseinflusses durchgeführt. Dabei konnte eine starke Wechselwirkung von Fehlstellen und Ordnungseinstellung festgestellt werden, die einen großen Einfluß auf die weichmagnetischen Eigenschaften ausübt.

Um die Einstellung der Fernordnung nicht abzuschwächen, wurden nur binäre Eisen–Kobalt-Legierungen im Bereich um 50% Co verwendet. Zur Herstellung dienten reinste Ausgangswerkstoffe. Der Kohlenstoffgehalt der untersuchten Legierungen lag stets unter 0,01%.

Ordnungsbildung und Auflösung

Durch Widerstandsmessungen, Differentialthermoanalyse und Bestimmung des Ausdehnungsverhaltens wurde der Einfluß des Anlassens auf Legierungen verschiedenen Ausgangszustands (kaltverformt, abgeschreckt von 800 °C und abgekühlt 10 grd/h) und damit verschiedenen Ordnungsgrads untersucht. Es ergibt sich, daß die Ordnungsphase FeCo durch Kaltverformen oder Abschrecken von Temperaturen oberhalb des Ordnungsbereichs unterdrückt werden kann. Dabei wirkt am vollständigsten eine Kaltverformung, wie auch Neutronen-Beugungsversuche bestätigten. Durch Wasserabschrecken dünner Bleche von 800° bis 900 °C wird ein teilgeordneter Zustand erreicht, der nach dem Widerstandswert in Abb. 1 nur sehr wenig von der ungeordneten Atomverteilung (kaltgewalzt) abweicht. Der spezifische Widerstand der kaltverformten Probe ist infolge der größeren Versetzungsdichte um wenige Prozent höher. Zur vollständigen Unterdrückung der Ordnungseinstellung werden nach [10] Abschreckgeschwindigkeiten von 4000—6000 grd/sek für erforderlich gehalten.

Mit zunehmender Ausbildung der Fernordnung beim Anlassen oberhalb 360 °C fällt der spezifische Widerstand bis zu Anlaßtemperaturen von 480 °C (Abb. 1). Erst bei dieser Temperatur wird unabhängig von der Vorbehandlung etwa der gleiche Ordnungsgrad erreicht wie bei der durch langsame Abkühlung geordneten Probe. Gleichzeitig setzt bei dieser Temperatur die Auflösung der Fernordnung ein. Sie erstreckt sich über einen breiten Temperaturbereich bis zu 730 °C, der den Ordnungsübergang bei FeCo in Übereinstimmung mit dem Verhalten der spezifischen Wärme und des Volumens als eine Phasenumwandlung II. Art kennzeichnet.

In der Differential-Thermoanalyse nach Abb. 1 prägen sich die mit dem Platzwechsel der Atome verbundenen Änderungen der spezifischen Wärme stark aus. Die Rückbildung der Fernordnung in zwei Stufen ist besonders übersichtlich am Verlauf der Thermospannung der geordneten Probe (Abkühlung 10 grd/h) zu erkennen. Bei 500 °C beginnt die erste Rückbildung, bei 600 °C setzt die vollständige Auflösung ein. Sie ist bei etwa 730 °C abgeschlossen, wenn man von Nahordnungserscheinungen absieht.

Gegenüber der normalen AB-Ordnungsumwandlung, z. B. bei β-Messing, ergeben sich bei der Auflösung der Fernordnung FeCo wesentliche Abweichungen. Bereits im Temperaturbereich der ersten Rückbildungsstufe, die sich im elektrischen Widerstandsverhalten nicht besonders ausprägt, treten erhebliche Eigenschaftsänderungen auf. Der zusätzliche Beitrag der spezifischen Wärme beim Übergang zur statistischen Atom-Verteilung wird zur Rückbildung der Fernordnung benötigt und stellt die Umordnungsenergie dar.

Mechanische Eigenschaften

Zum besseren Verständnis der beim Anlassen ablaufenden Strukturänderungen ist das Verhalten der mechanischen Eigenschaften, insbesondere der Härte, sowie der thermischen Ausdehnung verfolgt worden. Die Wärmeausdehnung gibt ein

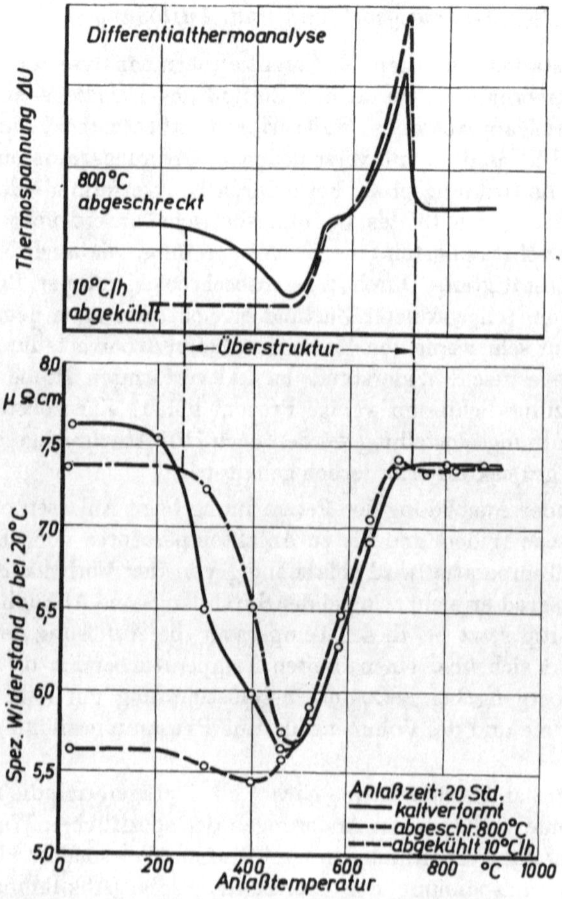

Abb. 1. Spezifischer Widerstand und Differential-Thermospannung von Eisen–Kobalt-Legierungen mit 50% Co für verschiedene Ausgangszustände

Maß für die Bindungsenergie, die für das Auftreten von Ordnungserscheinungen verantwortlich ist.

Für den geordneten und ungeordneten Ausgangszustand wurde die Wärmeausdehnung in Abhängigkeit von der Anlaßtemperatur bestimmt. Um die auftretenden Strukturänderungen klar hervorzuheben, wurde zur Darstellung in Abb. 2 die erste Ableitung der Ausdehnung, der Ausdehnungskoeffizient α, benutzt. In Übereinstimmung mit den bekannten Gitterparametermessungen tritt bei der Ordnungsbildung eine Volumenvergrößerung auf. Während der ersten Rückbildungsstufe zwischen 500° – 600 °C wird der Ausdehnungskoeffizient stark verringert, um schließlich bei der vollständigen Auflösung zwischen 600° – 730 °C wieder anzusteigen. Wie zu erwarten, überlagert sich in diesem Temperaturbereich der normalen thermischen Ausdehnung eine zusätzliche Volumenvergrößerung durch den Übergang zur völlig ungeordneten Atomverteilung.

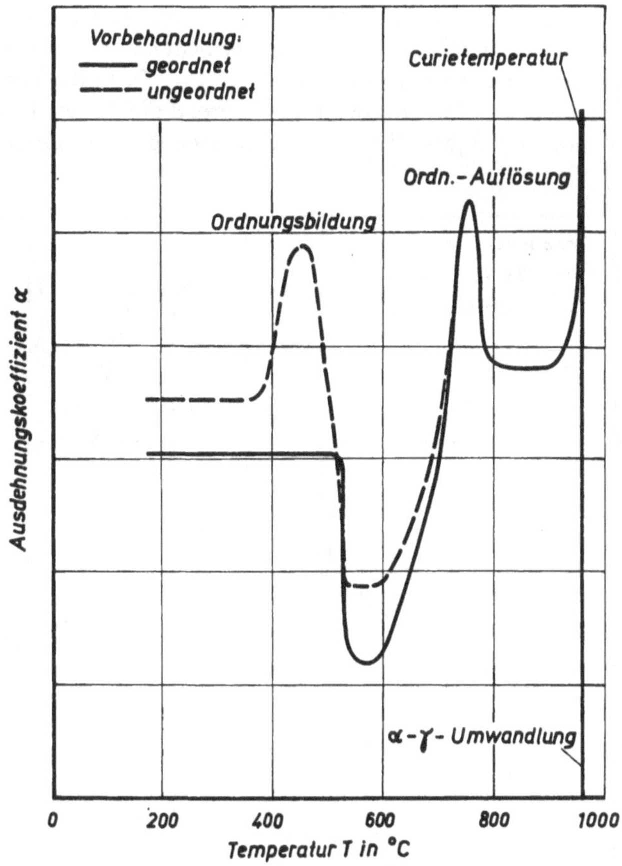

Abb. 2. Ausdehnungsverhalten bei der Ordnungsbildung FeCo

Bei höheren Temperaturen treten die CURIE-Temperatur und die α/γ-Umwandlung in Erscheinung. Die starke Erhöhung des Ausdehnungskoeffizienten α bei der CURIE-Temperatur ist mit dem großen Steilabfall der magnetischen Sättigungspolarisation von etwa 120 μVs/cm^2 verbunden.

Für die mechanische Härte sind nach [6] durch den Ordnungsvorgang nur Änderungen bis zu 15% zu erwarten. Dabei besitzt der geordnete Zustand die geringere Härte.

Eigene Messungen des Verhaltens der Härte beim Anlassen ergaben einen starken Einfluß der Prüflast. Während die Mikrohärte erhebliche Änderungen durch Anlassen im Ordnungsbereich zeigt, ergibt die Makrohärte H_v unter gleichen Bedingungen nur geringe Härteänderungen. Dieses Verhalten hängt möglicherweise mit der Änderung des Ordnungszustands infolge der Verformung durch höhere Prüflasten zusammen.

Aus dem Verlauf der Mikrohärte ergeben sich nach Abb. 3 Hinweise auf die Wirkung des Ausgangszustands bei der Ordnungseinstellung. Sowohl luft- als auch wasserabgeschreckte Proben erfahren im Bereich der Ordnungsbildung bei 300°—400 °C eine starke Härtezunahme. Unterschiedlich ist jedoch das Verhalten bei 500 °C nach Abschluß der Ordnungsbildung. Die Härte der luftabgekühlten Probe fällt wieder auf den Ausgangswert ab, während die der wasserabgeschreckten Probe, mit größerer Fehlstellen- bzw. Versetzungsdichte, ihren hohen Wert beibehält.

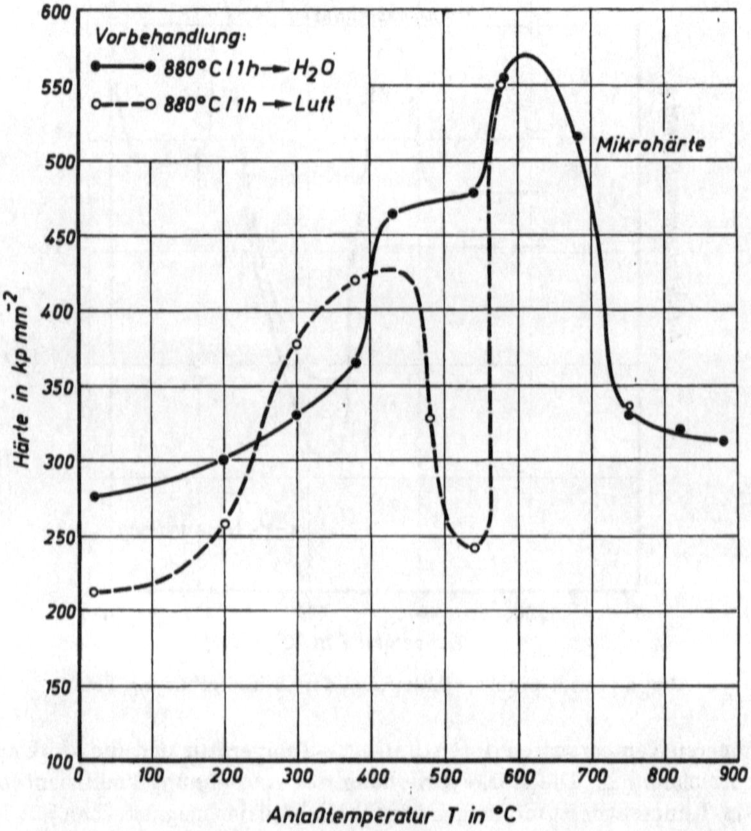

Abb. 3. Härte-Änderungen bei FeCo nach 20stündigem Anlassen im Ordnungsbereich

Dieses Verhalten muß auf Wechselwirkungen zwischen Versetzungen und Ordnungsvorgängen zurückgeführt werden. Nach [10] kann bei der Fernordnungsbildung im Spannungsfeld einer Versetzung eine orientierte Nahordnung entstehen. Dadurch wird die Versetzung gebunden und der Verformungswiderstand, der im allgemeinen gleichartig zur Härte verläuft, erhöht. Es sind allerdings auch noch andere Wechselwirkungen zwischen Fehlstellen und Ordnungsvorgängen denkbar.

Mit dem Beginn der Ordnungsauflösung tritt für beide Ausgangszustände eine erneute Härtesteigerung bei etwa 600 °C im Bereich der ersten Rückbildungsstufe ein. Sie führt für beide Probenzustände zum gleichen Härtewert.

Die beobachtete Wechselwirkung von Versetzungen und Ordnungsvorgängen übt einen großen Einfluß auf die magnetischen Eigenschaften, insbesondere auf die Koerzitivfeldstärke aus. Sie kann als ein Maß für solche Gitterfehler angesehen werden. Neuere Theorien der Koerzitivfeldstärke [12] gehen von dem Einfluß der Versetzungskonzentration und den damit verbundenen Eigenspannungen aus.

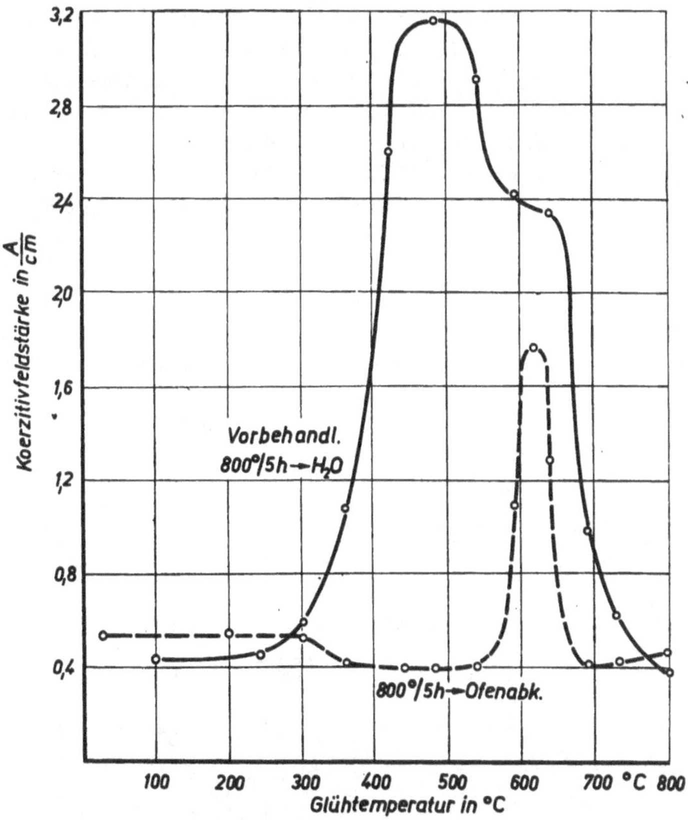

Abb. 4. Verhalten der Koerzitivfeldstärke beim Anlassen von FeCo-Legierungen mit 50% Co

Abb. 4 zeigt den Einfluß des Anlassens auf die Koerzitivfeldstärke abgeschreckter und langsam abgekühlter Legierungen. Es überrascht deshalb nicht, wenn die Koerzitivfeldstärke H_c der abgeschreckten Probe im Bereich der Ordnungsbildung bis zu einer Größenordnung ansteigt. Die im Ofen abgekühlte Probe mit der geringeren Fehlstellenkonzentration zeigt dagegen bei der Fernordnungsbildung bis 500 °C eine geringe Abnahme der Koerzitivfeldstärke. Erst im Temperaturbereich der Rückbildung tritt bei dieser Vorbehandlung eine Erhöhung der Koerzitivfeldstärke auf. Sie steht in unmittelbarem Zusammenhang mit der in Abb. 3 gezeigten Härtezunahme bei 600 °C. Auch die wasserabgeschreckte Probe zeigt diesen Effekt.

Aus Abb. 4 geht hervor, daß die Bildung der Fernordnung in einem fehlstellenarmen Gefüge mit sehr kleinen Koerzitivfeldstärken verbunden ist. Bei der Wärmebehandlung von FeCo-Legierungen zur Erzielung günstiger weichmagnetischer Eigenschaften muß dieses Verhalten, und besonders die 600 °C-Anomalie, beobachtet werden.

In Abb. 5 ist der Zeiteinfluß beim Anlassen im Bereich der Ordnungsauflösung (590 °C) auf die Koerzitivfeldstärke H_c für zwei verschiedene Chargen dargestellt. Vergleichsweise wurde auch der Einfluß des isothermen Anlassens im homogenen Fernordnungsgebiet bei 480 °C mit bestimmt. Sämtliche Proben waren vor der Anlaßbehandlung im Ofen abgekühlt worden. Während beim Anlassen im homogenen Ordnungsbereich bei 480 °C keine Änderungen der Koerzitivfeldstärke auftraten, stieg diese im Auflösungsbereich der Fernordnung bei 590 °C auf etwa den 5fachen Betrag an. Die zeitabhängige Wirkung des Anlassens weist auf einen diffusionsbedingten Vorgang hin, der nach Anlaßzeiten von 10 bis 50 Stunden zu einem Maximalwert in der Koerzitivfeldstärke führt.

Die beschriebenen Anlaßversuche über den Einfluß der Wechselwirkung zwischen Versetzung und Ordnungsvorgang auf die magnetischen Eigenschaften

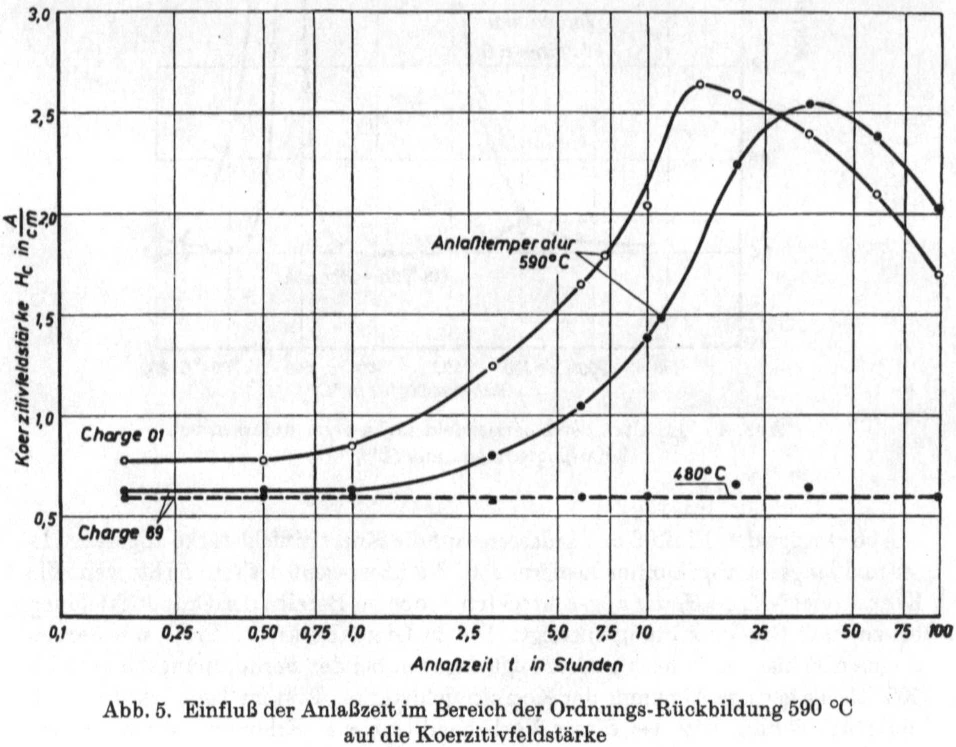

Abb. 5. Einfluß der Anlaßzeit im Bereich der Ordnungs-Rückbildung 590 °C auf die Koerzitivfeldstärke

gingen von einer unterschiedlichen Fehlstellendichte der Proben aus, die durch verschiedene Vorbehandlungen erzielt wurde.

Zu den qualitativ gleichen Ergebnissen sollte man kommen, wenn von Proben ausgegangen wird, bei denen durch den gleichen Verformungsgrad die Fehlstellenzahl konstant gehalten und der Ordnungsgrad durch die Art der Wärmebehandlung verändert wird. Die Versetzungsdichte wurde durch verschiedene Kaltverformungen von 0—22% verändert. Nach einer einheitlichen Glühung bei 800 °C wurden die Proben verschieden abgekühlt.

a) 20 grd/h (entspricht dem geordneten Zustand),

b) Wasserabschreckung (entspricht dem ungeordneten Zustand).

Abb. 6 zeigt das Ergebnis. Verformungsgrade oberhalb 10% führen nach Wärmebehandlung durch Rekristallisation zu einem versetzungsarmen Gefüge. Ein wesentlicher Einfluß der Wechselwirkung Gitterfehler — Ordnungsvorgang auf die Koerzitivfeldstärke H_c kann deshalb nicht erwartet werden und tritt hier auch nicht auf. Im Bereich der unterkritischen Kaltverformung $< 12\%$ wird dagegen bei der Ordnungsbildung der starke Einfluß dieser Wechselwirkung auf die Koerzitivfeldstärke bestätigt. Durch das Abschrecken wird die Ausbildung der Fernordnung nahezu unterdrückt und damit auch die Wechselwirkung. Die Koerzitivfeldstärke wird folglich nicht wesentlich erhöht. Nach beiden Abkühlbehandlungen zeigen Gefügeaufnahmen annähernd die gleiche Kornausbildung. Die Unter-

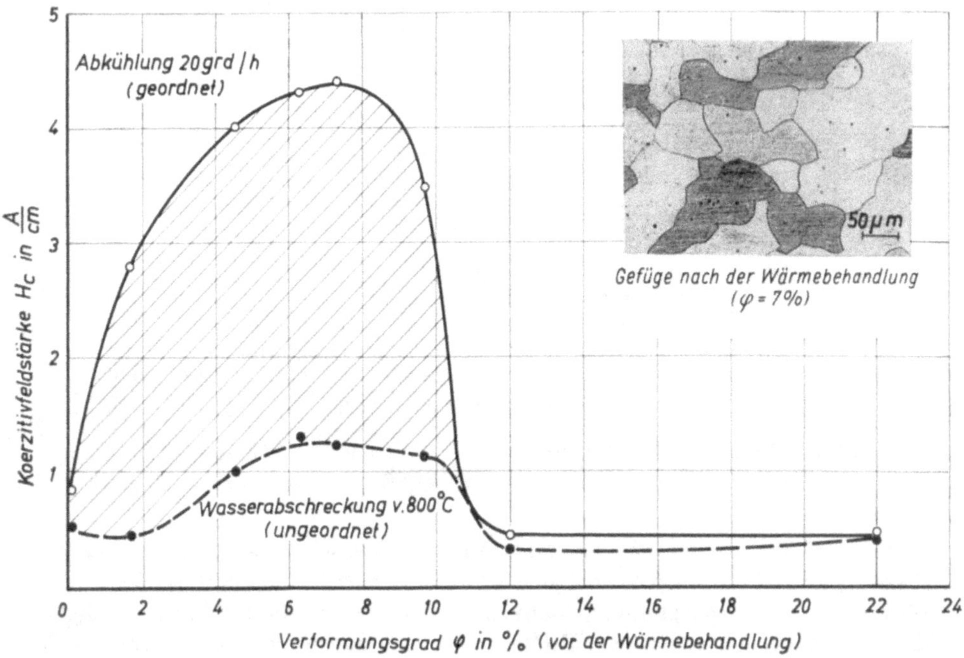

Abb. 6. Einfluß von Gitterfehlern und Eigenspannungen bei der Ordnungsbildung auf die Koerzitivfeldstärke

schiede in der Koerzitivfeldstärke können somit nicht auf Gefügeänderungen zurückgeführt werden, sondern sind eine Folge der Wechselwirkung zwischen Ordnungsvorgängen und Versetzungen.

Die Wirkung von Eigenspannungen prägt sich auch bei anderen weichmagnetischen Eigenschaften, insbesondere der Maximalpermeabilität und der magnetischen Induktion bei niedrigen Feldern, aus. Nach den geltenden Vorstellungen müssen dabei die durch Kaltverformen oder Abschrecken im Werkstoff entstehenden Gitterfehler als Ursache der Eigenspannungen angesehen werden.

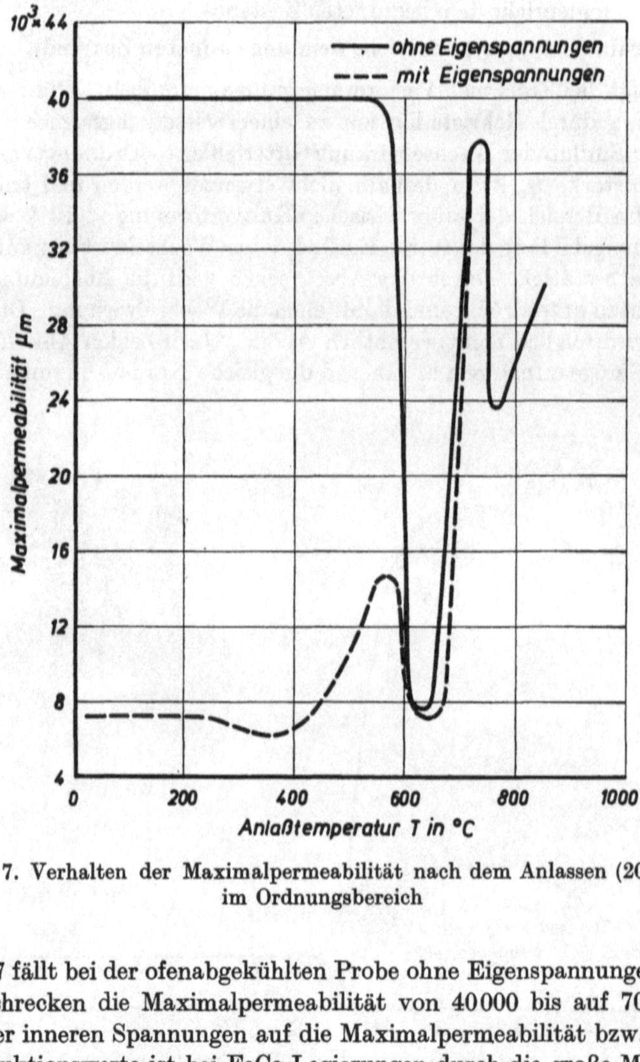

Abb. 7. Verhalten der Maximalpermeabilität nach dem Anlassen (20 Std.) im Ordnungsbereich

In Abb. 7 fällt bei der ofenabgekühlten Probe ohne Eigenspannungen nach dem Wasserabschrecken die Maximalpermeabilität von 40000 bis auf 7000 ab. Die Wirkung der inneren Spannungen auf die Maximalpermeabilität bzw. die magnetischen Induktionswerte ist bei FeCo-Legierungen durch die große Magnetostriktion besonders ausgeprägt. Sehr deutlich zeigt sich die erste Rückbildungsstufe der Fernordnung beim Anlassen bei 600 °C in einem ausgeprägten Minimum der

Maximalpermeabilität. Daneben tritt noch ein zweiter Kleinstwert bei 750 °C auf, der offenbar mit der kritischen Ordnungstemperatur im Zusammenhang steht. Die Anlaßzeit betrug bei diesen Versuchen jeweils 20 Stunden, bei nachfolgender Ofenabkühlung mit einer Geschwindigkeit von 40 °C/h.

Da FeCo-Legierungen vor allem wegen ihrer hohen Induktion weichmagnetische Anwendung finden, wurde das Verhalten von Remanenz B_r und Induktion B_8 für eine Aussteuerung von 8 A/cm in Abhängigkeit von der Anlaßtemperatur bestimmt.

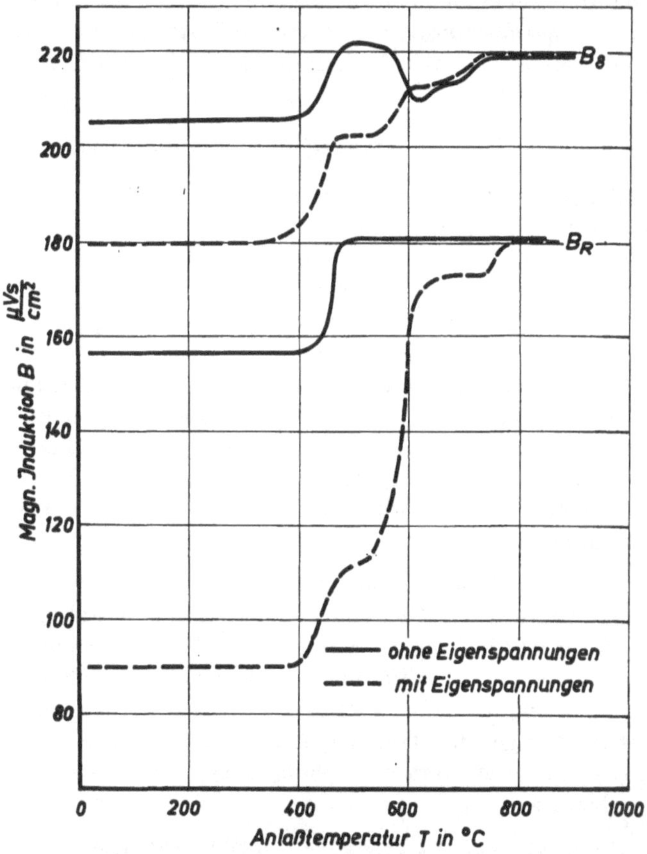

Abb. 8. Ordnungseinfluß auf die magnetische Induktion

In Abb. 8 sind die Ergebnisse für zwei verschiedene Ausgangszustände, Wasserabschreckung mit Eigenspannungen und Ofenabkühlung ohne Eigenspannungen, angegeben. Obwohl die ofenabgekühlte spannungsfreie Probe den Ordnungsbereich schon durchlaufen hat, werden nach längerem Anlassen bei 450 °C im Fernordnungsgebiet die Remanenz und die magnetische Induktion noch erhöht. Bei Anlaßtemperaturen unter 400 °C tritt im Bereich der Ordnungsbildung keine Wirkung auf. Die durch den Abschreckvorgang im Werkstoff entstehenden Spannungen werden im Fernordnungsbereich nur teilweise gelöst. In der ersten Rückbildungsstufe bei 600 °C tritt dagegen ein erheblicher Abbau der Eigenspannungen auf, wie aus dem Remanenzverhalten zu ersehen ist. Dies wird durch die größere Anzahl von Platzwechselvorgängen verständlich. Aber erst bei der kritischen Ordnungstemperatur von 730 °C erreicht die Remanenz der abgeschreckten Probe den Wert der spannungsfreien Probe. Bei dieser Temperatur sind alle Eigenspannungen abgebaut worden.

Allgemein gilt für ein von Eigenspannungen freies Gefüge, daß mit der zunehmenden Fernordnungsbildung auch die magnetische Induktion erhöht wird. Da gleichzeitig die Anisotropiekonstante der Kristallenergie auf Null absinkt, ist auch theoretisch eine höhere Magnetisierbarkeit durch die Einstellung der Fernordnung zu erwarten.

Stabilisierung magnetischer Vorzugslagen

Die bis jetzt betrachteten Verhältnisse beziehen sich auf die Bindungsenergie benachbarter Atome im Zusammenhang mit der kristallographischen Ordnung. Da die FeCo-Kristalle bis zu hohen Temperaturen ferromagnetisch sind, tritt in der Bindungsenergie noch ein zusätzlicher magnetischer Term auf [14]. Dieser Anteil hängt von der Richtung der spontanen Magnetisierung ab. Gegenüber der Ordnungsenergie ist er im allgemeinen gering.

Bei FeCo-Legierungen mit etwa 50% Co tritt neben der kristallographischen Ordnung auch die magnetfeldinduzierte Richtungsordnung auf, und zwar im Übergangsbereich zur statistischen Atomverteilung und oberhalb der kritischen Ordnungstemperatur. Je nach der Orientierung der einzelnen Elementarbereiche werden zwei verschiedene Auswirkungen der magnetfeldinduzierten Richtungsordnung beobachtet:

a) Vollständige Ausrichtung der Magnetisierungsvektoren durch ein äußeres Magnetfeld. Während der Glühung bildet sich eine einachsige Nahordnung mit einheitlicher Ausrichtung der magnetischen Vorzugslage über das gesamte Volumen, die zu einer rechteckförmigen Hystereseschleife führt.
b) Statistische Verteilung der Magnetisierungsvektoren während der Glühung. Die lokalen Richtungen der spontanen Magnetisierung werden stabilisiert, d. h. es bilden sich einheitlich vertiefte Vorzugslagen. Die Hystereseschleife erhält Perminvarcharakter.

In Abb. 9 ist eine ausgeprägte Perminvarschleife von einem FeCo-Ringkern mit 53,5% Co dargestellt. Sie bildet sich nach einer längeren Wärmebehandlung bei Temperaturen unterhalb der Curie-Temperatur, aber oberhalb des Ordnungsbereichs. Durch die richtungsabhängige magnetische Bindungsenergie der spontanen Magnetisierung wird eine anisotrope Atomverteilung hervorgerufen und dabei die Lage der spontanen Magnetisierung stabilisiert. Wenn die anderen Anteile der Richtenergie auf die Vorzugslage des Magnetisierungsvektors z. B. die Kristallenergie, hinreichend klein sind, kann die charakteristische Perminvarschleife auch bei Raumtemperatur gemessen werden.

Nach Abb. 9 zeigt diese Anordnung der magnetischen Vorzugslagen eine große Stabilität. Anlaßbehandlungen im Fernordnungsbereich bei 500 °C ändern die

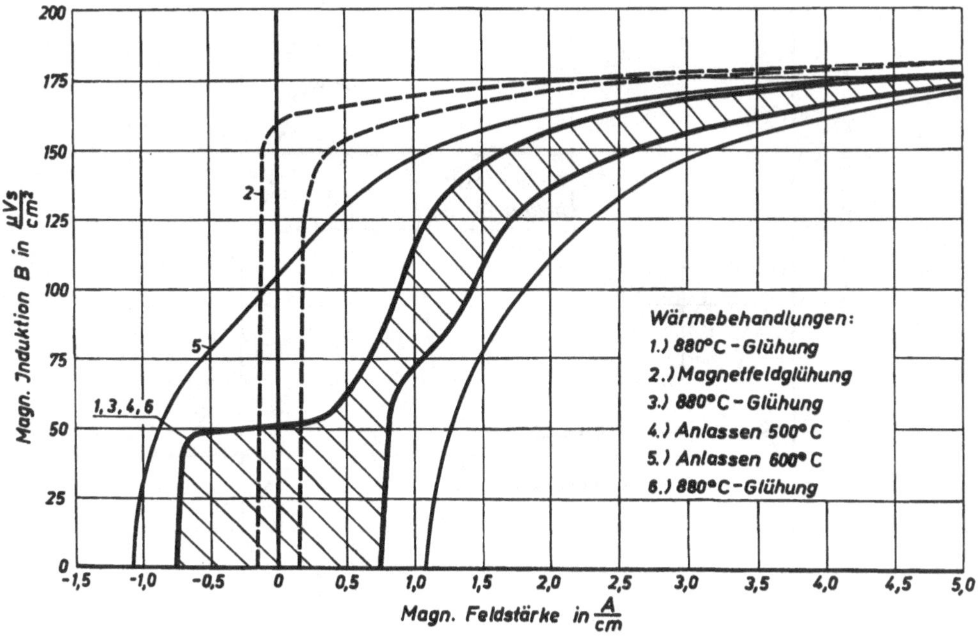

Abb. 9. Stabilisierung magnetischer Vorzugslagen bei Wärmebehandlungen unterhalb der CURIE-Temperatur an einem Fe–Co-Ringkern mit 53,5% Co

Schleifenform nicht. Durch Anlassen im Temperaturbereich der Ordnungsauflösung (600 °C) überlagern sich offenbar noch andere Einflüsse, z. B. Spannungen, die die einheitliche Stabilisation der Vorzugslagen stören und damit die Schleifenform verändern.

Werden bei der Wärmebehandlung alle magnetischen Elementarbereiche durch ein äußeres Magnetfeld ausgerichtet, so bildet sich die einachsige Nahordnung mit einer Vorzugslage in Feldrichtung. Die Rechteckschleife in Abb. 9 bestätigt dieses Verhalten.

Die Wirksamkeit der Magnetfeldglühung kann durch temperaturabhängige Messungen bestimmt werden. Bei den Eisen–Kobalt-Legierungen zeigt sich, daß schon allein das magnetische Meßfeld von 6 A/cm während der Dauer des Messens ausreicht, um eine magnetfeldinduzierte Richtungsordnung zu erzeugen.

In Abb. 10 sind die Ergebnisse bei verschiedenen Meßtemperaturen angegeben. Das Remanenzverhältnis $B_r : B_s$ ist ein Maß für die magnetfeldinduzierte Anisotropie. In Übereinstimmung mit der Theorie bildet sie sich im Temperaturbereich der Fernordnung nicht aus, da die Atome entsprechend ihrer Anordnung in der CsCl-Struktur fest zugeordnete Gitterplätze besetzen. Erst bei der Ordnungsauflösung ab 500 °C tritt ein starker Magnetfeldeffekt auf, der zu einem Remanenzverhältnis von 0,9 führt. Die magnetfeldinduzierte Nahordnung bildet sich im Auflösungsbereich von 500—700 °C der kristallographischen Ordnung deutlich aus, da hier die Platzwechsel besonders leicht vor sich gehen.

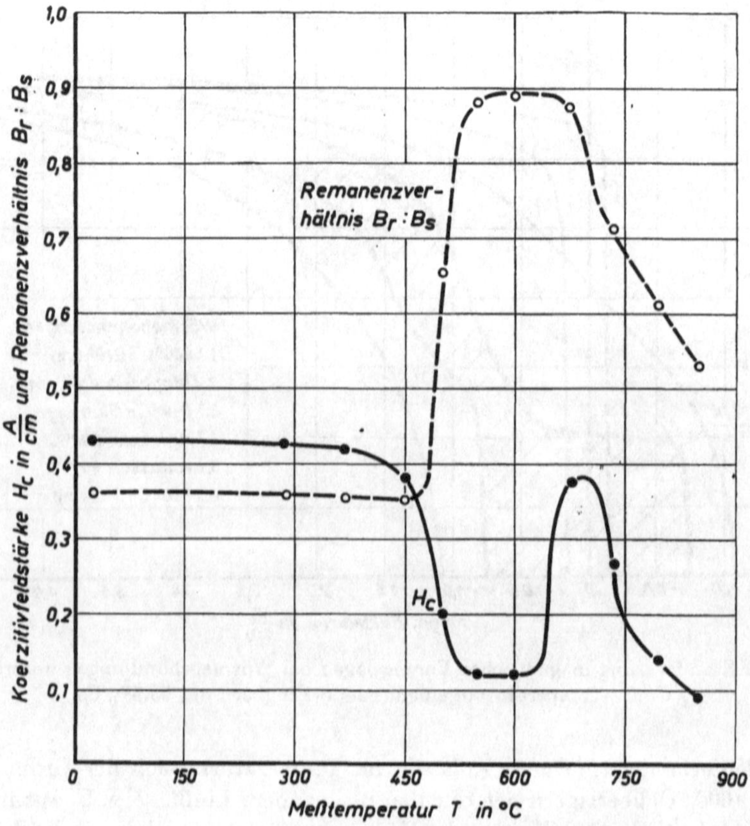

Abb. 10. Remanenzverhältnis $B_r : B_s$ und Koerzitivfeldstärke in Abhängigkeit von der Meßtemperatur

In der Koerzitivfeldstärke macht sich nach Abb. 10 die einachsige Nahordnungsbildung ebenfalls bemerkbar. Für den Abfall oberhalb 700 °C dürften jedoch Änderungen der Kristallenergie und der Magnetostriktion verantwortlich sein.

Zusammenfassung

Ausgehend von elektrischen und thermischen Messungen zur Bestimmung des Bildungs- und Auflösungsbereichs der FeCo-Ordnungsstruktur wird der Einfluß von Ordnungserscheinungen auf die Wärmeausdehnung und die Mikrohärte bei verschiedenen Werkstoffzuständen verfolgt, um den Einfluß des Ordnungszustands auf die magnetischen Eigenschaften zu erfassen. Es zeigt sich eine starke Wechselwirkung zwischen Gitterfehlern und Ordnungsvorgängen, die einen großen Einfluß auf die magnetischen Eigenschaften ausübt. Neben der kristallographischen Ordnung besteht auch eine magnetfeldinduzierte Richtungsordnung an FeCo-Legierungen mit etwa 50% Co, die entsprechend dem Ausrichtungsgrad der Elementarbezirke während der Wärmebehandlung entweder zu einer Rechteck- oder einer Perminvarschleife führt.

Literatur

[1] KUSSMANN, A., SCHARNOW, B., SCHULZE, A., Z. techn. Physik **13** (1932) 449.
[2] ELLIS, C., GREINER, E. S., Trans. Amer. Soc. Metals **29** (1941) 45.
[3] SHULL, C. G., SIEGEL, S., Physic. Rev. **75** (1949) 1008.
[4] KAYA, S., SATO, H., Proc. physico-math. Soc. Japan **25** (1943) 261.
[5] MASUMOTO, H., SAITO, H., SHINOZAKI, M., Sci. Rep. Res. Inst. Tôhoku Univ. **6** (1954) 523.
[6] YOKOYAMA, T., J. Jap. Inst. Met. **20** (1956) 644, 647, 700.
[7] HALL, R. C., J. appl. Physics (1960) 5, 157 Suppl.
[8] HELLBARDT, G., Ber. Arbeitsgem. Ferromagnetismus 1959, S. 197.
[9] GOLDMANN, J. E., SMOLUCHOWSKI, R., Physic. Rev. **75** (1949) 310.
[10] KADYKOWA, G. N., SELISSKIJ, J. P., Fizika metallov i metallovedenie **3** (1956) 497.
[11] SUMINO, K., Sci. Rep. Res. Inst. Tôhoku Univ. A **10** (1958) 283.
[12] KERSTEN, M., Z. angew. Physik **VIII** (1956) 496.
[13] VICENA, F., Czechoslov. J. Physics **5** (1955) 480.
[14] NÉEL, L., J. Physique Radium **15** (1954) 225.
[15] TANIGUCHI, S., YAMAMOTO, M., Sci. Rep. Res. Inst. Tôhoku Univ. A **6** (1954) 330.

Dipl.-Phys. Otto Henkel

Wissenschaftlicher Arbeitsleiter in der Abteilung Entwicklung von Werkstoffen mit besonderen physikalischen Eigenschaften

ZUR MIKROMAGNETIK VON EINBEREICHSTEILCHEN

Einleitung

Zur Interpretation der ferromagnetischen Kenngrößen in der makroskopischen Ebene bedient man sich der Domain-Theorie. Die nächstniedrige Ebene ist die Mikromagnetik. Sie befaßt sich mit den Vorgängen in dem Bereich einer Bloch-Wand, ohne jedoch auf individuelle Atome einzugehen [1].

Besondere Bedeutung hat die Mikromagnetik bei der Behandlung von Einbereichsteilchen. Um die Magnetisierung solcher Teilchen aus dem Ausgangszustand zu verändern, muß das angelegte Feld allgemein die Austausch-, Anisotropie- und Entmagnetisierungs-Kräfte überwinden. Ist die Arbeit gegen die Austauschkräfte zu vernachlässigen, so liegt der Fall der gleichförmigen oder kohärenten Rotation vor [2]. Muß das angelegte Feld nur Anisotropie- und Austauschkräfte überwinden, so wird die Art der Umkehr „Curling-Magnetisierung" genannt [3]. Dazwischen sind noch andere Magnetisierungsumkehrungen denkbar, wie z. B. Buckling [3] und Fanning [4]. Zur Unterscheidung der verschiedenen Umkehrmechanismen ist der Zahlenwert des Integrals

$$\int_0^\infty h^{-1}\, j(h)\, dh \tag{1}$$

geeignet [5]. Das Rotationshysterese-Integral mit $j(h) = W_r/H\, I_s$ ist mehrmals mit Erfolg angewandt worden [6—9]. Auch das Wechselfeldhysterese-Integral mit $j(h) = W_H/HI_s$ ist für eine Anzahl von Dauermagnetwerkstoffen ermittelt [10]. Dagegen treten bei der Behandlung des Remanenzverhältnisses $j(h) = I_r/I_s$ ganz bemerkenswerte Schwierigkeiten auf. Diesem Problemkreis sind die folgenden Ausführungen gewidmet.

Paar-Modell

Von den verschiedenen Methoden der Remanenz-Ermittlung sollen die Gleichfeld-Remanenz I_R, Gegenfeld-Remanenz I_D und Wechselfeld-Remanenz I'_D behandelt werden. Nach Wohlfarth [11] bestehen für ein Kollektiv von Einbereichsteilchen ohne Wechselwirkung untereinander folgende Beziehungen, die unabhängig vom Winkel der Orientierung der leichten Achsen der Magnetisierung (nicht, partiell oder total geordnet) und von der Anisotropievariation sind:

$$I'_D(H) = I_R(\infty) - I_R(H)\,, \tag{2}$$

$$I'_D(H) = \frac{1}{2}\, I_R(\infty) + \frac{1}{2}\, I_D(H)\,. \tag{3}$$

JOHNSON und BROWN [12] stellten jedoch an γ-Fe_2O_3-Pulvern bemerkenswerte Abweichungen fest, die auch nicht durch inkohärente Rotation erklärt werden können. Da Zusammenballungen von länglichen Teilchen durch magnetostatische Wechselwirkungen leicht möglich sind, machen SHTRIKMAN und TREVES [13] die „Paarbildung“ von Teilchen für die Diskrepanzen verantwortlich. Gegenüber dem einfachen Zustand mit den Remanenzwerten $\pm I_r$ kommt bei diesem komplizierteren Modell ein dritter Remanenzwert mit $I_r = 0$ hinzu. Hierdurch kann formal eine befriedigende Übereinstimmung mit den experimentellen Beobachtungen an γ-Fe_2O_3-Pulvern und an hartmagnetischen Ferriten festgestellt werden. In der Folgezeit wurde gefunden, daß an hartmagnetischen Fe–Ni–Cr-Drähten [14], Fe–Co–V-Magneten [15] und an Barium–Ferriten [16] solche Unstimmigkeiten nicht auftreten. Andernteils sind aber an Fe–Mn–Ti- [15] und Cu–Ni–Fe-Magneten (hierüber wird weiter unten berichtet) die obigen Diskrepanzen vorhanden.

In Abb. 1a sind diese 2 Remanenzkurven-Typen gegenübergestellt. Die Co-CoO-Probe zeigt das typische Kurventrippel (in I'_D-Termen), wie es auch an

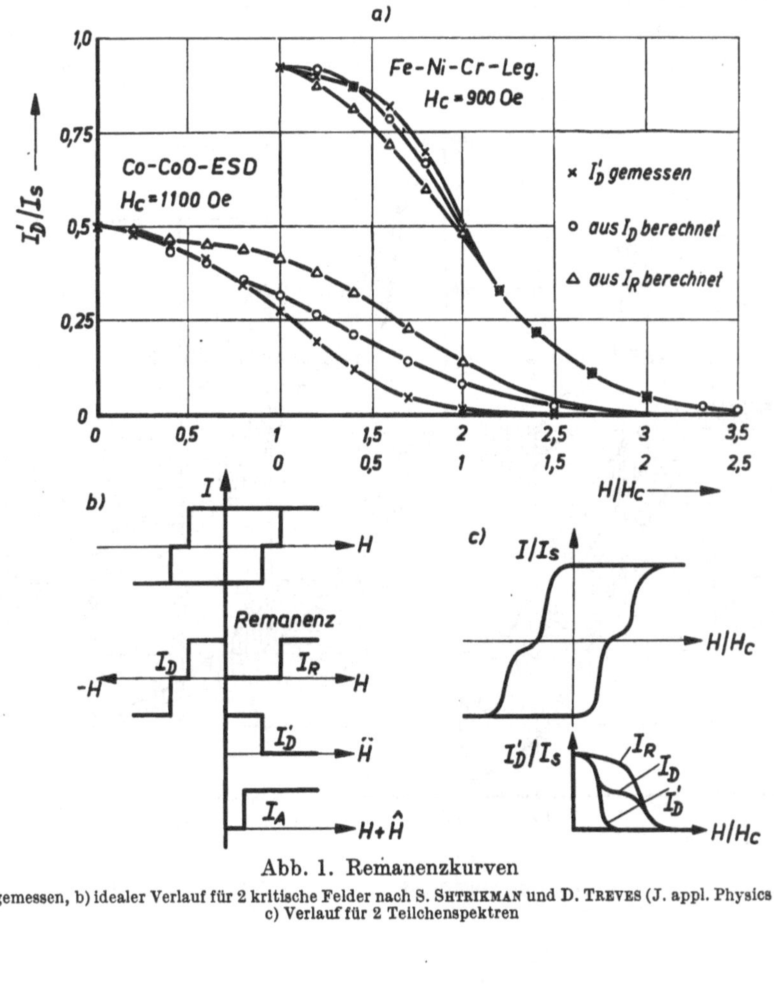

Abb. 1. Remanenzkurven

a) gemessen, b) idealer Verlauf für 2 kritische Felder nach S. SHTRIKMAN und D. TREVES (J. appl. Physics **31**), c) Verlauf für 2 Teilchenspektren

γ-Fe_2O_3-Pulvern erhalten wird. An Fe–Ni–Cr- und Fe–Co–V-Magneten kann die Reihenfolge umgekehrt sein oder Übereinstimmung vorliegen. Als Beispiel ist eine Probe mit teilweiser Übereinstimmung eingezeichnet. Im weichen Teil des Härtespektrums ist eine Rechts-Abweichung (bezogen auf die Gleichfeld-Remanenz) vorhanden, während in der harten Spektrumhälfte völlige Übereinstimmung besteht.

Die Remanenzkurven nach dem Paar-Modell sind leicht aus der Hystereseschleife abzuleiten, wie Abb. 1 b zeigt [13]. Die Hystereseschleife ist hierbei charakterisiert durch 2 kritische Felder. In der Praxis ist jedoch jedes Feld als das mittlere Feld eines Feldstärkespektrums mit angenäherter GAUSS-Verteilung zu betrachten. Abb. 1 c zeigt hierzu die Hystereseschleife und die 3 Remanenzkurven im I'_D-Term. Die I_R- und I'_D-Kurven unterscheiden sich nur durch verschiedene H/H_c-Werte für einen zusätzlichen dritten Remanenzzustand $I_r = 0$ und einem Paar gleicher Teilchen negativer Wechselwirkung. Entsprechend der Breite des Feldstärkespektrums wird der Übergang der I_D-Kurve von der anfänglichen I'_D- zur I_R-Kurve weniger schroff. Allerdings muß dann die Vorstellung von Paaren gleicher Teilchen immer mehr zurücktreten. Zunächst scheint jedoch diese Vorstellung an dem linken Kurventrippel in Abb. 1 a noch vernünftig bestätigt zu werden. Wie jedoch die folgenden Ergebnisse zeigen werden, ist das Problem allgemein wesentlich komplizierter.

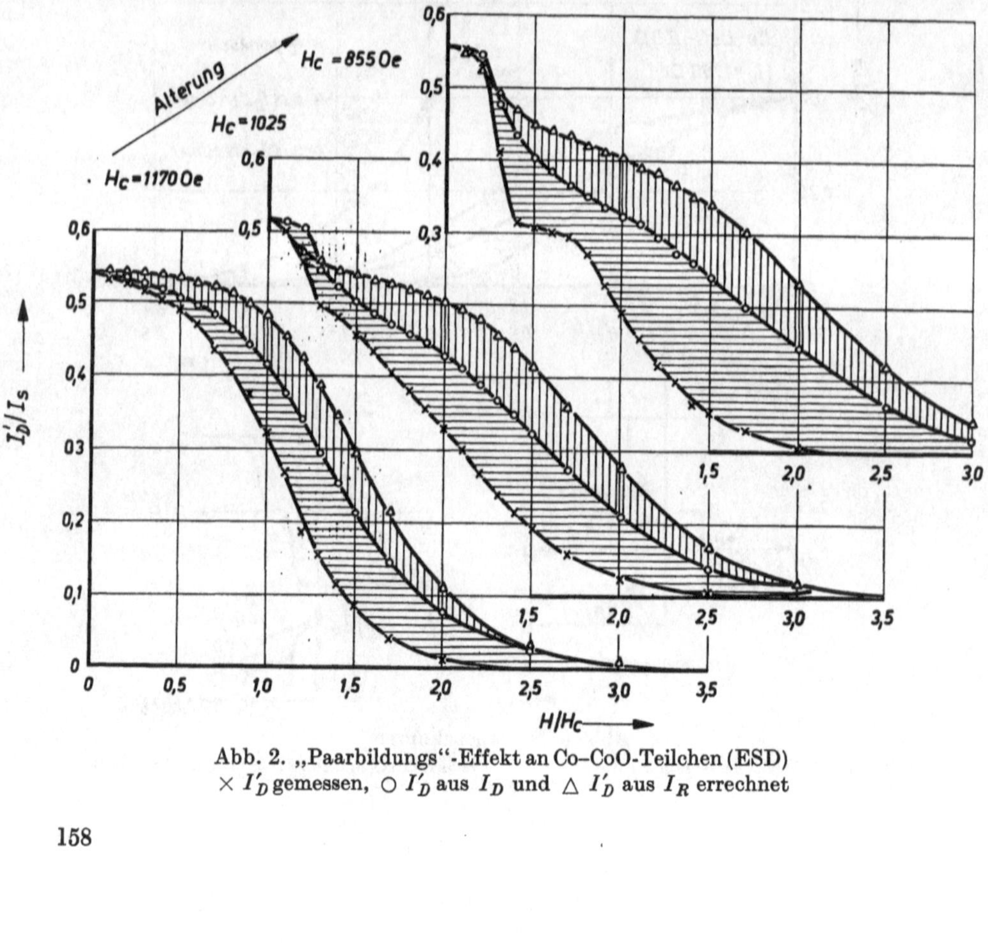

Abb. 2. „Paarbildungs"-Effekt an Co–CoO-Teilchen (ESD)
× I'_D gemessen, ○ I'_D aus I_D und △ I'_D aus I_R errechnet

Es soll nun über einige Untersuchungen an Co–CoO-Pulvern berichtet werden, die qualitativ recht interessant sind. Die Pulver mit Oxidmantel wurden nach der üblichen Technologie hergestellt (siehe z. B. [17]) und in ein Glasröhrchen gefüllt. Nach Erreichung möglichst hoher Schüttdichte wurde das Röhrchen abgeschmolzen. In Abb. 2 sind die Remanenztrippel für verschiedene Alterungszustände eines solchen Probekörpers gezeigt. Die linken Kurven sind an der frisch hergestellten Probe ermittelt. Nach dem Paar-Modell liegt also bereits eine Paarbildung vor. Mit zunehmender Alterung, z. B. nach mehrtägiger Auslagerung bei Raumtemperatur bzw. kurzzeitiger Alterung bei 100 °C, treten Veränderungen auf, die bei den vorliegenden Proben nur mit einer zunehmenden Vergesellschaftung der Teilchen zu erklären sind, wenn bereits vorher eine Paarbildung vorliegt. Es ist nun überraschend, daß sich diese partielle Kollektivierung so scharf abhebt, während z. B. bei dem linken Kurventrippel dieser Effekt bei der „Einehe" der Teilchen im Kurvenverlauf noch nicht einmal angedeutet ist. Es ist wohl auch kaum anzunehmen, daß ausnahmslos alle Teilchen sich gepaart haben. Durch die weitere Kollektivierung oder vielleicht Ringbildung der Teilchen wird die Koerzitivfeldstärke stark herabgesetzt. Wie Abb. 3 zeigt, ist nach Abschluß dieses Vorgangs nur noch eine Koerzitivfeldstärke von etwa 300 Oe vorhanden. Hiernach wäre der Übergang von einem Teilchenpaar zu einem kompletteren Ringgebilde mit einer Koerzitivfeldstärke-Erniedrigung von etwa 900 Oe verbunden. Sicherlich muß dann angenommen werden, daß der Unterschied zwischen einem Teilchenpaar

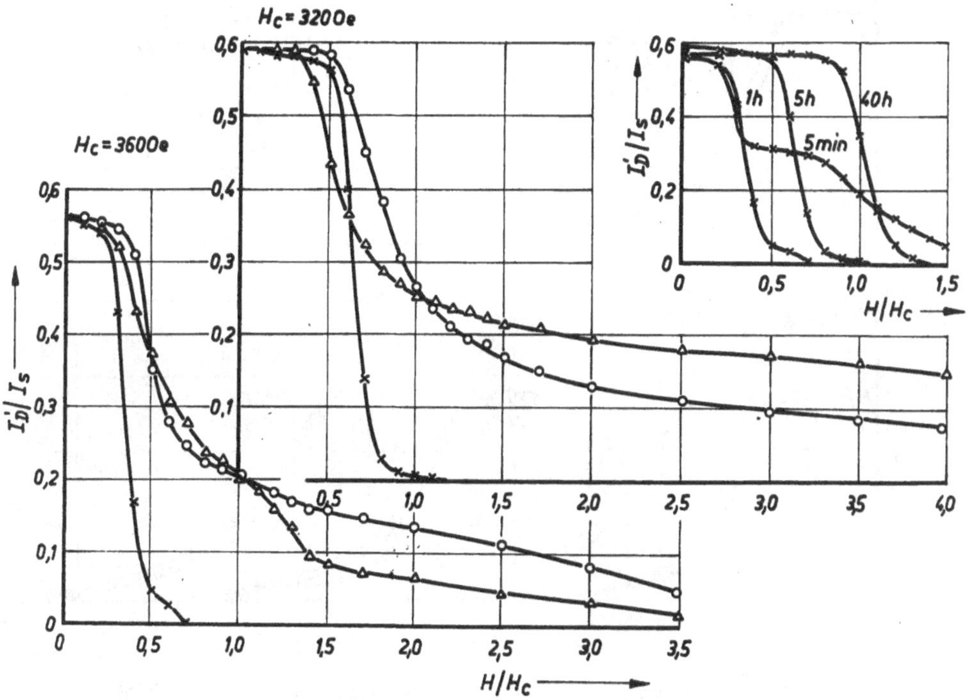

Abb. 3. Remanenzkurven von Co–CoO-Teilchen, gealtert bei 200 °C

und einem einzelnen Teilchen um ein Mehrfaches größer ist. Das würde dann zu sehr hohen Koerzitivfeldstärken von Einzelteilchen führen. Wenn aber die eigentliche Paarbildung erst mit dem sich deutlich abzeichnenden Effekt in Abb. 2 beginnt, dann muß die Diskrepanz des linken Kurventrippels noch eine andere Ursache haben.

Der Anteil der Fraktion mit niedriger Koerzitivfeldstärke – Paare oder Ringe – kann durch zunehmende Alterung so weit vergrößert werden, daß der Knick in der Wechselfeldremanenz-Kurve verschwindet. Das linke Trippel in Abb. 3 zeigt nur noch einen ganz geringen Effekt. Die Unregelmäßigkeiten, die in Abb. 2 bereits bei kleinen Feldern angedeutet sind, nehmen sehr stark zu. Mit weiterer Alterung verschiebt sich die Wechselfeldremanenz-Kurve zu höheren Feldstärken, wie rechts oben im Teilbild gezeigt ist. In der weichen Spektrumhälfte ist die Entmagnetisierungsfeldstärke für alle 3 Methoden annähernd gleich groß. Für die harte Spektrumhälfte ist das bisher nicht gelungen.

Typische Remanenzerscheinungen

Um eine gewisse Unsicherheit zu vermeiden, die beim Experimentieren mit Pulvern nicht zu umgehen ist, sollen die weiteren Untersuchungen an Cunife-

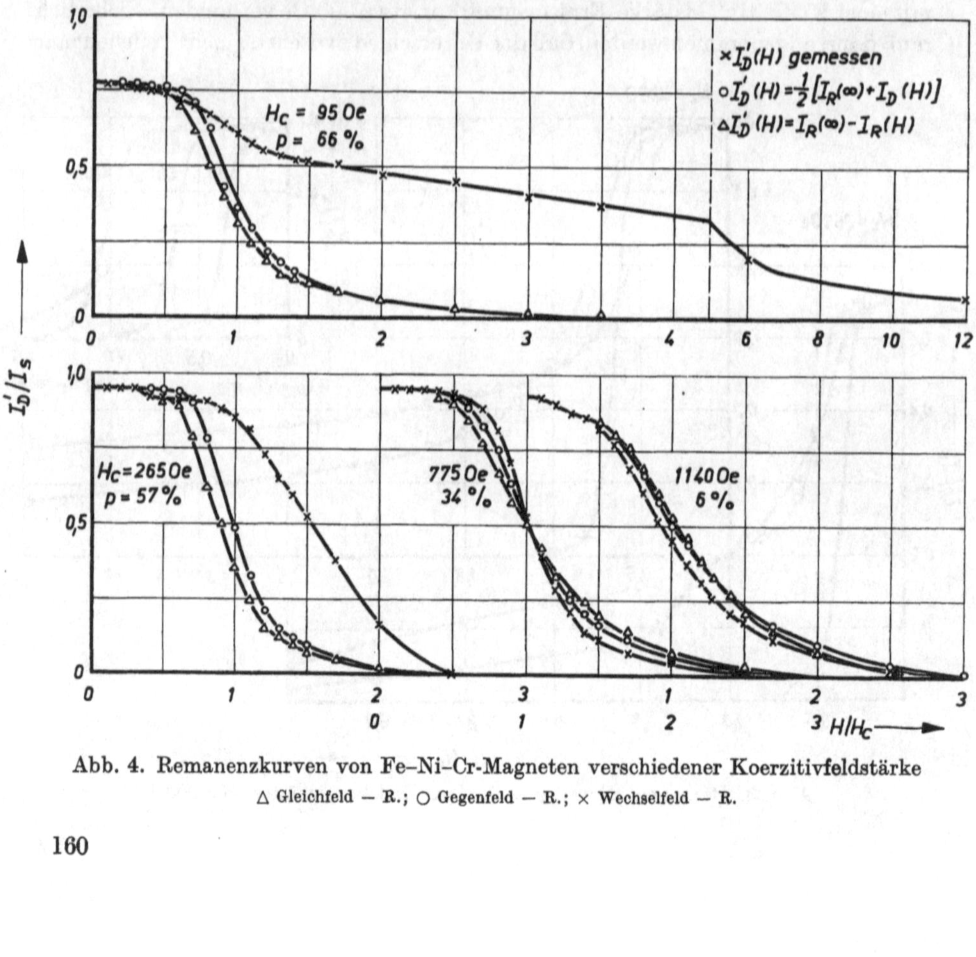

Abb. 4. Remanenzkurven von Fe–Ni–Cr-Magneten verschiedener Koerzitivfeldstärke

△ Gleichfeld – R.; ○ Gegenfeld – R.; × Wechselfeld – R.

Proben durchgeführt werden, die im normal ausgehärteten Zustand eine sehr ähnliche Kurvencharakteristik aufzeigen. Hier sind die Lage der Teilchen und ihre Beschaffenheit bei Raumtemperatur exakt fixiert. Vorher scheint es jedoch nützlich zu sein, auf einige andere Versuchsergebnisse aufmerksam zu machen. In Abb. 4 sind typische Remanenzkurventrippel von Fe–Ni–Cr-Drähten aufgetragen. Die Probe mit einer Koerzitivfeldstärke von nur 95 Oe zeigt ein Remanenzverhalten, wie es wechselfeldmäßig an weichmagnetischen Werkstoffen gefunden wird [18]. Das zur völligen Entmagnetisierung erforderliche Wechselfeld ist verhältnismäßig groß. Sicherlich ist die Packungsdichte nicht vernachlässigbar, aber primär scheint das Vorhandensein von Mehrbereichen hierfür verantwortlich zu sein. Das ist auch vereinbar mit den Ergebnissen an der Probe mit $H_c = 265$ Oe, wo die Packungsdichte p nur geringfügig kleiner, die Diskrepanz zwischen den statischen und dynamischen Werten aber trotzdem schon wesentlich geringer ist. Es soll noch darauf verwiesen werden, daß die Gegenfeldremanenz hier nicht im entferntesten etwa in der Mitte zwischen den anderen beiden Remanenzwerten liegt. Überhaupt scheinen die mit statischen Methoden ermittelten Remanenzkurven weniger von der magnetischen Beschaffenheit abhängig zu sein. Die magnetisch härteren Proben mit 775 bzw. 1140 Oe zeigen eine annähernde Übereinstimmung im Remanenzverhalten. Dennoch treten auch hier noch charakte-

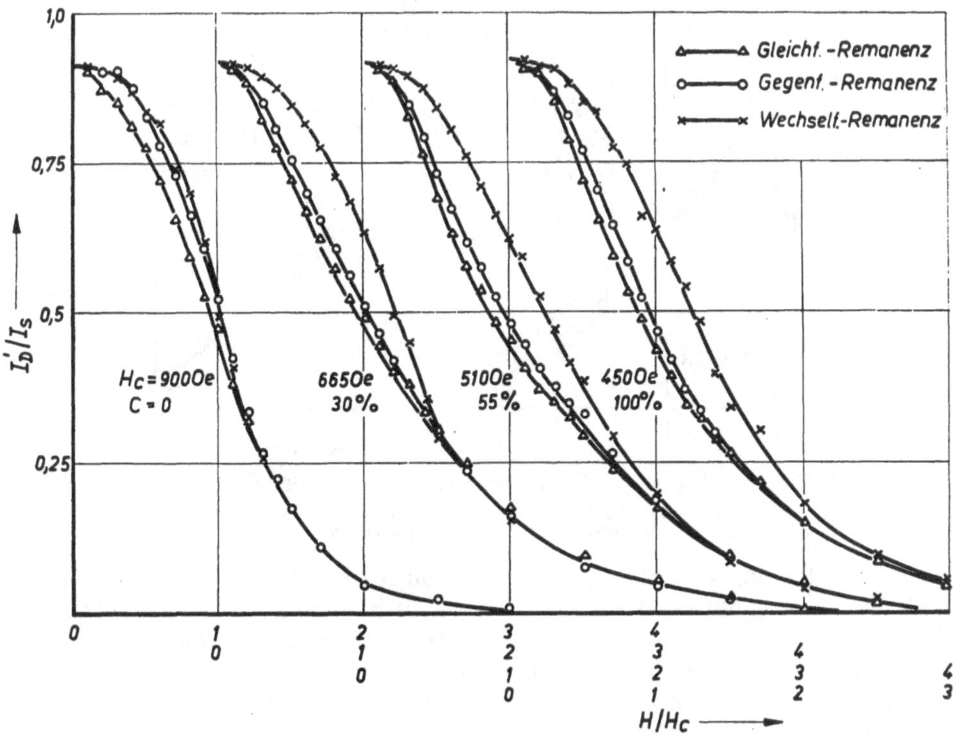

Abb. 5. Remanenzkurven von Fe–Ni–Cr-Drähten in verschiedenen Mischungsverhältnissen

ristische Eigenheiten auf. In diesem Rahmen soll jedoch nicht näher darauf eingegangen werden.

Eine Parallelschaltung zweier Teilchenspektren allein genügt nicht, um die Diskrepanzen im Remanenzverhalten zu erklären. Aus Abb. 5 ist leicht zu ersehen, daß eine einfache Superposition vorliegt, wenn beispielsweise von hundert Drähten von je 50 μm Durchmesser ein Teil durch magnetisch weichere oder härtere ersetzt wird. Man kann den Versuch auch mit Drähten sehr unterschiedlicher Beschaffen-

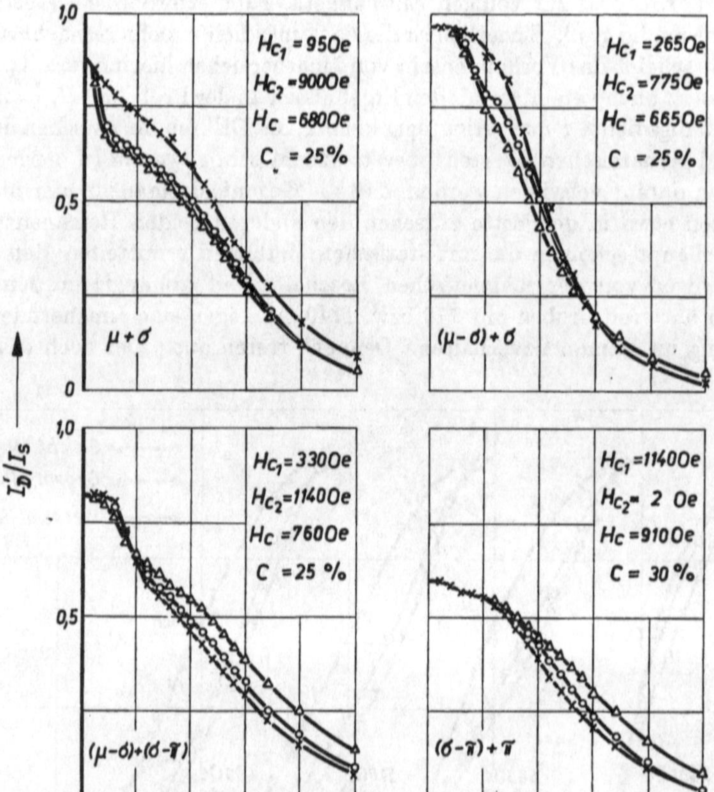

Abb. 6. Remanenzkurven von Drahtmischungen verschiedener Koerzitivfeldstärken

△——△ Gleichfeld – R.; ○——○ Gegenfeld – R.; ×——× Wechselfeld – R; μ = Mehrbereichsteilchen; δ = Einbereichsteilchen; π = superparamagnetische Teilchen

heit durchführen, wie Abb. 6 zeigt. An der obigen Aussage ändert sich dadurch nichts. Die zwei unteren Mischproben haben als Hauptkomponente ein Teilchenspektrum, das entsprechend der magnetischen Härte schon teilweise in das superparamagnetische Gebiet hineinreicht. Diese Annahme ist nur spekulativ. Gezeigt ist jedoch, daß das Hinzufügen einer Zusatzkomponente mit vorwiegend superparamagnetischen Teilchen (homogenisiertes und in Wasser schroff abgeschrecktes Cunife) nur global die Remanenz erniedrigt (unten rechts im Bild).

Nach BIEDERMANN und KNELLER [19] tritt bereits während des Abschreckvorgangs von der Homogenisierungstemperatur eine weitgehende Entmischung in kohärente Kupfer- und Nickel-Eisen-reiche Gebiete auf. Durch das Anlassen bei der Ausscheidungsbehandlung wachsen die superparamagnetischen Nickel-Eisen-reichen Gebiete zu formanisotropen ferromagnetischen Einbereichsteilchen zusammen. Es kann deshalb angenommen werden, daß das harte Ende des Teilchenspektrums nahe an dem superparamagnetischen Bereich liegt oder ihn sogar teilweise noch überschneidet. Wenn nun die Remanenzkurventrippel bei unterschiedlicher Meßtemperatur ermittelt werden, so müßte sich ein Einfluß von super-

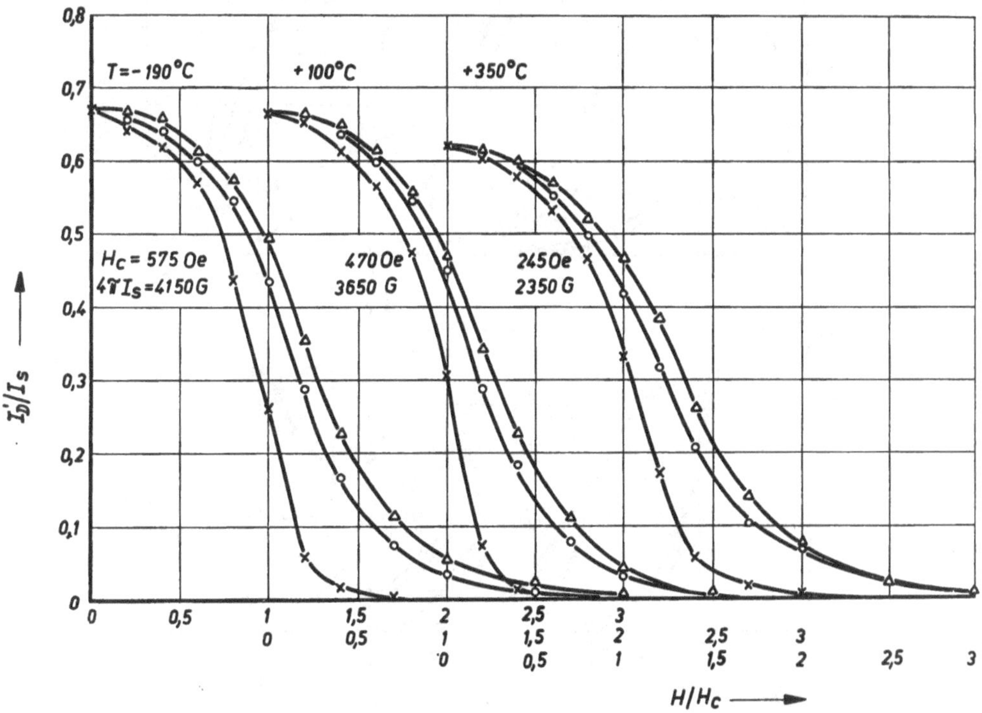

Abb. 7. Remanenzkurven von Cunife bei verschiedenen Meßtemperaturen

paramagnetischen Teilchen bemerkbar machen. Abb. 7 bestätigt jedoch die obigen Ergebnisse, wonach die superparamagnetischen Teilchen zumindest nicht primär für die allgemeinen Diskrepanzen verantwortlich gemacht werden können. Zwar wird theoretisch ein solcher Einfluß auch gar nicht erwartet, aber trotzdem sollte die Überprüfung wegen des Einflusses der Mehrbereichsteilchen nicht unerwähnt bleiben.

Die Cunife-Legierungen mit ihrem pulverähnlichen Remanenzkurventrippel im normal ausgehärteten Zustand sind nicht nur wegen der Möglichkeit von superparamagnetischen Teilchen interessant, sie haben je nach Aushärtungszustand auch ein ganz verschiedenes Remanenzverhalten. Abb. 8 zeigt die Remanenzkurventrippel bei verschiedenen Anlaßtemperaturen. Bei $T = 0$, d. h. im kaltgezogenen Zustand, ist nur im oberen Härtespektrum eine merkliche Diskrepanz vorhanden. Die niedrige Ausgangsremanenz ist auf die Besonderheiten der Ausbildung der Teilchenformen durch die Verformung und das Zerreißen der Ein-

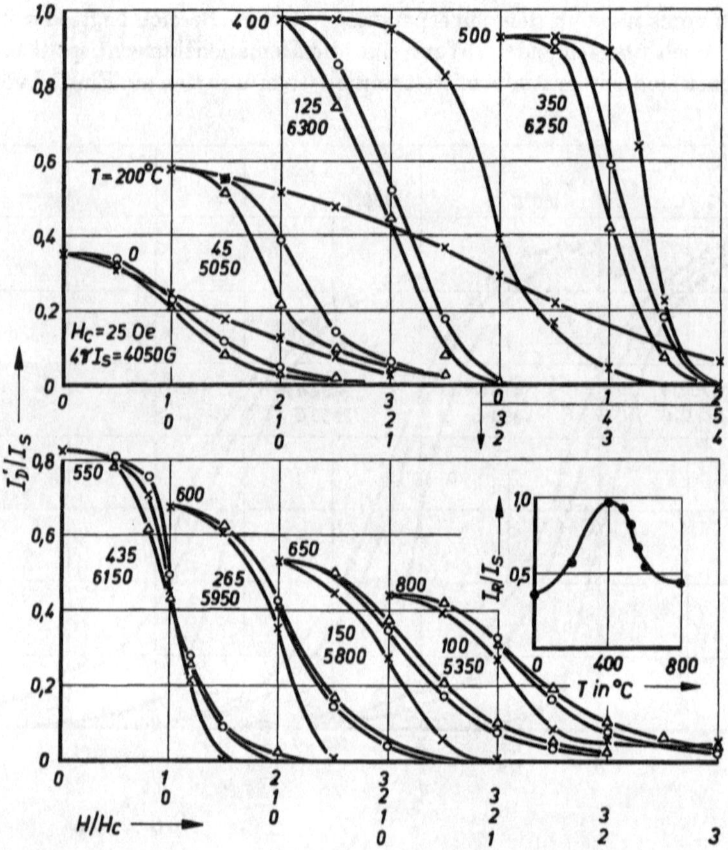

Abb. 8. Remanenzkurven von Cunife nach Schluß–Anlaß-Temperatur (Glühzeit 2 Std.)

bereichsteilchen, d. h. die Überführung in den superparamagnetischen Zustand zurückzuführen. Durch eine 2stündige Glühung bei 200 °C, wo Ausscheidungsvorgänge noch keine wesentliche Rolle spielen können, ist das Remanenzverhältnis bereits größer als 0,5, und die Diskrepanz zwischen den 3 Kurven ist beträchtlich. Besonders die Wechselfeldremanenz-Kurve erinnert an Mehrbereichsverhalten. Kurz vor Beginn des Ausscheidungsvorgangs wird nach einem Anlassen bei 400 °C das Remanenzmaximum erreicht. Trotz der noch niedrigen Koerzitivfeldstärke von 125 Oe ist das Einknicken der Wechselfeldkurve bei den hohen Feldstärken bereits festzustellen. Mit zunehmender Anlaßtemperatur und mit Durchschreiten des optimalen Ausscheidungsbereichs wird das Remanenzverhältnis laufend kleiner. Die Wechselfeldentmagnetisierung wird bei immer kleineren reduzierten Feldstärken erreicht. Auch die statischen Remanenzkurven verändern sich relativ zueinander, so daß außerhalb eines engen Übergangsgebiets stets die gleiche Reihenfolge eingehalten wird. Es ist aber offensichtlich, daß die Veränderungen der statischen Remanenzkurven im Verhältnis zur Wechselfeldkurve sehr klein sind.

Das kleinste alternierende Entmagnetisierungsfeld wird nach dem Anlassen bei etwa 600 °C erreicht. Mit zunehmender Anlaßbehandlung wird dann eine magnetische Härte erhalten, die wieder stark an Mehrbereichsverhalten erinnert. Die makroskopischen Magneteigenschaften am Anfang und am Ende dieser Serie sind annähernd gleich, aber die Reihenfolge der Remanenzkurven ist reziprok. Gemeinsam haben die Trippel auf beiden Seiten nur, daß die härtere Spektrumhälfte einen sehr allmählichen Auslauf hat.

Diese Remanenzerscheinungen können mit den metallkundlichen Vorstellungen über die Ausscheidung bei Cunife-Legierungen in Verbindung gebracht werden. Im allgemeinen geht das ohne größere Gewaltanwendung. Diese phänomenologische Betrachtungsweise könnte nützliche Hinweise geben, wenn bereits über die Ursache der Diskrepanz der Remanenzkurven mehr bekannt wäre. Bei dem jetzigen Stande der Erkenntnis ist es jedoch notwendig, zielgerichteter nach dem Grund der mannigfachen Variationen der Remanenzkurven zu suchen.

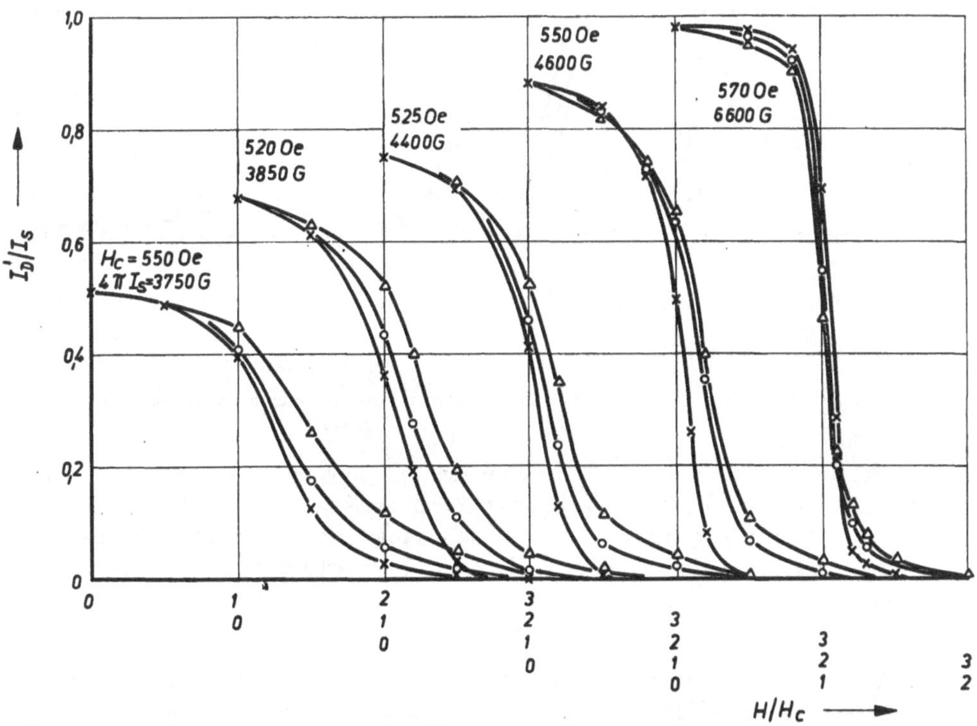

Abb. 9. Remanenzkurven von Cunife-Drähten mit annähernd gleicher Koerzitivfeldstärke

Die Anisotropie und der Ausrichtungsgrad sind neben der Packungsdichte wesentliche Parameter von Einbereichs-Kollektiven. In Abb. 9 sind bei etwa gleicher Koerzitivfeldstärke einige Remanenzkurventrippel mit verschiedenem Ausrichtungsgrad gezeigt. Wenn auch bei dem Trippel mit dem größten Remanenzverhältnis die beste Übereinstimmung vorhanden ist, so wirkt der Übergang keineswegs überzeugend. Die Ausrichtung der Teilchen kann nur indirekt für die Übereinstimmung verantwortlich sein. Auch die größere Einheitlichkeit der Teilchen bzw. das schmalere Härtespektrum können nicht ursächlich die Übereinstimmung bedingen, wie Abb. 10 zeigt. Hier sind bei etwa gleichem Ausrichtungs-

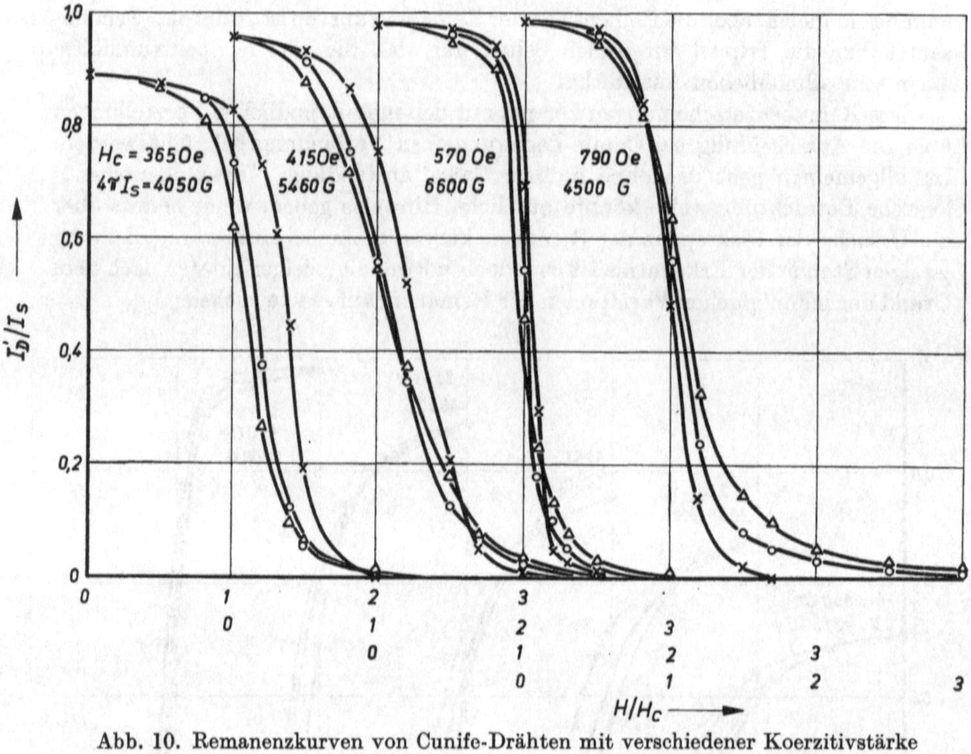

Abb. 10. Remanenzkurven von Cunife-Drähten mit verschiedener Koerzitivstärke

grad der Teilchen die Koerzitivfeldstärken der Proben verschieden. Es lassen sich also Proben finden, die bei etwa gleicher Packungsdichte und gleichem Ausrichtungsgrad einen Übergang von der einen Reihenfolge der Remanenzkurven zu der anderen aufweisen. Und doch ist die Koerzitivfeldstärke auch nicht ausreichend zur Begründung.

Zeit-Effekte

Allgemein führen die obigen Versuchsergebnisse nicht zwingend zur Annahme der Paarbildung von Teilchen. Andernteils sind die Versuche weder gewollt noch ungewollt geeignet, die Paarbildung auszuschließen. Vielmehr erwecken die ganzen Ergebnisse den Eindruck, als ob die Thematik viel tiefer in die Mikromagnetik hineinreiche, ohne daß als Ursache der Diskrepanz allgemein die Wechselwirkung fallengelassen wird.

Es soll hier das Augenmerk auf die Zeit- und Zyklen-Effekte gelenkt werden, die allgemein als Kriech- und Kipp-Effekt, magnetische Viskosität oder irreversible Nachwirkung bezeichnet werden. Die hierdurch bedingten Veränderungen

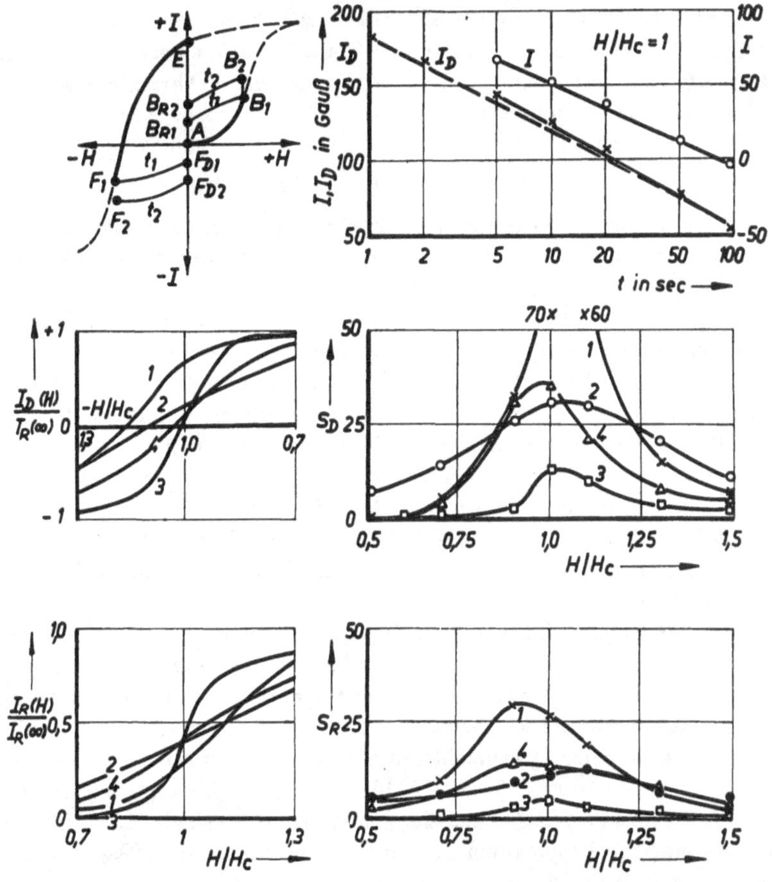

Abb. 11. Kriech- und Kipp-Effekt an Cunife-Proben
(siehe Abb. 10 von links nach rechts)

entsprechen größenordnungsmäßig den bei den verschiedenen Remanenzermittlungen auftretenden Diskrepanzen. Über diese Effekte besteht bereits ein recht umfangreiches Schrifttum mit mehr oder weniger praktischem oder meßtechnischem Standpunkt [20—25]. Die Untersuchungen beziehen sich auf weich- und hartmagnetische Werkstoffe.

Abb. 11 soll einen Überblick über die Zeit-Effekte bei den statischen Remanenzermittlungen vermitteln. Als Untersuchungsobjekte sind die Proben von Abb. 10

benutzt worden. Oben links ist schematisch das Kriechen angedeutet. Wird, vom wechselfeld-entmagnetisierten Zustand ausgehend, sprunghaft ein Feld, z. B. in der Größe der Koerzitivfeldstärke, angelegt, so ist bei $t_2 > t_1$ auch $B_2 > B_1$ und $B_{R2} > B_{R1}$. Analog hierzu wird eine zeitabhängige Gegenfeldremanenz erhalten, wenn die Probe vorher magnetisch gesättigt war. Nebenstehend ist für ein Gegenfeld $H/H_c = 1$ die Magnetisierung I und die Gegenfeldremanenz I_D als Funktion der Zeit t aufgetragen. Es ergibt sich eine annähernd logarithmische Abhängigkeit. Erst bei größeren Zeitdifferenzen treten bemerkenswerte Abweichungen auf. Der Kriecheffekt von 1 bis 100 sek beträgt bei der Probe 1 (linkes Trippel in Abb. 10) etwa 45% der Gesamtremanenz. Die Antiparallelität der I- und I_D-Kurve deutet den Kippeffekt an.

In der Mitte von Abb. 11 ist die Kriechkonstante S, definiert durch

$$I = S \log t + C\,, \tag{4}$$

als Funktion des angelegten reduzierten Feldes aufgetragen. Links daneben sind zur Orientierung die I_D-Kurven von Abb. 10 in dem interessierenden Bereich eingezeichnet. Die Kriechkonstante nimmt in der Nähe von $H/H_c = 1$ einen Maximalwert an, der ganz beträchtlich sein kann. Das Kriechverhalten der Proben, deren Remanenztrippel in Abb. 10 zusammengestellt sind, ist sehr unterschiedlich. Die Probe 1 mit der größten Diskrepanz in den Remanenzkurven hat auch den größten Kriech-Effekt. Dagegen beträgt der Maximalwert der Probe 3, die die größte Steilheit der Remanenzkurven zeigt und auch die geringsten Diskrepanzen aufweist, nur etwa 20% von dem der Probe 1. Analog hierzu sind auch die I_R-Kurven im unteren Teil von Abb. 11. Der Maximalwert der I_R-Kurven beträgt nur etwa 40% von dem der I_D-Kurven. Umgerechnet in I'_D-Werte nach (2) und (3) ergibt sich durch den Kriech-Effekt fast die gleiche Verschiebung der Remanenzkurven.

Wenn eine entmagnetisierte oder aufmagnetisierte Probe eine Reihe aufeinanderfolgender Magnetisierungs-Teilzyklen durchläuft, so sind — entgegen den klassischen Darstellungen der Hysterese ferromagnetischer Körper — die Magnetisierungen abhängig von der Zyklenzahl n [20, 21]. Somit werden sowohl die I_R- als auch I_D-Werte von der Zyklenzahl beeinflußt. Schematisch ist das in Abb. 12a (linke Seite) gezeigt. An der Probe 1 (Abb. 11) sind rechts daneben die I_R- und I_D-Werte als Funktion der Zyklenzahl n aufgetragen. Nach Néel [22] ist für $n > 20$ eine deutliche Proportionalität zu $(\log n)^{1/2}$ vorhanden. Dagegen ist nach den Ergebnissen in Abb. 12a für $n < 20$

$$I_{R,D} = S_{R,D} \log n + C. \tag{5}$$

Die Konstante S_D ist wieder etwa doppelt so groß wie S_R. Für die hier untersuchte Probe ist bei einem angelegten Feld $H/H_c = 1$: $I_{D1} - I_{D20} \approx 0{,}3\ I_R(\infty)$. Nach Néel [22] ist bei symmetrischen Zyklen kein Kriech-Effekt vorhanden. Wenn jedoch, wie in Abb. 12b, die Zyklen nur symmetrisch bezüglich der Magnetisierungsachse I sind, so tritt in der Nähe von $H/H_c \approx 1$ ebenfalls eine von der Zyklenzahl n abhängige Remanenzverschiebung ein [26]. Bei diesem quasistatischen Fall ist der Effekt besonders groß im oberen Zweig (Abb. 12b, rechts) nach den ersten Zyklen.

Zur Ermittlung der I'_D-Remanenz wird die Probe bis zur Sättigung magnetisiert und dann einem langsam ansteigenden und wieder abnehmenden Wechselfeld ausgesetzt. Abb. 12c soll das im linken Bild schematisch zeigen. Ohne auf Besonderheiten des Anstiegs und Abfalls näher einzugehen, ist zu sehen, daß die Wechselfeld-Remanenz bemerkenswert von der Haltezeit der Maximalamplitude abhängt. Die Frequenz von 50 Hz besagt, daß bereits nach 1 sec Haltezeit

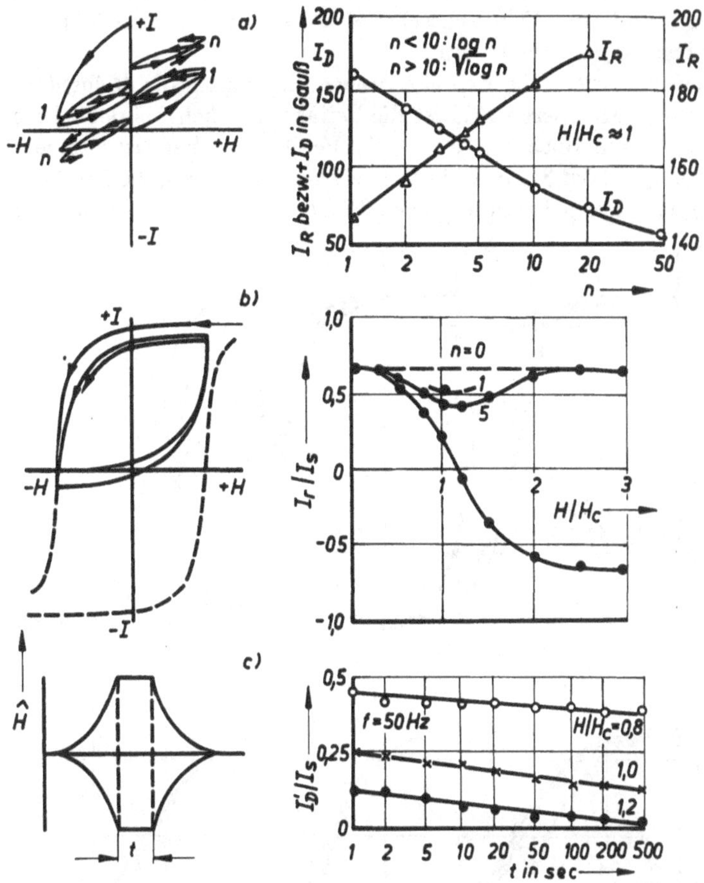

Abb. 12. Remanenzverhalten bei unsymmetrischen und symmetrischen Zyklen

(Material: Cunife)

50 Zyklen durchlaufen sind. Außerdem sind noch wesentlich mehr Zyklen auf dem ansteigenden und abfallenden Ast durchlaufen. Trotzdem ist, in der Zeit von 1 bis 10 sec, noch ein Abfall von 0,05 I'_D/I_s vorhanden.

Abb. 13 zeigt den Einfluß der Haltezeit sowohl auf die statische als auch auf die dynamische Remanenzkurve. Ausgewählt sind zwei Cunife-Proben gleicher Zusammensetzung und mit nicht allzu abweichenden makroskopischen Magneteigenschaften, die aber reziprokes Remanenzverhalten aufweisen. Die Gegenfeld-

Remanenzkurve schließt sich in beiden Fällen enger an die Gleichfeldkurve an. Das ist auch verständlich, wenn nicht die Paarbildung, sondern die Zeit-Effekte zunächst als primär herangezogen werden. Die Unterschiede innerhalb der beiden Gleichfeldverfahren sind bestimmt geringer als in jedem anderen Falle gegenüber dem Wechselfeldverfahren. Nebenstehend sind deshalb nur die extremen Remanenzkurven für verschiedene Haltezeiten eingezeichnet. Die Zeit $t \sim 0$ soll andeuten, daß sofort nach dem Einschalten des Gleichfelds oder dem Erreichen der Maximalamplitude das Feld abgeschaltet wurde. Unter Umständen kann diese Zeit allerdings bis zu 2 sec dauern.

Qualitativ bestätigen die experimentellen Ergebnisse die Reihenfolge der Remanenzkurven. Im oberen Bild ist die Zeitabhängigkeit bei der Gleichfeldkurve größer, im unteren Bilde die der Wechselfeldkurve. Bei der letztgenannten ist auf die Wiedergabe der 3-min-Abhängigkeit verzichtet, weil die Differenz nur noch sehr gering ist. Um jedoch die großen Diskrepanzen in den links im Bild darge-

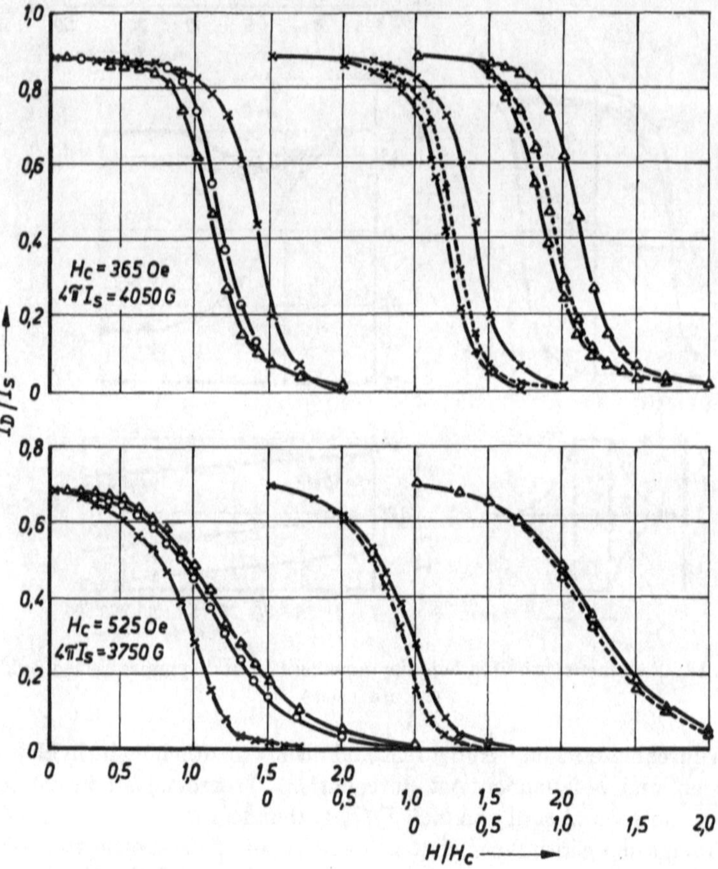

Abb. 13. Remanenzkurven von Cunife-Proben bei verschiedener Feldstärke

———— $t \sim 0$;	△ I_R
– – – – – $t = 30$ sec	○ I_D
— — — $t = 3$ min	× I'_D ($f = 50$ Hz)

stellten Kurven damit zu erklären, müßte angenommen werden, daß die größten Abweichungen bereits in sehr kurzen Zeiten nach Beginn des Vorgangs ablaufen. Aber wenn auch berücksichtigt wird, daß das Anlegen des Gleich- und Wechselfelds mikroskopisch nicht unmittelbar vergleichbar ist, weil das Durchlaufen von 50 Zyklen nach vorheriger Sättigung und die Gleichfeldeinwirkung nach vorheriger Wechselfeld-Entmagnetisierung in ihrer Wirkung nicht gleich sein können, so bleibt bei der quantitativen Auswertung der im oberen Bild dargestellten Ergebnisse doch noch eine merkliche Diskrepanz bestehen. Auch mit einer Unsymmetrie des Härtespektrums ist es nicht erklärlich, warum zur Wechselfeld-Entmagnetisierung von z. B. 50% des vorher ausgerichteten Kollektivs bei einem Feld $H/H_c = 1$ derart lange Haltezeiten benötigt werden.

Es wurde deshalb noch der Einfluß der Geschwindigkeit, mit der die Zyklen durchlaufen werden, untersucht. Die Frequenz wurde von 20 bis 100 Hz variiert. Leider ließen sich aus meßtechnischen Gründen keine sehr großen Felder bei den von 50 Hz abweichenden Frequenzen einstellen. Das ist sicherlich ein Nachteil. Trotzdem sind die Ergebnisse in Abb. 14 interessant. Es sind zwei Proben aus der Untersuchungsserie ausgewählt, die in Abb. 8 dargestellt ist. Beide Objekte haben etwa die gleichen makroskopischen Eigenschaften. Angenähert sind sie, außer in bezug auf die magnetischen Härten, mit den in Abb. 13 dargestellten Verhältnissen vergleichbar. Im oberen Teil der Abb. 14 sind zur besseren Übersicht nochmals die Remanenzkurven-Trippel eingezeichnet. Darunter sind getrennt die relativen Remanenzwerte als Funktion der Haltezeit vorhanden. Bei der Probe mit $H_c = 150$ Oe (linkes Bild, Mitte) ist die Kriechkonstante der Gleichfeldremanenz relativ klein gegenüber der der Wechselfeldremanenz. Die Frequenzabhängigkeit (unteres Bild, links) zeigt nun, daß kein Geschwindigkeitseinfluß vorhanden ist. Nur die Zyklenzahl bestimmt den Wert der Remanenz. Bei 100 Hz wird z. B. nach 1 sec Haltezeit der Remanenzwert erhalten, wie bei 33 Hz nach 3 sec.

Gegenüber der Probe mit $H_c = 150$ Oe ist die Kriechkonstante der anderen Probe (Bild rechts, Mitte) bei der Gleichfeldbehandlung größer. Das steht im Einklang mit dem Kurvenverlauf im oberen Bild (vgl. die Remanenzveränderung, z. B. bei $H/H_c = 1$). Die Zeitabhängigkeit des Wechselfelds mußte allerdings bei dieser Probe bei $H/H_c > 1$ ermittelt werden, weil der Meßeffekt bei $H/H_c = 1$ noch sehr klein ist. Für die Kurve mit dem Feld $H/H_c = 1{,}9$ gilt die linke Ordinate (wie für I_R), für $H/H_c = 1{,}2$ die rechte. Größenordnungsmäßig sind die Kriechkonstanten (Steilheit der Kurven) mit der anderen Probe vergleichbar. Die Frequenzabhängigkeit dieser Probe mit $H_c = 125$ Oe (unten rechts) hat jedoch ein stark abweichendes Verhalten. Je höher die Geschwindigkeit ist, mit der die Zyklen durchlaufen werden, desto kleiner ist die entmagnetisierende Wirkung des Felds. Da diese Probe nach den Vorstellungen über die Teilchenausbildung bei Cunife-Legierungen ein partielles Mehrbereichsverhalten hat, kann dieser Effekt mit den Wandverschiebungen in Verbindung gebracht werden. Dagegen ist bei Einbereichsteilchen ein ähnlicher Effekt nicht vorhanden. Es ist nun auch verständlich, warum gerade bei kleinen Feldstärken die Diskrepanz besonders groß ist. Die Mehrbereichsteilchen sind am weichen Ende des Härtespektrums, so daß hier der Effekt am größten ist, während mit zunehmender

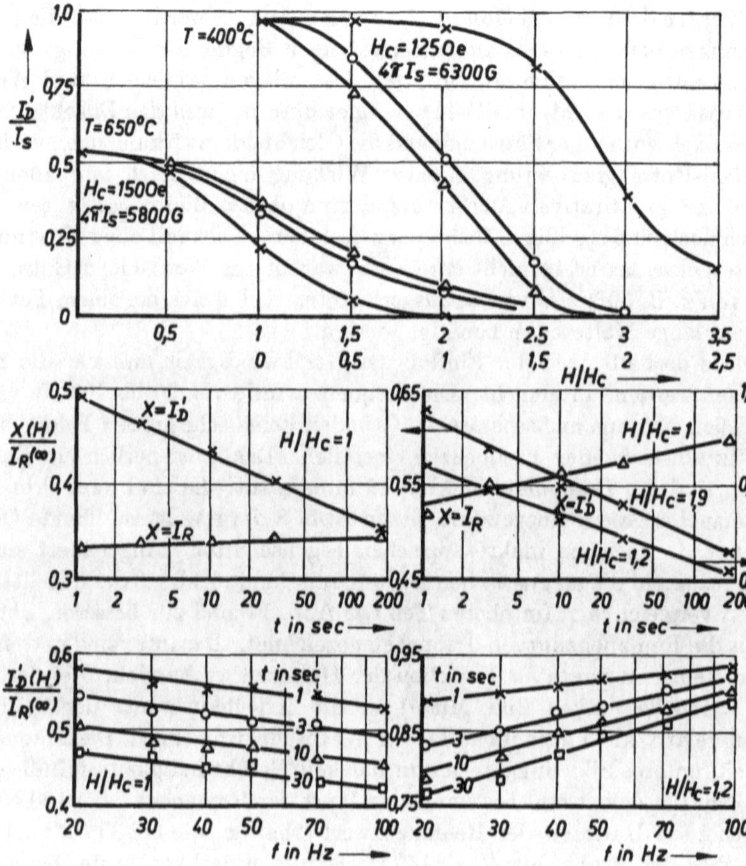

Abb. 14. Statische und dynamische Kriech-Effekte an Cunife-Proben verschiedener Aushärtung (60% Cu, 21% Ni, Rest Fe)

magnetischer Härte der Übergang zu Einbereichsteilchen stattfindet. Allerdings dürften auch die metallkundlichen Vorstellungen, wonach bei hohen Anlaßtemperaturen die Einbereichsteilchen im Cunife zu Mehrbereichsteilchen werden, zu überprüfen sein. Nach dem Remanenzverhalten scheint das nicht der Fall zu sein.

Zusammenfassend kann gesagt werden, daß das Gesamtproblem „Remanenz" innerhalb der Mikromagnetik sehr komplex ist. Aus der Fülle der hier mitgeteilten Ergebnisse darf nicht abgeleitet werden, daß das Herangehen an die Mikromagnetik von dieser Seite zu unübersichtlich ist. In dieser Arbeit sollten nur einige Bemerkungen zu dieser Thematik gemacht und Anregungen gegeben werden. Sicherlich ist diesem Gebiet noch viel Arbeit zu widmen, aber es wird bestimmt lohnend sein.

Herrn Dipl.-Chem. KALNING möchte ich an dieser Stelle für die Herstellung der Pulver und Frl. GUTTE und Herrn DRESCHER für die Durchführung der Messungen danken.

Literatur

[1] BROWN, W. F., J. appl. Physics **30** (1959) Supplement 62–69.
[2] STONER, E. C., WOHLFAHRT, E. P., Phil. Trans. Roy. Soc. A **240** (1947) 599–644.
[3] FREI, E. H., SHTRIKMAN, S., TREVES, D., Physic. Rev. **106** (1957) 446—455.
[4] JACOBS, I. S., BEAN, C. P., Physic. Rev. **100** (1955) 1060–1067.
[5] SHTRIKMAN, S., WOHLFAHRTH, E. P., J. appl. Physics **32** (1961) Supplement 241–242.
[6] BEAN, C. P., MEIKLEJOHN, W. H., Bull. Amer. physic. Soc. **1** (1956) 148.
[7] JACOBS, I. S., LUBORSKY, F. E., J. appl. Physics **28** (1957) 467–473.
[8] BERKOWITZ, A. E., FLANDERS, P. J., Franklin Inst. Rept. Nr. F-2482 (1957).
[9] RASSMANN, G., HENKEL, O., phys. stat. sol. **1** (1961) 517–522.
[10] HENKEL, O., phys. stat. sol. **2** (1962) K 268–K 271.
[11] WOHLFARTH, E. P., J. appl. Physics **29** (1958) 595–596.
[12] JOHNSON, C. E., BROWN, W. F., J. appl. Physics. **29** (1958) 1699–1701.
[13] SHTRIKMAN, S., TREVES, D., J. appl. Physics **31** (1960) Supplement 58–66.
[14] HENKEL, O., phys. stat. sol. **2** (1962) 78–84.
[15] HENKEL, O., phys. stat. sol. **2** (1962) 725–733.
[16] DANIEL, E. D., Wohlfarth, E. P., J. phys. Soc. Japan **17** (1962) Supplement 670–672 (Diskussionsbeitrag von S. SHTRIKMAN).
[17] LUBORSKY, F. E., J. appl. Physics **32** (1961) Supplement 171–183.
[18] HAYKO, V., DANIEL-SZABO, J., Czechoslov. J. Physics **9** (1959) 37–46.
[19] BIEDERMANN, E., KNELLER, E., Z. Metallkunde **47** (1956) 289–301; 760–774.
[20] STREET, R., WOLLEY, J. C., Proc. physic. Soc., Sect. A **62** (1949) 562.
[21] NGUGEN-VAN-DANG, Congrès International de Magnétisme, Grenoble 1958, 158–164.
[22] NÉEL, L., Physikertagung Essen 1958, Hauptvorträge 54–68.
[23] KUSSMANN, A., YAMADA, O., Arch. Elektrotechn. **42** (1956) 237–244.
[24] HELLENTHAL, W., Naturwissenschaften **47** (1960) 371.
[25] WOHLFARTH, E. P., J. Electronics and Control **10** (1961) 33–37.
[26] HENKEL, O., phys. stat. sol. **2** (1962) 1096–1104.

Dr.-Ing. ROLAND WITTIG
Wissenschaftlicher Arbeitsleiter in der Abteilung Entwicklung von Werkstoffen mit besonderen physikalischen Eigenschaften

Dr.-Ing. ERICH LINDNER
Leiter der Abteilung Technologie des Schmelzens und der Verarbeitung

Dipl.-Chem. KLAUS FISCHER
Wissenschaftlicher Oberassistent der Metallographischen Abteilung

Dipl.-Ing. PETER KLEMM
Wissenschaftlicher Arbeitsleiter in der Abteilung Technologie des Schmelzens und der Verarbeitung

SONDERTECHNOLOGIEN ZUR HERSTELLUNG VON ALNICO-LEGIERUNGEN

Einleitung

Die hervorragenden hartmagnetischen Eigenschaften der Alnico-Legierungen rühren von einem heterogenen, feindispersen Gefüge her. Die Abmessungen der Ausscheidungen sind in der Größenordnung von isolierten magnetischen Elementarbezirken, so daß Wandverschiebungen nicht mehr auftreten können, sondern nur noch die energetisch schweren Ummagnetisierungsprozesse, die für Elementarbezirke maßgebend sind.

Durch Abkühlen der Magnete mit einer kritischen Abkühlungsgeschwindigkeit aus dem homogenen Bereich (über 1250 °C) und nachfolgendes Anlassen bei Temperaturen zwischen 650 und 550 °C erfolgt eine Aufspaltung des Gefüges in eine α- und α'-Phase mit wenig unterschiedlichen kristallographischen Eigenschaften, aber verschiedener chemischer Zusammensetzung und stark unterschiedlichen magnetischen Eigenschaften, und zwar hinsichtlich der Sättigungsmagnetisierung und der CURIE-Temperatur. Die Abkühlung erfolgt so schnell, daß ein Auftreten grober γ-Ausscheidungen im heterogenen Gebiet zwischen etwa 1200 und 950 °C unterdrückt wird.

Durch Anlegen eines Magnetfelds bei der Abkühlung wird bewirkt, daß die feindispersen Ausscheidungen in länglicher Form in *den* Würfelkantenrichtungen wachsen, die den kleinsten Winkel mit der Feldrichtung bilden. Hierdurch entsteht bereits eine Anisotropie, die zu einer Verbesserung der magnetischen Werte in Vorzugsrichtung führt.

Eine weitere Verbesserung der Anisotropie und damit der magnetischen Eigenschaften ergibt sich durch eine Orientierung der Kristalle mit einer Würfelkante parallel zur Gebrauchsrichtung der Magnete; dadurch werden auch die Ausscheidungen parallelgerichtet, deren Formanisotropie eine maßgebende Ursache für die guten Eigenschaften der Alnico-Legierungen ist.

Zur Kennzeichnung der magnetischen Eigenschaften dient die Entmagnetisierungskurve, das ist das Stück der Hystereseschleife im II. Quadranten. Als Beispiel sind in Abb. 1 einige Entmagnetisierungskurven von Alnico-Werkstoffen gezeigt. Hohe Werte der Remanenz und bzw. oder der Koerzitivfeldstärke sind von Bedeutung für gute Dauermagnete. Maßgebend zur Kennzeichnung der Güte eines Dauermagneten ist die „maximale Energiedichte" $(BH)_{max}$, der höchste Wert, den das Produkt annehmen kann, das sich für alle Punkte der Entmagnetisierungskurve aus den zugehörigen Werten für B und H bilden läßt. Die Größe

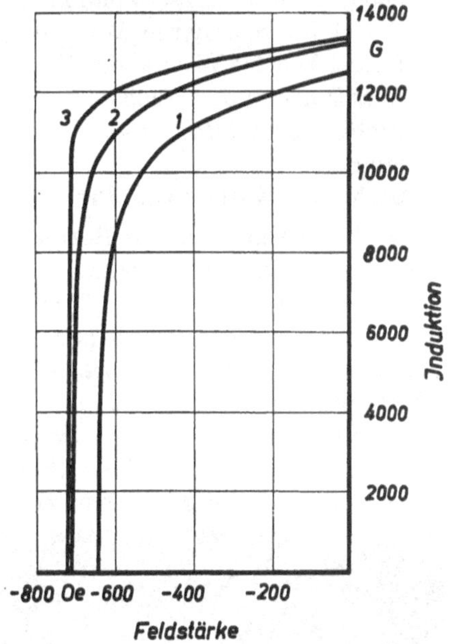

Abb. 1. Entmagnetisierungskurve von Alnico-Legierungen (24% Co, 14% Ni, 8,5% Al, 3% Cu, Rest Fe)

1. Polykristalliner Gußmagnet,
2. Einkristall mit günstiger Kristallorientierung,
3. Quaderförmige Probe, mit einer Kante parallel zur [100]-Richtung aus einem Einkristall herausgeschliffen

$(BH)_{max}$ spricht auch auf die Ausbuchtung der Kurve an, und man sieht, daß bei nahezu gleichen Werten von Remanenz und Koerzitivfeldstärke eine erhöhte Ausbuchtung der Entmagnetisierungskurve zu einer Steigerung der Güte des Dauermagneten führt.

Die in magnetischer Hinsicht ausgezeichneten Alnico-Legierungen sind aber so hart und spröde, daß eine Bearbeitung nur durch Schleifen möglich ist. Die Magnete werden deshalb sofort in endgültiger Form hergestellt, in überwiegendem Maße durch Gießen. Die Möglichkeit der pulvermetallurgischen Herstellung soll hier außer Betracht bleiben, insbesondere da eine Kristallausrichtung dabei nicht möglich ist.

Die eigenen Arbeiten zielten auf Untersuchungen zur Technologie der Alnico-Legierungen und ihrer Wirkung auf die physikalischen Eigenschaften und die Gebrauchseigenschaften ab.

Genaugußverfahren

Ziel der Arbeiten. Mit den Arbeiten zur Herstellung von Alnico-Magneten durch Anwendung des Genaugußverfahrens [1] wurde die Absicht verfolgt, eine Verbesserung der Oberflächenbeschaffenheit und der Maßhaltigkeit zu erreichen, die praktisch auf Einsparung eines großen Teils an Schleifarbeit hinausläuft. Weiterhin wurde die Herstellung sehr kleiner Gußmagneten angestrebt, die nach den üblichen Gießmethoden nicht möglich ist.

Durchführung der Arbeiten. Die Durchführung des Genaugußverfahrens erfolgte in folgenden Schritten:

1. Herstellung einer Wachsmodelltraube, bestehend aus Einguß, Verteilerplatte und den daran angeschweißten Magnetformen. (Ein Beispiel für die Gestaltung einer Form zeigt der in Abb. 2 dargestellte Abguß.)
2. Überziehen des Wachsmodells mit einer dünnen keramischen Schicht.
3. Ausschmelzen des Wachses im Wasserbad.
4. Einbau der Hohlform zum Zwecke ihrer Versteifung in einen Kasten mit Formsand.
5. Glühen des Kastens zum Brennen der keramischen Form.

Die Form wurde in den Rezipienten einer Vakuum-Induktionsschmelzanlage eingebaut, um die Schmelze unter Vakuum abgießen zu können.

Ergebnisse der Arbeiten. Die Oberfläche der erhaltenen Magnete erwies sich, wie erwartet, als wesentlich glatter als die Oberfläche von nach üblichen Verfahren hergestellten Gußstücken. Die Genauigkeit der Abmessungen war im allgemeinen besser als $\pm$ 0,2 mm. Für die maximale Energiedichte $(BH)_{max}$ wurden Werte von 5···5,5 · 10^6 G · Oe für polykristalline Magnete erreicht. Auf Versuche zur Erzielung kristallorientierter Magnete unter Anwendung des Genaugußverfahrens wird später eingegangen.

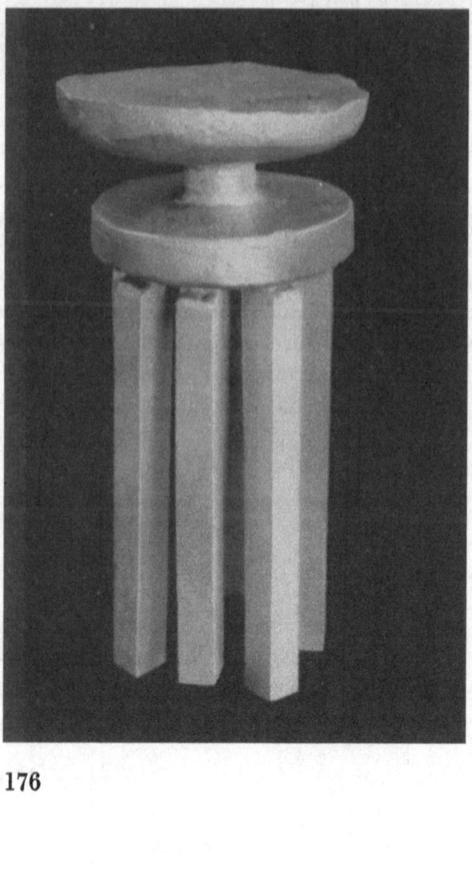

Abb. 2

Gußtraube aus Alnico-Legierung, nach dem Genaugußverfahren hergestellt

Verformung

Ziel der Arbeiten. Eine spanlose Verformung durch Schmieden, Walzen, Strangpressen usw. dürfte gegenüber dem Gießen von Alnico-Magneten als eine wesentliche technologische Verbesserung anzusehen sein. Dabei muß vorausgesetzt werden, daß die bei Gußmaterial üblichen magnetischen Kennziffern auch bei verformtem Werkstoff erreichbar sein müssen. Mit den vorliegenden Untersuchungen wurde deshalb das Ziel verfolgt, Verfahren zu entwickeln, die eine Warmverformbarkeit der Alnico-Legierungen gestatten. Zur Klärung dieses Problems sind Überlegungen über die Ursachen der normalerweise geringen Duktilität der Legierung notwendig. Einen wesentlichen Einfluß scheint der Zustand des Gefüges auszuüben. Das meist grobglobulare oder in Form von Stengelkristallen vorliegende Ausgangsgefüge führt besonders bei Vorhandensein von Korngrenzenverunreinigungen zu Schwierigkeiten bei der Warmverformung.

Durch geeignete Wahl der Abkühlungsbedingungen bei der Erstarrung des flüssigen Metalls und durch Zusatz von Elementen, die keimbildend wirken, gilt es, ein feinkörniges Ausgangsgefüge zu erzeugen. Außerdem sind durch Verwendung reiner Ausgangswerkstoffe, durch günstige Schmelzbedingungen und durch Zusätze zur Abbindung von Sauerstoff und Schwefel die Voraussetzungen für eine ausreichende Verformbarkeit zu schaffen.

Im Schrifttum sind nur wenige Angaben und Hinweise über eine Verformung von Alnico-Legierungen zu finden. In einigen Patenten [2] wird die Zusammensetzung stark verändert, so daß eine Verformbarkeit erreicht wird, diese aber mit einer wesentlichen Verschlechterung der magnetischen Eigenschaften verbunden ist. Die angegebenen Werte für $(BH)_{max}$ liegen zwischen 1 und $2 \cdot 10^6$ G · Oe gegenüber 4 bis $5 \cdot 10^6$ G · Oe für übliche polykristalline Alnico-Magnete. Günstigere Ergebnisse erzielten E. J. C. Patrick, W. Sorby und G. W. Ellis [3] sowie C. L. Kolbe und D. L. Martin [4], die Zusätze von Niob, Cer-Mischmetall bzw. Zirkonium oder Titan verwendeten. Es wird gute Verformbarkeit angegeben, und die magnetischen Werte sind mit denen gegossener Magnete vergleichbar.

Durchführung der Arbeiten. Zur Untersuchung der Verformbarkeit wurden zahlreiche Alnico-Legierungen in einer Vakuum-Induktionsanlage erschmolzen und in Kupferkokillen abgegossen. Die Festlegung des Temperaturbereichs der günstigsten Warmformgebung erfolgte durch Stauchversuche an zylindrischen Gußproben mit Hilfe eines Fallhammers. Ferner wurden Güsse auf einem Kaliberwalzwerk bis zu einem Querschnitt von etwa 80 mm² und anschließend auf einer Hämmermaschine bis zu einem Durchmesser von 5 mm verformt.

Ergebnisse der Arbeiten. Der Versuch, eine Standardlegierung bei unterschiedlich hohen Temperaturen zu stauchen, blieb ohne Erfolg. Der Werkstoff zeigte selbst bei über 1250 °C, also im Einphasengebiet, keine Duktilität. Von einer wesentlichen Änderung der Zusammensetzung wurde wegen des erwähnten ungünstigen Einflusses auf die magnetischen Eigenschaften abgesehen.

Es wurde deshalb versucht, durch geringe Zusätze verschiedener Elemente, insbesondere Zirkonium, das Gußgefüge zu verändern. Aus Schliffbildern (Abb. 3) ist zu erkennen, daß die nicht verformbaren Werkstoffe ein grobkörniges Gefüge, zum Teil mit großen Stengelkristallen, aufweisen, während die verformbaren Abgüsse ein besonders an der Kokillenwand wesentlich feinkörnigeres Gefüge besitzen. Die günstige Ausgangsstruktur und eine ausreichende Reinheit des erschmolzenen Werkstoffs dürften als Ursachen für das Gelingen der Verformung anzusehen sein. Kolbe und Martin vertreten dagegen eine andere Auffassung.

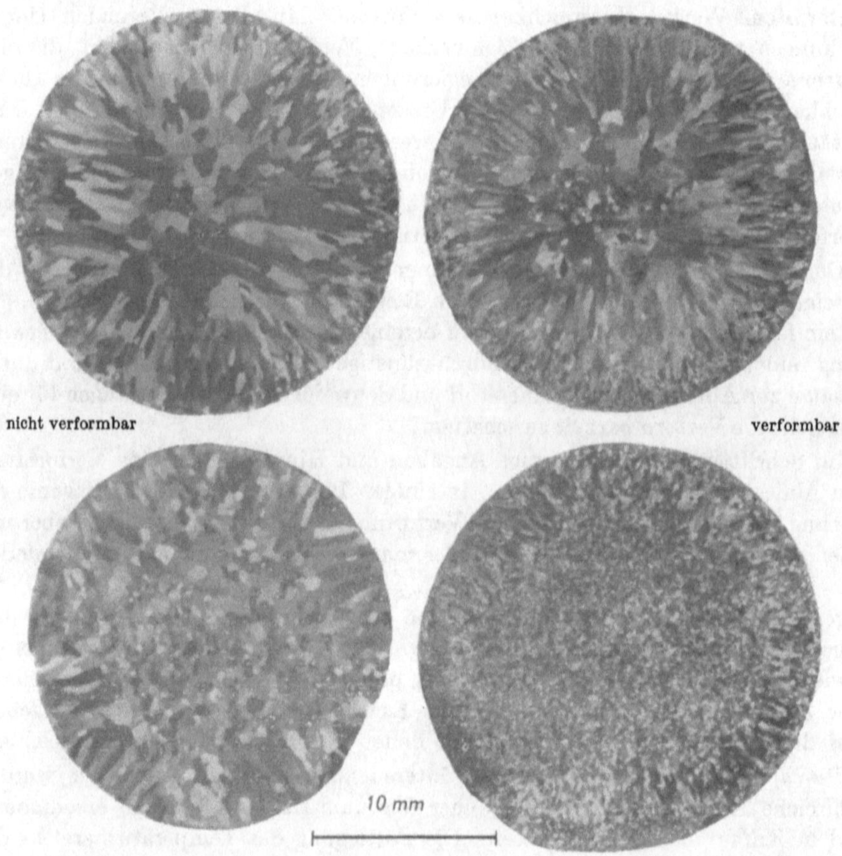

Abb. 3. Gußgefüge verformbarer und nicht verformbarer Alnico-Legierungen

Sie führen an sich durchaus richtig an, daß „bei hoher Temperatur die Alnico-Legierungen gewöhnlich in eine duktile kubisch-raumzentrierte Phase übergehen und diese Transformation die Basis für eine erfolgreiche Warmbearbeitung ist". Für den Fall der zirkonhaltigen Legierungen kann diese Erklärung jedoch nicht zutreffen, da sowohl die Versuche von Kolbe und Martin als auch die eigenen Arbeiten 1100 °C als günstige Verformungstemperatur ergaben. Bei dieser Temperatur sind die Legierungen jedoch im Zweiphasengebiet, wie auch metallographisch an Proben bestätigt werden konnte, die von der Verformungstemperatur abgeschreckt wurden.

Aufnahmen verformter Werkstücke aus den Ergebnissen der Versuche zeigt Abb. 4. Die bisher erreichten magnetischen Eigenschaften liegen bei $(BH)_{max} = 4{,}8 \cdot 10^6$ G · Oe.

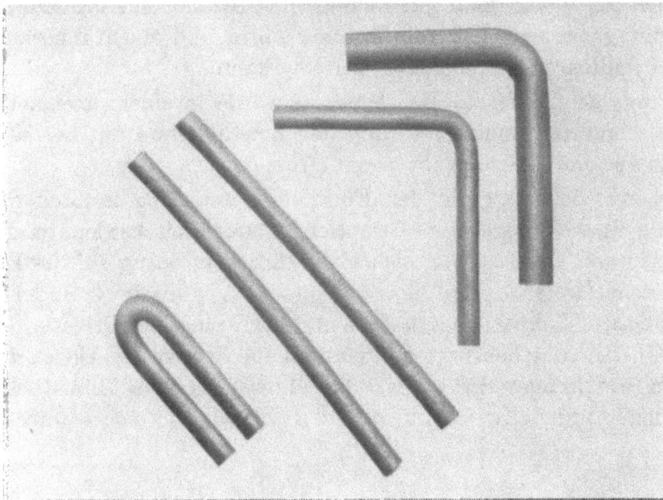

Abb. 4. Dauermagnetwerkstoff auf Basis Alnico nach Warmverformung

Methoden der Kristallorientierung

a) Einkristalle

Ziel der Arbeiten. Eine Ausrichtung der Kristalle läßt sich bei Alnico-Legierungen entweder durch Stengelkristallbildung oder in Einkristallen erzielen. Da die beste Ausrichtung im Einkristall vorliegt, wurde mit den eigenen Arbeiten das Ziel verfolgt, eine Methode zu entwickeln, die eine Herstellung von Alnico-Einkristallen zur Verwendung für technische Zwecke gestattet.

Alnico-Einkristalle wurden bis vor kurzem nur im Labormaßstab hergestellt, zum Beispiel von den Holländern A. I. Luteijn, K. J. de Vos [5], A. J. J. Koch, M. G. van der Steeg und K. J. de Vos [6], die hierbei die Rekordwerte von $(BH)_{max} = 10 \cdots 12 \cdot 10^6$ G · Oe für eine Alnico-Legierung mit 5% Ti erzielten.

Über Versuche zur Herstellung von Alnico-Einkristallen unter dem Gesichtspunkt technischer Anwendungsmöglichkeiten berichteten erst in jüngster Zeit H. Stäblein [7] und E. Steinert [8]. Während nach der pulvermetallurgischen Methode von Stäblein eine vorgegebene Kristallorientierung noch nicht gelungen ist, konnte Steinert aus gegossenen Magneten mittels Sekundärrekristallisation Einkristalle, auch mit einer Orientierung der Würfelkante in Gebrauchsrichtung, erhalten. Die bei diesem Verfahren zu treffenden Vorkehrungen erscheinen jedoch relativ kompliziert und unsicher.

Bei den eigenen Arbeiten wurde dem Bridgman-Verfahren der Vorzug gegeben, das nach dem Prinzip des langsamen Absenkens der in einem Tiegel befindlichen Schmelze aus der Glühzone eines Ofens arbeitet. Dieses Verfahren gestattet eine zuverlässige Herstellung von Einkristallen, wobei eine gewünschte Orientierung erzwungen werden kann. Gegenüber dem Verfahren nach CZOCHRALSKI hat das von uns gewählte den Vorteil, daß eine Erweiterung zu wirtschaftlicherer Arbeitsweise möglich ist, indem man mit kleinerem Aufwand eine größere Anzahl von Magneten mit gleichförmiger, zylindrischer Form und einem innerhalb gewisser Grenzen frei wählbaren Durchmesser erhalten kann.

Durchführung der Arbeiten. Das Material wurde in einem geeignet geformten Tiegel aufgeschmolzen, zur Zerstörung der Kristallkeime um ca. 50° überhitzt und langsam aus der Glühzone abgesenkt (Abb. 5a).

Nach sicherer Beherrschung der Einkristallherstellung mußten Maßnahmen zur Erzielung einer vorgegebenen Orientierung getroffen werden, da die Kristallausrichtung in den Einkristallen bisher willkürlich in bezug auf die Probenachse war. Zu diesem Zweck wurden kleine Zylinder, etwa 4 mm ⌀ und 10 mm lang, aus vorhandenen Einkristallen nach röntgenographischer Orientierung parallel zu einer [100]-Richtung herausgeschliffen und als „Keime" in Tiegel, deren Spitze abgeschliffen war, eingesetzt, so daß das untere Ende im Kühlstück saß. Der Keim schmilzt so nur teilweise auf, und der Kristall, der sich bei der Erstarrung

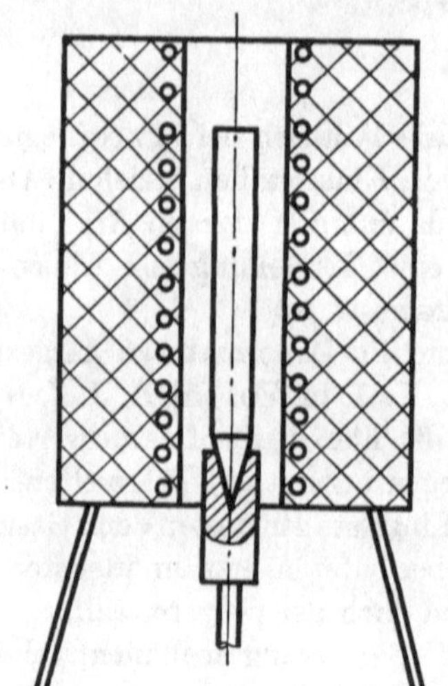

Abb. 5a. Grundprinzip zur Herstellung von Alnico-Einkristallen

Abb. 5b. Anordnung zur gleichzeitigen Herstellung mehrerer Einkristalle

der im Tiegel befindlichen Schmelze bildet, wächst mit gleicher Kristallausrichtung wie der Keim weiter. Die auf diese Weise erhaltenen Einkristalle wiesen die gewünschte Orientierung auf.

Nunmehr war das Problem einer wirtschaftlichen Gestaltung dieses Verfahrens zu lösen. Der von uns eingeschlagene Weg sieht vor, daß nicht mehr nur ein Tiegel, sondern mehrere Tiegel in den Ofen eingesetzt und gleichzeitig in einem Herstellungsgang abgesenkt werden (Abb. 5b). Außerdem wird darauf abgezielt, die Einkristalle so lang wie möglich zu machen; denn aus einer auf diese Weise erhaltenen Stange läßt sich eine größere Anzahl Magnete einfach durch Trennen in gewünschte Länge gewinnen.

Ergebnisse der Arbeiten. Die ohne Keim gezogenen Einkristalle wiesen in der Mehrzahl magnetische Eigenschaften wie gute polykristalline Magnete auf, ein gewisser Teil erreichte Werte von $(BH)_{max} = 6 \cdots 6{,}4 \cdot 10^6$ G · Oe. Für eine zufällig günstig orientierte Probe mit 12—14° Abweichung der [100]-Richtung von der Probenachse wurde $(BH)_{max} = 6{,}6 \cdot 10^6$ G · Oe gemessen (Abb. 1, Kurve 2). Der nächste Schritt bestand darin, aus einem Einkristall einen Quader mit einer Kante parallel zur [100]-Richtung herauszuschleifen. Hier konnte $(BH)_{max} = 7{,}8 \cdot 10^6$ G · Oe erreicht werden (Abb. 1, Kurve 3). Dann wurde zu der oben besprochenen Methode mit Keim übergegangen. Es konnten für zylinderförmige Einkristalle, bei denen nur die Stirnseiten zur Messung planparallel geschliffen wurden, in Richtung der Probenachse in mehreren Fällen Werte von $(BH)_{max} = 7{,}5 \cdots 8 \cdot 10^6$ G · Oe erzielt werden.

b) Gußmagnete mit Stengelkristallbildung

Ziel der Arbeiten. Die Arbeiten zur Erzielung einer Kristallorientierung beschränkten sich nicht auf Einkristalle, sondern es erfolgten auch Untersuchungen über die Ausbildung gerichteter Stengelkristalle. Dies erschien uns erforderlich, da einerseits eine gießtechnische Erzeugung vorzugsgerichteter Magnete billiger als eine Herstellung nach dem auf technische Belange erweiterten Einkristallverfahren sein könnte und andererseits der Stengelkristallguß überall im Produktionsmaßstab vorherrscht, so daß diese Möglichkeit hinsichtlich der zu erzielenden physikalischen Eigenschaften auf jeden Fall zu prüfen war.

Stengelkristalle treten zwar in Gußstücken häufig auf, verlaufen aber im allgemeinen innerhalb eines Gußstücks in verschiedenen Richtungen und nehmen nicht das gesamte Volumen ein. Für Dauermagnete ist jedoch eine vollständige Stengelkristallbildung in der Richtung, in der später der magnetische Fluß verlaufen soll, erwünscht. Deshalb sollte untersucht werden, ob sich Gußmagnete mit derartig ideal ausgerichteten Kristallen erzeugen lassen.

Durchführung der Arbeiten und Ergebnisse. Entsprechend einem Vorschlag in der Patentliteratur [9] wurde das Genaugußverfahren mit Wachsausschmelzmodellen angewendet, da dieses gestattet, günstige thermische Verhältnisse für gute Stengelkristallbildung zu schaffen. Die Legierung wurde dabei an Luft erschmolzen und in eine heiße Form gegossen, die mit ihrer offenen Unterseite auf eine Abschreckplatte gestellt war. Nach dieser Methode konnten Magnete mit guter Stengelkristallbildung erhalten werden, wobei allerdings ein gewisser Anteil ungünstig orientierter Kristallite nicht zu vermeiden war. Durch Änderung des Verfahrens [10] wurde eine verbesserte Wärmeableitung erreicht, die zu praktisch vollständig ausgerichteten Stengelkristallen führte (Abb. 6). Auf diese Weise konnten gegossene Stengelkristallmagnete mit gleichen magnetischen Eigenschaften wie Einkristalle erhalten werden, und zwar mit folgenden Werten:

$$B_r = 13300 \text{ G}, \quad H_c = 730 \text{ Oe}, \quad (BH)_{\max} = 8 \cdot 10^6 \text{ G} \cdot \text{Oe}.$$

Diese Werte beziehen sich auf die Alnico-Standardlegierung, ohne weitere Zusätze, mit 24% Co, 14% Ni, 8% Al, 3% Cu, Rest Fe.

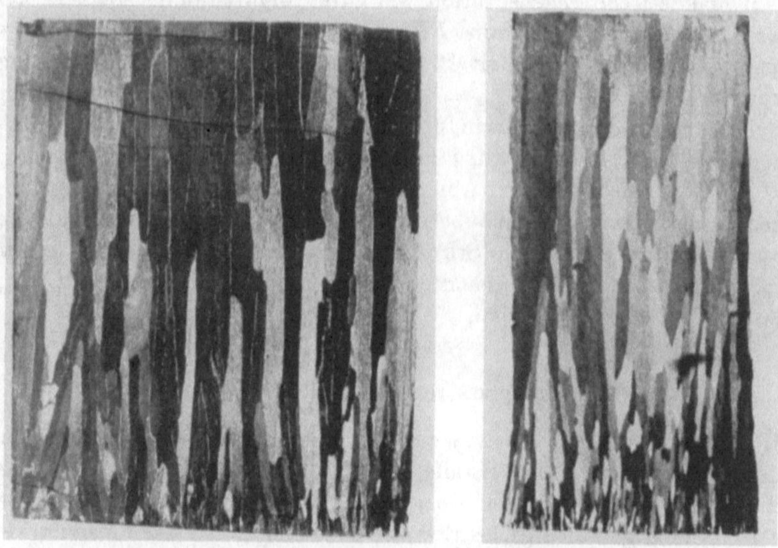

Abb. 6. Stengelkristallgefüge von Alnico-Gußmagneten

Zusammenfassung

Die durchgeführten Arbeiten zeitigten günstige Ergebnisse bei den Untersuchungen über die Warmverformbarkeit. Es besteht Aussicht, daß die Warmverformung Bedeutung für eine technische Herstellung von Alnico-Magneten erlangt. Durch gießtechnische Erzeugung von Stengelkristallen konnten vorzugsgerichtete Magnete mit praktisch den gleichen Eigenschaften wie Einkristalle erzielt werden. Dieser Möglichkeit wird daher für technische Anwendungen gegenüber der Einkristallherstellung der Vorzug gegeben. Das zur Erzeugung von Einkristallen ausgearbeitete Verfahren kann Bedeutung erlangen, wenn es gelingt, damit wesentlich höhere magnetische Werte zu erzielen.

Literatur

[1] MEERKAMP VAN EMBDEN, H. J., Philips' techn. Rdsch. **15** (1953/54) 137–151.
[2] U. S. Pat. 2285406, 2347817, 2384450, 2349857, 2499862.
[3] PATRICK, E. J. C., SORBY, W., ELLIS, G. W., Brit. Pat. 766791.
[4] KOLBE, C. L., MARTIN, D. L., J. appl. Physics **31** (1960) H. 5, 84–85 Suppl.
[5] LUTEIJN, A. I., DE VOS, K. J., Philips Res. Rep. **11** (1956) 489–490.
[6] KOCH, A. J. J., VAN DER STEEG, M. G., DE VOS, K. J., Ber. Arbeitsgem. Ferromagnetismus 130–139.
[7] STÄBLEIN, H., Vortrag zur Diskussionstagung Grundlagen und Werkstoffe der Dauermagnete, Karlsruhe 1962.
[8] STEINERT, E., Vortrag zur Diskussionstagung Grundlagen und Werkstoffe der Dauermagnete, Karlsruhe 1962.
[9] Oe. Pat. 185036.
[10] D.W.P. angem.

Dr.-Ing. ARTHUR HENTSCH

Leiter der Abteilung Entwicklung von Werkstoffen mit besonderen physikalischen Eigenschaften
Leiter der Abteilung für mechanische Werkstoffprüfung

ZUR FEINWANDERUNG AN AG-KONTAKTEN

Ein häufiger Grund für das Ausfallen von Starkstromkontakten ist die Formänderung der Kontakte. Sie kommt dadurch zustande, daß unter dem Einfluß des Lichtbogens, der beim Öffnen der Kontakte unter Spannung entsteht, das Kontaktmaterial an der Berührungsstelle zum Schmelzen und zum Verdampfen kommt.

Auf Grund der Tatsache, daß im Lichtbogen die Wärmeentwicklung auf der Katode wesentlich stärker punktförmig konzentriert ist als auf der Anode, ist es zu erklären, daß beim Schalten in Hochleistungskontakten die Katode besonders stark angegriffen wird. Das auf der Katode zum Schmelzen oder zum Verdampfen gelangte Material wandert zum größten Teil zur Anode, wobei sich auf der Katode ein Krater und auf der Anode ein Wulst aufbaut. Ein anderer Teil des Materials wird versprüht oder verdampft. Die beschriebene Erscheinung wird von HOLM als Grobwanderung bezeichnet. Beim Schalten von noch höheren Leistungen werden schließlich auf beiden Kontakten noch wesentlich höhere Temperaturen erreicht, dadurch werden sowohl Katode als auch Anode in stärkerem Maße angegriffen. Es kommt dann zu dem allgemein bekannten Kontaktabbrand.

Aber auch auf dem Gebiet der Schwachstromtechnik wird selbst in den Fällen, in denen nicht mit der Entstehung eines Lichtbogens zu rechnen ist, vielfach eine Materialwanderung zwischen elektrischen Kontakten festgestellt. Sie äußert sich darin, daß im Gegensatz zu den an Starkstromkontakten festgestellten Erscheinungen zumeist die Anode angestochen wird und auf der Katode sich eine Spitze aufbaut. Diese Materialwanderung erfolgt also gerade umgekehrt wie bei der Grobwanderung. In Anbetracht ihres geringen Ausmaßes wurde sie von HOLM als „Feinwanderung" bezeichnet.

Die Veränderung der Kontakte kann mit bloßem Auge vielfach nur als Aufrauhen der Oberfläche wahrgenommen werden; erst bei Betrachtung unter der Lupe oder dem Mikroskop zeigen sich die erwähnten Krater und Spitzen. Trotzdem kann die Feinwanderung zu sehr unangenehmen Folgeerscheinungen führen, wenn in ungünstigen Fällen die Katodenspitze mit dem Anodenkrater verhakt und der Schalter dadurch funktionsunfähig wird. Es ist einleuchtend, daß das Zustandekommen der Feinwanderung wesentlich an die Gegebenheiten des elektrischen Schaltkreises gebunden ist; maßgebend sind Spannung, Strom, der Ohmsche, der induktive und der kapazitive Widerstand.

Dazu müssen die Eigenheiten des Schalters, wie z. B. die Schaltgeschwindigkeit, berücksichtigt werden, und nicht zuletzt wirken sich auch die Eigenschaften des Kontaktwerkstoffs auf die Feinwanderung aus. Die Untersuchung der Feinwanderung steht deshalb vor elektrisch-physikalischen und vor Werkstoffproblemen.

Eine Erklärung der Feinwanderung ist bisher noch nicht endgültig gelungen. Früher wurde die Feinwanderung mit der schmelzflüssigen Brücke beim Öffnen der Kontakte in unmittelbaren Zusammenhang gebracht. Die Frage nach der einseitig ausgerichteten Materialwanderung von Anode zu Katode wurde unter Hinweis auf den THOMSON-Effekt und auf ähnliche Effekte beantwortet. Unter Annahme dieser Effekte wurde eine asymmetrische Temperaturverteilung in der Schmelzbrücke angenommen. Demnach sollte beim Öffnen der Kontakte die Trennung der Brücke an ihrer heißesten Stelle erfolgen, die je nach dem Vorzeichen des THOMSON-Effekts näher an der Katode oder Anode liegen sollte. Messungen des THOMSON-Effekts (v. LANDERS) bei hohen Temperaturen haben jedoch die Annahmen nicht bestätigt. Da offenbar diese Erklärungen nicht genügen, um eine für alle Kontaktwerkstoffe gültige Deutung der Feinwanderung zu geben, versuchte man, auch andere Effekte dafür verantwortlich zu machen. So führt man neuerdings die Feinwanderung auch auf die Auswirkung von „kurzen Bögen“ zurück. Es wurde bereits erwähnt, daß der stabile Lichtbogen im allgemeinen die Erscheinung der Grobwanderung zur Folge hat. Beim schnellen Öffnen der Kontakte besteht jedoch auch die Möglichkeit, daß sich ein normales Potentialgefälle und ein normaler Plasma-Lichtbogen nicht ausbilden können. Bei kleinen Kontaktabständen in der Größenordnung von 10^{-4} cm treffen die aus der Katode austretenden Primärelektronen zum großen Teil die Anode direkt. Dadurch entsteht ein sogenannter „kurzer Bogen“, der im Gegensatz zu den Erscheinungen beim Lichtbogen eine Temperaturerhöhung der Anode bewirkt. Ein Übergang des „kurzen Bogens“ in den üblichen Lichtbogen bei höheren Kontaktabständen, die sich ebenfalls beim Öffnen einstellen, kann jedoch nicht eintreten, da die vorhandenen Energiemengen nicht groß genug sind, um einen Lichtbogen entstehen zu lassen. Mit der Erscheinung des „kurzen Bogens“ und des Lichtbogens hat man somit eine Erklärung für die unterschiedlich starke Erwärmung von Katoden- und Anodenkontakt unter verschiedenen Schaltbedingungen gefunden.

Die eigentliche Feinwanderung wird vielfach damit erklärt, daß unter dem Einfluß der elektrischen Entladung das Kontaktmaterial an der Anode verdampft und das verdampfte ionisierte Material auf der Katode niedergeschlagen wird. Ob damit der Mechanismus der Feinwanderung restlos geklärt ist, erscheint allerdings fraglich, insbesondere, wenn man die besonderen Formen der Feinwanderungsspitzen betrachtet. Die beiden folgenden Aufnahmen (Abb. 1) zeigen Feinwanderungsspitzen in einer Vergrößerung 1:150, wobei bei der ersten Aufnahme die Struktur der Spitze, bei der zweiten dagegen die Art der Form besonders in Erscheinung treten soll. Was die Struktur betrifft, so erscheint die Feinwanderungsspitze stark zerklüftet. Am Fuß der Feinwanderungsspitze werden vielfach kleinere Schmelzkügelchen festgestellt, und es hat den Anschein, als sei auch die Feinwanderungsspitze aus einer Vielzahl derartiger Schmelzkügelchen aufgebaut.

a) $U = 10$ V; $J = 2$ A;
$L = 1\,\mu$H; $1 \cdot 10^6$ Schaltungen

b) $U = 6$ V; $J = 8$ A;
$L = 5\,\mu$H; $5 \cdot 10^5$ Schaltungen

Abb. 1. Feinwanderungserscheinungen an Ag-Kontakten

Die zweite Aufnahme, die ein wesentlich größeres Feinwanderungsgebilde zeigt, läßt besonders die Unsymmetrie erkennen, die vielfach bei Feinwanderungsspitzen beobachtet wird. Sowohl die Beschaffenheit der Struktur als auch die häufig auftretenden Unsymmetrien sprechen gegen das ausschließliche Zustandekommen der Spitzen durch Kondensation aus der Dampfphase, sie lassen viel eher den Schluß zu, daß es sich bei den Feinwanderungsspitzen — zumindest bei bestimmten Schaltungen — auch um erstarrte Schmelzteilchen handelt.

Bei der Durchführung von Feinwanderungsuntersuchungen ist die Messung ein sehr heikler Punkt. Die Literaturangaben über die Größe der Feinwanderung bei ein und demselben Kontaktmaterial sind außerordentlich schwankend, was nicht nur durch die verschiedenen Schaltbedingungen zu erklären ist. Die Feinwanderungsmenge pro Schaltung liegt bei Ag-Kontakten in einer Größenordnung von

$\sim 10^{-13}$ cm³/Schaltung A². Diese Größe ist zu klein, um mit den herkömmlichen Mitteln exakt gemessen zu werden. Sie ist zunächst auch nur von theoretischem Interesse, da die Feinwanderung im praktischen Fall nach einer einzigen Schaltung sicherlich zu keinerlei Befürchtungen hinsichtlich des einwandfreien Arbeitens des Schalters Anlaß gibt. Deshalb wird die Feinwanderung allgemein nach tausend- und millionenfachen Schaltungen gemessen, allerdings unter der nicht unbedenklichen Annahme, daß sich dabei die Feinwanderungsmengen der einzelnen Schaltungen addieren. Wenn damit auch die festzustellenden Feinwanderungsmengen um das 10^3- bis 10^6fache erhöht werden, ist ihre Messung auch dann noch immer nicht einfach durchzuführen. In Frage kommen hierfür 3 Methoden:

a) die gravimetrische Methode,

b) die volumetrische Methode,

c) die Messung mit Hilfe von radioaktiven Isotopen.

Die Brauchbarkeit dieser Methoden wurde im Rahmen einer größeren Arbeit im Institut kritisch untersucht.

Die gravimetrische Methode

Definiert man als Feinwanderung die Volumen- bzw. Gewichtszunahme der Katode pro Schaltung und A², so erscheint die gravimetrische Methode besonders übersichtlich. Die Methode setzt voraus, daß der Katodenkontakt mit einer Genauigkeit von 10^{-6} bis 10^{-7} g gewogen werden kann. Sieht man von sonstigen Verlusten ab, so würde in der Feststellung des Katodengewinns einerseits und des Anodenverlusts andererseits eine Kontrolle für die Sicherheit der Messung gegeben sein. Messungen dieser Art sind jedoch in technisch vorkommenden Schaltern nicht durchführbar, da die Kontakte mit einer Eigenmasse von $\sim$20 mg in Kontaktfedern von mehreren g eingenietet werden. Die relative Zu- bzw. Abnahme des Aggregats, bestehend aus Feder + Kontakt, durch die Feinwanderung ist damit zu gering, um einer exakten Messung zugänglich zu sein. Deshalb haben wir die Messung so durchgeführt, daß die auf der Katode aufgetragenen Feinwanderungsprodukte mit einer Rasierklinge abgesprengt wurden. Genauer als die direkte Wägung erwies sich die chemische Bestimmung des Silbers durch sein Überführen in Ag-Dithizonat und quantitatives Photometrieren.

Diese chemische Bestimmung dürfte bei Nichtedelmetall-Kontakten außerdem noch den Vorteil haben, daß die Messung nicht durch Oxidbildung gefälscht wird. Als Einwand gegen die Methode kann die Befürchtung geltend gemacht werden, daß beim Absprengen der Feinwanderungsprodukte vielleicht nicht alle Teile erfaßt werden. Messungen ergaben reproduzierbare Werte in der Größenordnung von 10–20%.

Die volumetrische Methode

Die volumetrische Methode wurde bis vor kurzem bevorzugt eingesetzt. Sie besteht darin, daß man das Bild der Feinwanderung im Mikroskop vergrößert und das Volumen ermittelt. Bei der praktischen Auswertung muß man allerdings

Annahmen machen, die hinsichtlich der Genauigkeit des Ergebnisses nicht immer genügend fundiert sind. Insbesondere gilt das für die Annahme von mehr oder weniger symmetrischen Ablagerungen.

In Abb. 1 wurde bereits das Aussehen von Kontakten gezeigt, das die Fragwürdigkeit derartiger Annahmen illustriert. Darüber hinaus wurden an mehreren Kontakten die Feinwanderungsablagerungen mit Hilfe eines Pertho-Meters gemessen. Das Gerät ist ein Tastschnittgerät, bei dem die zu prüfende Oberfläche mit einer Diamantspitze abgetastet wird. Im Prinzip wird dabei der Fühlhebel in einer vorgegebenen Richtung über die Oberfläche geführt, wobei die Diamantspitze je nach der Oberflächenkontur gehoben oder gesenkt wird. Die Höhenänderung wird über einen elektromechanischen Wandler, der nach dem Induktionsprinzip arbeitet, verstärkt, so daß Vergrößerungen bis 1:10000 möglich sind. Aus mehreren Registrierdiagrammen, die in äquidistanten Schnitten von einem Kontakt entnommen wurden, wurde das folgende Höhenschichtbild der Feinwanderung aufgenommen (Abb. 2). Die Breite der Feinwanderungsspitze am Fuß beträgt $\sim 200\ \mu m$, die Höhe der Spitze $35\ \mu m$. Man erkennt daraus besonders die Unregelmäßigkeit des Aufbaus der Spitze.

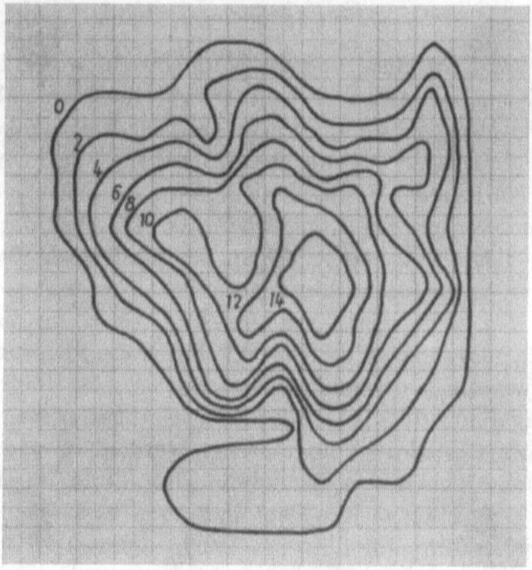

Abb. 2. Ag-Feinwanderung in topographischer Darstellung
Flächendarstellung: 10 mm $\triangleq$ 20 μm
Höhendarstellung: Zahl · 2,5 μm = Höhe

Der Vergleich der Pertho-Meter-Messung mit der mikroskopischen Messung ergab einen um 10% höheren Wert der mikroskopischen Messung. Der Mehrwert ist durch die Unsicherheit der Ausmessung der Spitzenbasis und vor allem durch mögliche Überdeckungen in der mikroskopischen Projektion zu erklären, die auch durch Projektion unter zwei senkrecht zueinanderliegenden Richtungen nicht vollständig behoben wird.

Die Messung mit Hilfe radioaktiver Isotope

Die moderne Wissenschaft hat mit den künstlichen radioaktiven Isotopen ein Mittel zur quantitativen Feststellung kleinster Substanzmengen geliefert, das auch zur Ermittlung der Feinwanderung eingesetzt werden kann. Praktisch geht man dabei so vor, daß man aktivierte Ag-Anoden-Kontakte gegen nicht aktive Ag-Katoden-Kontakte schaltet und die von der Anode auf die Katode gewanderten aktiven Feinwanderungsprodukte mit einem geeigneten Zähler quantitativ ermittelt. Je höher die Aktivität des Anodenkontakts gewählt wird, desto größer ist die zu erreichende Genauigkeit der Feinwanderungsmessung. Natürlich sind der Steigerung der Genauigkeit Grenzen gesetzt. Sie werden durch den im Reaktor einsetzbaren Neutronenstrom bedingt, zum anderen aber vor allem dadurch, daß bei einer Erhöhung der Anodenaktivität die Gefahr gesundheitlicher Schädigungen wächst, so daß man schon aus diesem Grunde die Versuche mit der geringsten Anodenaktivität durchführt.

Die Grenzen lagen bei den benutzten Ag-Kontakten bei ca. 20 mC. Das Arbeiten mit den radioaktiven Feinwanderungsprodukten, deren Aktivität mehrere Größenordnungen niedriger lag, war praktisch gefahrlos. Mit dieser Methode war es möglich, gewanderte Ag-Volumina in einer Größenordnung von $10^{-9}cm^3$ und weniger zu ermitteln. Zweifellos kann man diesem Verfahren hinsichtlich seiner Meßgenauigkeit das größte Vertrauen entgegenbringen.

Die physikalische Grundlage der Messung besteht im vorliegenden Fall darin, daß das normale Silber aus 2 Isotopen mit den Atomgewichten 107 und 109 besteht. Durch Neutronenbeschuß tritt vor allem eine Umwandlung des 109-Atoms ein, wobei durch Anlagerung eines Neutrons ein instabiles 110-Atom entsteht. Dieses setzt sich unter Aussendung von β-Strahlung mit einer Halbwertszeit von 270 Tagen in ein 110 Cd-Atom um. Bis zum Erreichen des Gleichgewichtszustands entstehen Folgeprodukte, die von γ-Strahlen begleitet sind und die zur Feststellung der gewanderten Ag-Mengen benutzt werden.

Die Aktivierung der Ag-Kontakte und auch die Messungen wurden im Zentralinstitut für Kerntechnik, Rossendorf, insbesondere im Institut für Radiochemie, Leiter Prof. Dr. K. Schwabe, vorgenommen. Den genannten Instituten und ihren Mitarbeitern sei für die Unterstützung bestens gedankt.

Abb. 3 zeigt einen Vergleich der Feinwanderungsmessungen an Ag-Kontakten (10 V, 2 A, 4 μH) entsprechend den 3 behandelten Meßverfahren nach $0,5 \cdot 10^6$ bis $3 \cdot 10^6$-Schaltungen, wobei in allen 3 Fällen die gleichen Kontakte zur Messung kamen. Im Interesse einer erleichterten Messung wurden die Schaltzahlen ziemlich hoch gewählt, außerdem wurde absichtlich eine relativ hohe Induktivität des Schaltkreises benutzt, um auch auf diese Weise die Feinwanderungsmenge möglichst zu erhöhen. Man erkennt zunächst, daß der Verlauf der 3 Diagrammkurven grundsätzlich der gleiche ist. Die volumetrischen Messungen führen jedoch zu relativ hohen, die gravimetrischen Messungen zu etwas niedrigeren Feinwanderungswerten. Die radioaktiv gefundenen Werte liegen zwischen den beiden Meßreihen. Die eingetragenen Meßwerte sind Mittelwerte aus mehreren Messungen. Mit steigenden Schaltzahlen nimmt die Streuung stark zu. Als wesentliches Ergebnis der Untersuchung kann dem gekrümmten Verlauf der Diagrammkurven

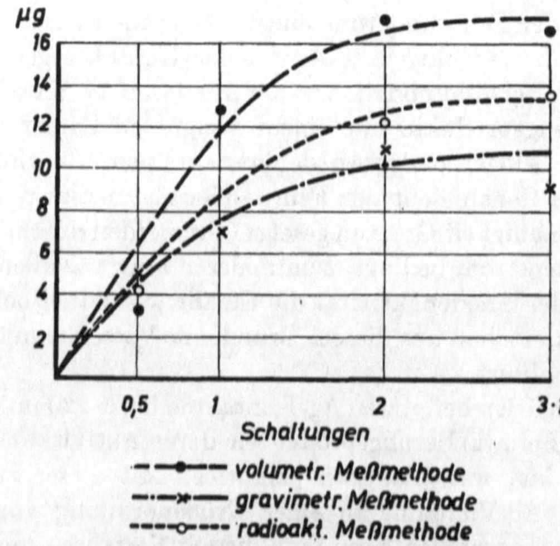

Abb. 3. Auswertung der Feinwanderung von Ag-Kontakten nach drei verschiedenen Bestimmungsmethoden

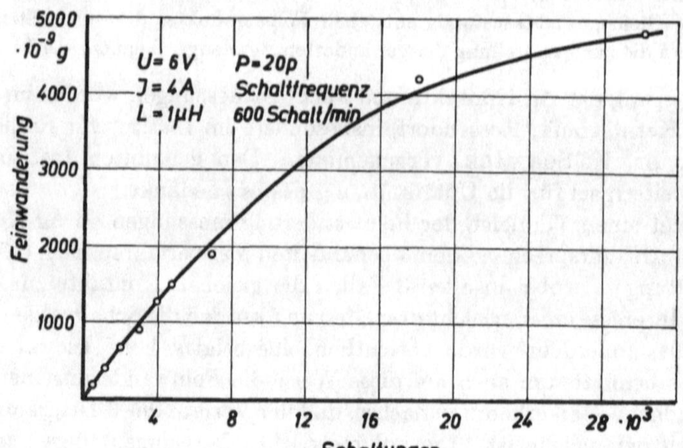

Abb. 4. Feinwanderung an Ag-Kontakten in Abhängigkeit von der Schaltzahl (radioaktive Messung)

entnommen werden, daß die Annahme einer linearen Zunahme der Feinwanderungsmenge mit der Schaltzahl bei Schaltzahlen in der Größenordnung von 10^6 nicht gerechtfertigt ist.

Die Erklärung dieser Erscheinung braucht nicht nur in einer Änderung des Feinwanderungsmechanismus gesehen zu werden. Es liegt vielmehr nahe, bei hohen Schaltzahlen auch mit der Möglichkeit eines Abschlagens der feinen Feinwanderungsspitzen zu rechnen, eine Annahme, die auch durch das mikroskopische Bild bekräftigt wird (Abb. 1). Es dürfte deshalb zweckmäßig sein, Feinwanderungsmessungen bei möglichst niederen Schaltzahlen durchzuführen, wobei sich die radioaktive Meßmethode als besonders geeignet erweist.

Auch im Bereich unter $0{,}5 \cdot 10^6$-Schaltungen kann aus dem Diagramm, Abb. 3, die Berechtigung für die Annahme einer linearen Beziehung zwischen Schaltzahl und Feinwanderungsmenge nicht abgelesen werden.

Deshalb wurde mit Hilfe der radioaktiven Methode die Zunahme der Feinwanderung zwischen 500 bis 30000 Schaltungen verfolgt. Die Ergebnisse sind in Abb. 4 wiedergegeben. Es ergibt sich daraus, daß eine lineare Abhängigkeit von Feinwanderungsmenge und Schaltzahl im vorliegenden Fall nur bis ca. 4000 Schaltungen besteht. Dies entspricht einer Feinwanderung von $\sim 10^{-7}$ cm^3 bzw. 10^{-6} g Ag. Wie weitere Untersuchungen nahelegten, dürfte bei verschieden gewählten Schaltungen die obere Meßgrenze sogar besser durch die Feinwanderungsmenge von 10^{-6} bis 10^{-7} g als durch die Schaltzahl festgelegt werden. Das Ergebnis der Messungen unterstreicht die Fragwürdigkeit früherer Feinwanderungsergebnisse, welche die Feinwanderung/Schaltung und A^2 aus experimentellen Unterlagen mit millionenfachen Schaltungen ableiteten.

Eine weitere Unsicherheit früherer Messungen liegt in der Vernachlässigung des Einflusses der Schaltkreisinduktivität. Da bei der raschen Stromunterbrechung mit einem — wenn auch kurzzeitigen — Ansteigen der Spannung gerechnet werden muß, kann der Entladungsvorgang durch die Selbstinduktivität wesentlich geändert werden. Vergleichbare Werte der Feinwanderungen sollten deshalb zunächst nur experimentellen Anordnungen entnommen werden, deren Selbstinduktivität auf ein Minimum, d. h. möglichst $\leqq 0{,}5\,\mu$H beschränkt ist.

Es muß jedoch zugegeben werden, daß diese Forderung den technischen Bedürfnissen nicht entspricht, da die Induktivität in praktisch vorkommenden Schaltkreisen wesentlich höher liegt.

In Abb. 5 sind Feinwanderungsbilder der Ag-Katoden bei Schaltkreisinduktivitäten von 0,5, 5 und 100 μH als Silhouetten zusammengestellt. Unter den Katodenbildern in Seitenansicht finden sich die entsprechenden Bilder der Anodenflächen in Draufsicht. Man erkennt, daß bei Steigerung der Induktivität von 0,5 bis 5 μH die Feinwanderungsspitze sich offensichtlich vergrößert. Bei einer Induktivität von 100 μH ist im Silhouettenbild dagegen von einer Feinwanderungsspitze kaum noch etwas zu bemerken. Nach der volumetrischen Messung würde hieraus auf eine verschwindende Feinwanderung zu schließen sein. Daß durch den Schaltvorgang trotzdem eine Änderung der Kontakte eintritt, kann an dem Bild der Anode festgestellt werden.

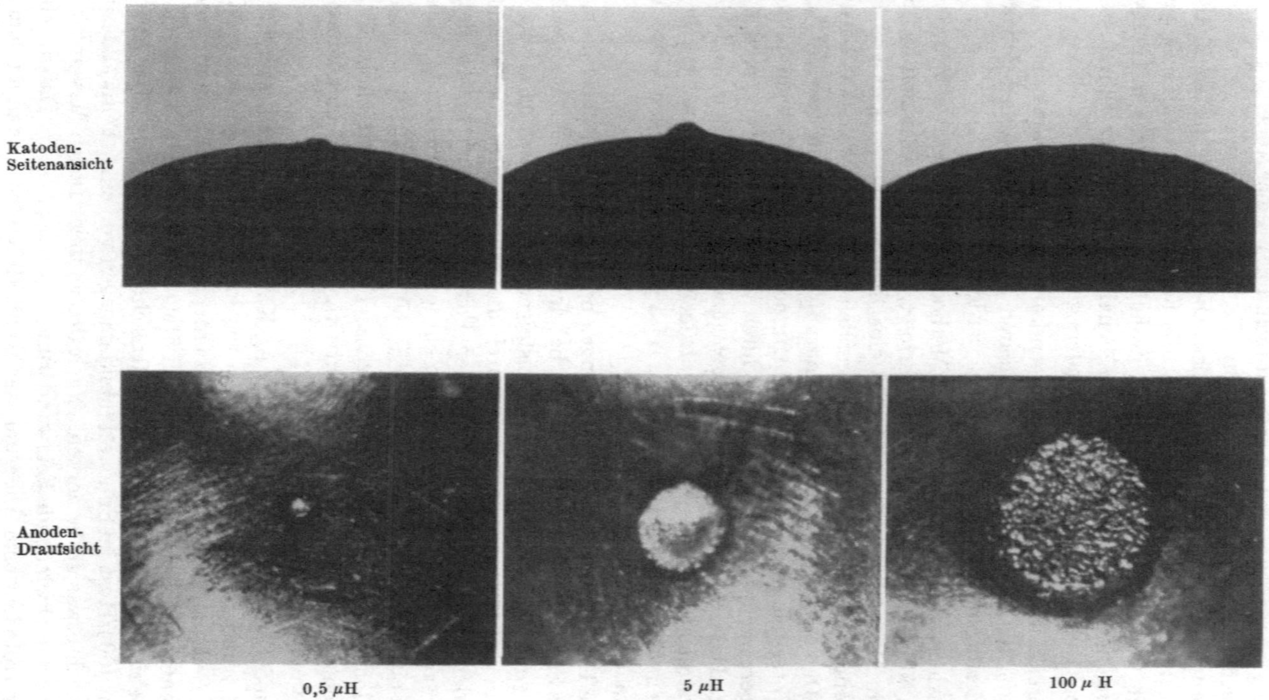

Abb. 5. Ausbildung der Feinwanderung an Ag-Katoden und -Anoden bei verschiedener Schaltkreisinduktivität 6 V, 4 A

Abb. 6 zeigt die auf der Katode radioaktiv gemessenen Feinwanderungen in Abhängigkeit von der Schaltkreisinduktivität. Die Spannung an den geöffneten Kontakten betrug 6 V, der über die geschlossenen Kontakte fließende Strom 4 A. Auf dem Bild fällt die Zunahme der Feinwanderung bis zu einem Maximum bei einer Schaltkreisinduktivität von 50 μH auf, wobei die Messungen wiederum in der Weise durchgeführt wurden, daß ein radioaktiver Ag-Anodenkontakt gegen einen ursprünglich nicht aktiven Ag-Katodenkontakt geschaltet und nach 3000 Schaltungen die entsprechende Radioaktivität des Katodenkontakts gemessen

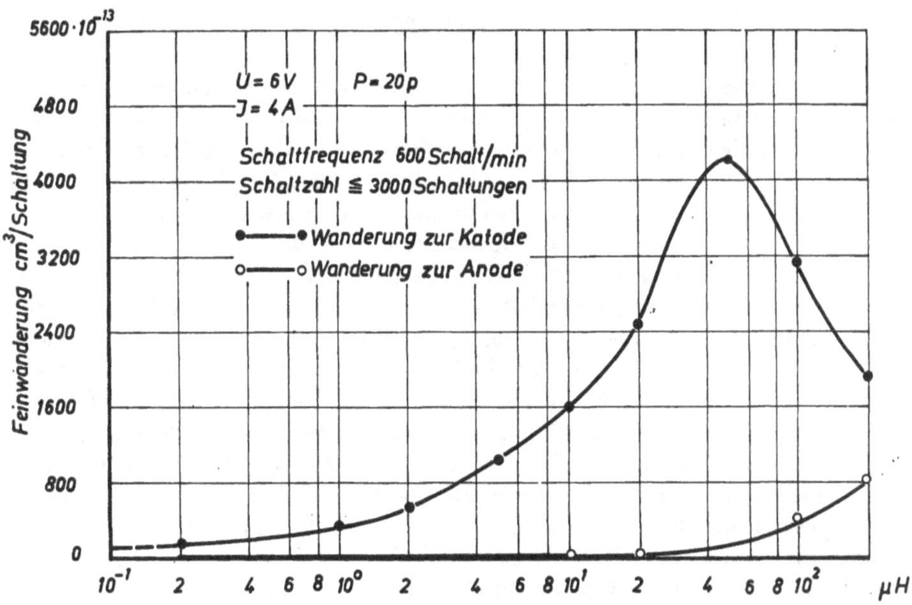

Abb. 6. Feinwanderung an Ag-Kontakten in Abhängigkeit von der Schaltkreisinduktivität

wurde. Es wurden nunmehr auch umgekehrt aktive Katodenkontakte gegen nichtaktive Anodenkontakte geschaltet, um auch etwaige Wanderungen von der Katode zur Anode festzustellen. Die untere Kurve im Diagramm gibt die gefundenen Ergebnisse wieder. Man entnimmt daraus, daß unter den angegebenen Schaltbedingungen bei einer Schaltkreisinduktivität von 30 μH eine zu beachtende Wanderung auch von Katode zu Anode einsetzt, die sich bei hohen Induktivitäten monoton steigert. Es ist anzunehmen, daß die Wanderung zur Katode bzw. Anode in verschiedenen Zeiten des Schaltvorgangs eintritt.

Die mitgeteilten Ergebnisse stellen Ausschnitte aus einem größeren Forschungsprogramm dar. Wie bereits angedeutet, wurden auch von anderen Stellen derartige Untersuchungen durchgeführt. Bei den Arbeiten in unserem Institut soll jedoch die Feinwanderung an Kontakten aus Ag und Ag-Legierungen auf breiter Basis untersucht werden. Dabei sind weitere interessante Ergebnisse zu erhoffen, die später sicher auch von praktischem Nutzen sein dürften.

Dr.-Ing. Erich Lindner

Leiter der Abteilung Technologie des Schmelzens und der Verarbeitung

EIGENSCHAFTEN UND ZUSAMMENSETZUNG VON HOCHTEMPERATURWERKSTOFFEN AUF NICKEL-BASIS

Einleitung

Auf der Grundlage der sich durch hohen Oxydationswiderstand auszeichnenden Nickel–Chrom-Legierung mit 80% Ni und 20% Cr sind in den letzten zwei Jahrzehnten komplexe warmfeste Werkstoffe entwickelt worden, um den Forderungen des Turbinenbaus nach hoher Kriechbeständigkeit bei hohen Temperaturen nachkommen zu können. Die gewünschten mechanischen Eigenschaften dieser *Superlegierungen* werden sowohl durch hochschmelzende, unter Mischkristallbildung aufgenommene Komponenten zur Verringerung der Selbstdiffusion und Hemmung des Rekristallisationsprozesses erzielt als auch durch karbidbildende Elemente und Ausscheidungsphasen, wobei Größe, Menge und Verteilung dieser die Gleitebenen blockierenden Ausscheidungen von Bedeutung sind. Art und Anordnung der Ausscheidungen sind durch Wärmebehandlungen beeinflußbar. Die Stabilität der Phasen während der Beanspruchung durch Temperatur und Spannung kann mit Hilfe geringer Zusätze von Bor und Zirkon erhöht werden. Für die Güte des Werkstoffs spielt weiterhin der Anteil an ungewollten Beimengungen eine große Rolle, weshalb der Einsatz reiner Ausgangswerkstoffe und sauberes Schmelzen für die Erzeugung von Spitzenlegierungen Voraussetzung sind. Aus diesem Grunde und zur genauen Einhaltung der Zusammensetzung, die ebenfalls einen wesentlichen Einfluß auf die mechanischen Eigenschaften ausübt, empfiehlt sich das Schmelzen und Gießen unter Vakuum.

Tabelle 1. Grundzusammensetzung der hochwarmfesten Gußlegierung LW 2361

	Zusammensetzung		Verwendete Werkstoffe
	gattiert %	Analysen %	
Cr	13,5	12,6 –13,0	Thermit-Chrom 99,5%/Elektrolyt-Chrom
Mo	4,7	4,3 – 4,8	übliche Qualität
Ti	0,8	0,5 – 0,7	Titanschrott ohne Analyse
Al	6,3	5,7 – 6,2	Aluminium 99,99%
NbTa	2	0,5–0,8/0,7–1,1	Ferrolegierung EK Bitterfeld
C	0,15	0,11– 0,13	Spektralkohle
Mn	1,0	0,6 – 0,8	Elektrolyt-Mn 99,9%
Fe	4	3,6 – 3,9	Armco-Eisen oder Schwed. Weicheisen
Ni	Rest	68 –69	GOST N1–N2 vak. vorgeschm. oder geglüht

Da die Entwicklung warmfester Werkstoffe in der Deutschen Demokratischen Republik erst vor wenigen Jahren eingesetzt hat, wurden die Erfahrungen der auf diesem Gebiete führenden Länder, soweit die Öffentlichkeit davon Kenntnis erhielt, genutzt. Als 1959 dem Forschungsinstitut für metallische Spezialwerkstoffe der Auftrag erteilt wurde, eine warmfeste Gußlegierung auf Ni–Cr-Basis mit einer garantierten Zeitstandfestigkeit von $\sigma_B = 18$ kp/mm² im 100-h-Versuch bei 900 °C Prüftemperatur zu entwickeln, ist die in Tabelle 1 genannte Legierungszusammensetzung aus Literaturangaben zusammengestellt und als Grundlage gewählt worden. Die Legierung erhielt die Bezeichnung LW 2361. Über einen Teil der mit den eigenen Untersuchungen im Zusammenhang stehenden Arbeiten soll nachstehend berichtet werden.

Versuchsdurchführung

Die Fertigung von Probestäben erfolgte nach dem Genaugußverfahren mit Wachsausschmelzmodellen unter Vakuum im Induktionsofen. Es wurden Gußtrauben im Gewicht von 6,5 kg mit je 25 Probestäben, gemäß Abb. 1, hergestellt und dabei die Temperatur von Schmelze und Formkasten vor dem Abguß bestimmt.

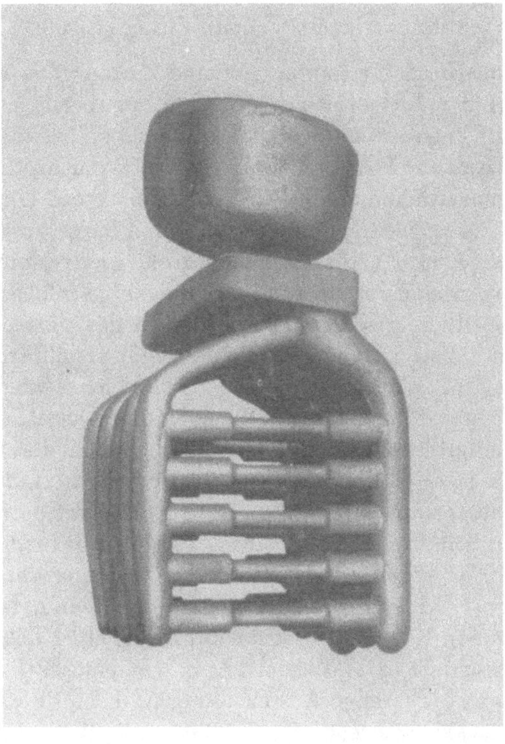

Abb. 1. Gußtraube von Probestäben für Zeitstanduntersuchungen

Die Prüfung der Probestäbe mit 5,5 mm ∅ und 30 mm Meßlänge erfolgte in Dauerstandgeräten für je eine Probe bei 900 °C. Die Temperaturregelung der Öfen wurde anfangs mit Fallbügelreglern vorgenommen, zur höheren Temperaturkonstanz später über Ausdehnungsregler. Die Belastung der Probestäbe ist, soweit Vorausbestimmungen möglich waren, so eingestellt worden, daß der Bruch nach ca. 100 h auftrat. Zur Ermittlung der Festigkeit für 100 h Laufzeit (100-h-Festigkeit) wurden die gefundenen Werte interpoliert; bei Zeitstandfestigkeiten unter 18 kp/mm² machte sich z. T. auch eine Extrapolation notwendig.

Versuchsergebnisse am Legierungstyp LW 2361

Vorversuche

Mit einer Legierung der in Tabelle 1 angegebenen Zusammensetzung wurde ohne Wärmebehandlung eine Zeitstandfestigkeit von $\sigma_{B_{100/900°}} = 15$ kp/mm² (Bruchdehnung 2%) erreicht. Durch Wärmebehandlungen, die in einer Homogenisierungsglühung bei 1180 °C oder 1200–1250 °C 4 h mit anschließender Stabilisierungsglühung bei 1000 °C 8 h Luftabkühlung und Ausscheidungsglühung bei 800 °C 20 h bestanden, wurde die Zeitstandfestigkeit nur geringfügig verbessert, die Bruchdehnung hatte keine Änderung erfahren.

Einfluß geringer Bor- und Zirkonzusätze

Der Anwesenheit geringer Mengen an Bor und Zirkon in Superlegierungen auf Nickelbasis wird in der Literatur große Bedeutung beigemessen [1–4]. Die eigenen Versuche mit Zugaben von 0,05% B und 0,05% Zr haben eine eindeutige Verbesserung der Werte zur Folge gehabt, so daß die vom Auftraggeber geforderten 18 kp/mm² bei einer Dehnung von 4,5% erreicht werden konnten. Allerdings waren die Streuungen zu niedrigeren Werten von Charge zu Charge und auch innerhalb einer Charge noch verhältnismäßig groß, was vermuten ließ, daß die Ausscheidungen härtender Komponenten im Gußgefüge infolge ungleichmäßiger Erstarrung unterschiedlich ausfallen. Bis zu einem gewissen Grade müßte sich durch Lösungsglühen mit anschließendem Ausscheidungsglühen eine Vereinheitlichung erreichen lassen. Wärmebehandlungen, in gleicher oder ähnlicher Weise wie bei der ersten Gruppe durchgeführt und auch in Zwischenstadien durch Schliffbilder und Zeitstanduntersuchungen kontrolliert, haben die Streuungen zwar etwas verringert, die Zeitstandfestigkeit aber im Gegensatz zu den bei Knetlegierungen üblichen Verbesserungen [3, 6, 7] nicht nennenswert beeinflußt.

Abb. 2a zeigt den Schaftquerschnitt eines Prüfstabs, der mit 1500 °C in einen Formkasten von 910 °C abgegossen worden war, im ungeglühten Zustand. Die Matrix ist mit groben γ'-Ausscheidungen besetzt. Karbide haben sich innerhalb der Kristalle und an den Korngrenzen gebildet. Nach einer Lösungsglühung von 1250 °C 4 h und Abschrecken in Wasser (Abb. 2b) erscheint die Matrix lichtmikroskopisch frei von primären γ'-Ausscheidungen, d. h., die groben γ'-Partikel sind in Lösung gegangen, während sich Karbide teilweise an den Korngrenzen konzentrieren. Wird ein solches Gefüge bei 1000 °C 8 h geglüht (Abb. 2c), entsteht

a) ungeglüht

b) 1250 °C 4 h — H_2O

c) 1250 °C
4 h H_2O + 1000 °C 8 h — Luft

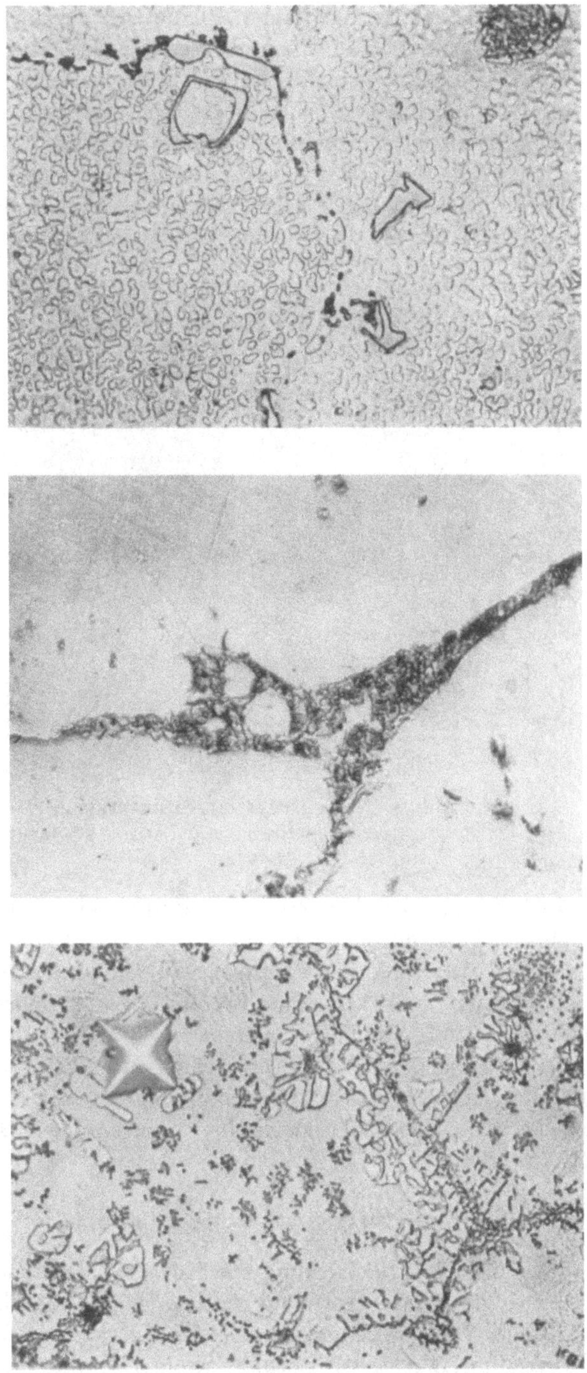

Abb. 2. Ni–Cr-Hochtemperaturwerkstoff LW 2361; V = 800:1

eine Vielzahl von Karbiden innerhalb der Körner, und an den Korngrenzen erfolgt deren Auflockerung und weitere Verteilung. Die Alterungsglühung bei 800 °C 20 h läßt an der elektronenmikroskopischen Aufnahme (Abb. 3) sekundäre Ausscheidungen von γ'-Phase in feiner Verteilung erkennen. Da solchen Ausscheidungen in submikroskopischer Feinheit optimale Wirkung zugesprochen wird, hätte eine gewisse Verbesserung der Zeitstandfestigkeit erwartet werden können. Die durch die Wärmebehandlungen hervorgerufenen Gefügeänderungen haben sich aber im wesentlichen nur auf die Dehnung — und zwar im negativen Sinne — ausgewirkt.

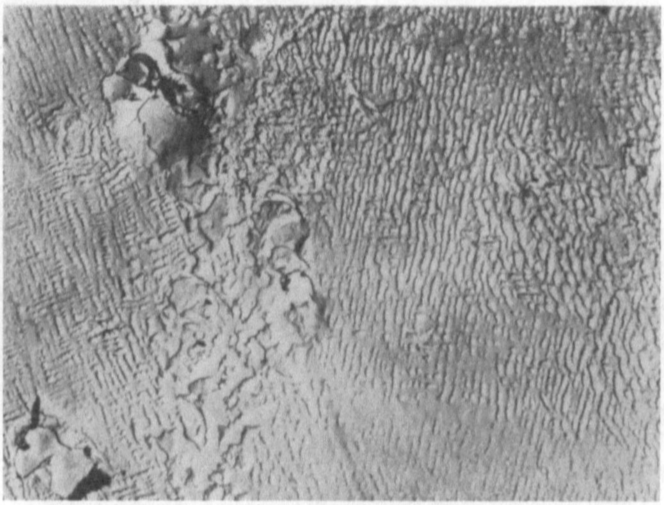

Abb. 3. Ni–Cr-Hochtemperaturwerkstoff LW 2361; V = 4000:1
geglüht 1250 °C 4 h — H_2O + 1000 °C 8 h + 800 °C 20 h — Luft

Erniedrigung des Borgehalts auf 0,01% oder Erhöhung auf 0,1% sowie Erhöhung des Zirkongehalts auf 0,1% haben nicht zur Verbesserung der Zeitstandwerte geführt. Auch die gleichzeitige Zugabe beider Komponenten mit je 0,1% ist ohne Wirkung geblieben. Eine Erhöhung des Zr-Gehalts auf 0,15% (bei 0,05% B) hat sogar nachteilige Folgen gehabt.

Nach Pridancev [5] ist durch geringe Zusätze von Ca, Ba und Ce eine Verbesserung der Hochtemperatureigenschaften von Nickel–Chrom-Legierungen möglich. Der an der vorliegenden Legierung unternommene Stichversuch hat nicht zum Erfolg geführt.

Einflüsse unterschiedlicher technologischer Bedingungen

Während über die Wirkung der Korngröße auf das Zeitstandverhalten in der Literatur ausführlich berichtet wird, u. a. [8—12], sind dem Verfasser über den Einfluß der Gießbedingungen auf die Korngröße keine Arbeiten bekannt. Zur Überprüfung der eigenen technologischen Verhältnisse schien es deshalb zweckmäßig, an der Legierung mit 0,05% Bor und 0,05% Zirkon Versuche mit unterschiedlichen Gieß- und Formkastentemperaturen vorzunehmen. Es hat sich bei den Versuchen mit Gießtemperaturen von 1450—1550 °C und Formkastentemperaturen von 700—900 °C gezeigt, daß die Formkastentemperatur auf Kornzahl und Zeitstandfestigkeit größeren Einfluß ausübt als die Gießtemperatur (Tabelle 2). Während die Kornzahl bei Kastentemperaturen von ca. 900 °C, un-

Tabelle 2. Einfluß von Gieß- und Formkastentemperatur auf Kornzahl und Zeitstandfestigkeit

Gieß-temperatur °C	Kasten-temperatur °C	Zeitstand-festigkeit kp/mm² 900° 100 h	Bruch-dehnung %	Kornzahl im Quer-schnitt bei 5 mm ⌀	Anzahl der Körner je Korngröße bei mm ⌀				Korngröße i. M. mm ⌀
					5—3	3—1,5	1,5—0,5	$<0,5$	
1550	900	16,3	8,6	7	1	2	3	1	1,72
	690	17,5	3,7	17	—	3	12	2	1,16
1500	910	15,4	10,3	4	2	1	1	—	2,83
	795	17,2	6,4	4	2	1	—	1	2,69
1450	890	16,8	6,9	4	3	—	1	—	3,25
	685	18,2	2,7	18	—	9	6	3	1,95

abhängig von der Gießtemperatur, bei 4—7 liegt, ist bei Kastentemperaturen von rd. 700 °C die Kornzahl auf 17—18 Kristallite angestiegen. Die geringe Kornzahl der zweiten Probe in der mittleren Reihe der Tabelle 2 mag durch die um 100 grd zu hoch liegende Kastentemperatur bedingt sein, bei der eine erhöhte Keimbildung offenbar noch nicht einsetzt. Die Korngröße nimmt allgemein mit fallenden Gießtemperaturen bei hohen Kastentemperaturen zu, und sie wird geringer mit Erniedrigung der Kastentemperatur. Aus den Versuchen hat sich als wahrscheinlich günstigste Kombination eine Gießtemperatur von 1500 °C und eine Formkastentemperatur von 700 °C gezeigt. Allerdings war mit höherer Kornzahl ein Dehnungsrückgang um rd. 50%, auf $\delta = 3-4\%$, verbunden (Tabelle 2), während die Zeitstandfestigkeit eine Steigerung um nur rd. 10% erfahren hat.

Die Verwendung von reiner Schmelzmagnesia an Stelle von Edelkorund, der sonst als Tiegelmaterial benutzt wurde, hat keinen Einfluß auf die Zeitstandfestigkeit gehabt. Auch das Abgießen der im Vakuum erzeugten Schmelzen unter Argon-Atmosphäre bei 400 Torr, womit eine eventuelle Mikroporosität durch freiwerdende Gase während der Erstarrung vermieden werden kann, ist ohne Einfluß geblieben. Eine solche Wirkung dürfte vorwiegend auch nur dann zu erwarten sein, wenn das Einsatzmaterial stark gashaltig und die Entgasung während des Schmelzens ungenügend ist.

Weitere Maßnahmen zur Verbesserung der Legierung LW 2361

Die Ergebnisse der bisherigen Versuche lassen erkennen, daß eine grundlegende Verbesserung der Zeitstandfestigkeit mit Hilfe der durchgeführten Maßnahmen nicht erreicht werden konnte. Deshalb wurde versucht, durch Änderung gewisser Zusatzkomponenten zum Ziel zu gelangen.

Es ist bekannt, daß der Anteil an Al + Ti die Menge der Ausscheidungen an γ'-Phase beeinflußt und diese im wesentlichen die Kriechfestigkeit bestimmt. Da der Al-Gehalt mit 6% schon recht hoch angesetzt war, wurde der Titangehalt auf 1,1%, 1,6% und 2,5% angehoben. Während bei 1,1% Titan noch keine Änderung in der Zeitstandfestigkeit wahrgenommen wurde, zeigte sich eine deutliche Erhöhung beim Zusatz von 1,6% Ti (Abb. 4). Mit 2,5% Ti-Gehalt fiel die Zeitstandfestigkeit stark ab. Obwohl im letzteren Falle unter Umständen Meßfehler infolge ungenügender Temperaturkonstanz der Dauerstandgeräte vorliegen können, besteht doch die Wahrscheinlichkeit, daß die Summe Al + Ti mit 8,8% gattiert zu hoch liegt und das Auftreten der σ-Phase bewirkt hat.

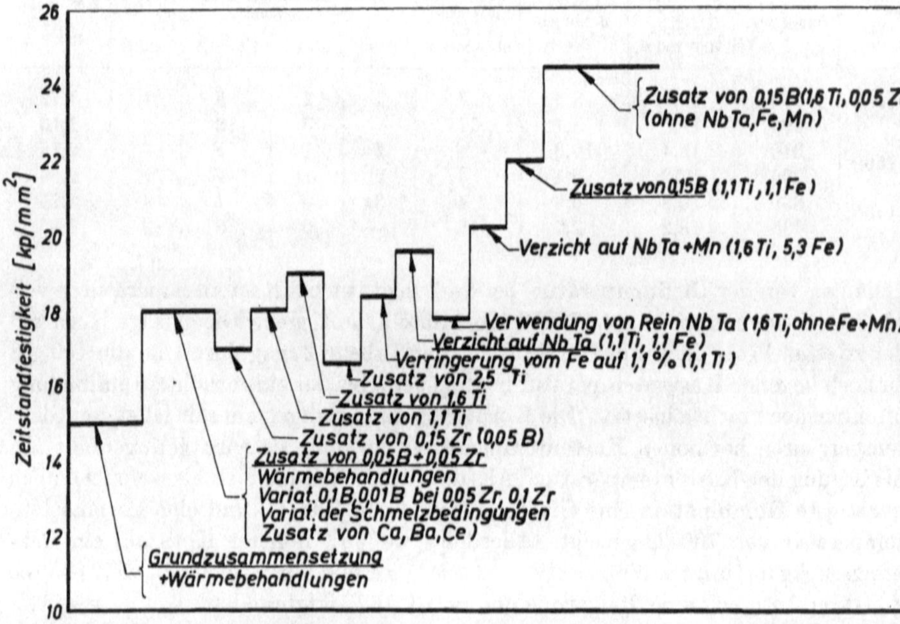

Abb. 4. Entwicklungsverlauf der hochwarmfesten Gußlegierung LW 2361

Weiterhin wurde, angeregt durch neuere Entwicklungstendenzen bei den Superlegierungen, der Eisengehalt von 4% auf 1,1% (Anteil durch Fe–NbTa) erniedrigt und auf die Zugabe von Mangan verzichtet. Die Wirkung dieser Maßnahmen auf die Eigenschaften der Legierungen ist nicht eindeutig, weil gesonderte Überprüfungen aus Zeitgründen nicht vorgenommen werden konnten und die Veränderungen in der Zeitstandfestigkeit kaum außerhalb der üblichen Streuungen lagen.

Das verwendete Fe–NbTa enthält einige Verunreinigungen an niedrigschmelzenden Schwermetallen, die die dem Niob–Tantal zugesprochenen verbessernden Eigenschaften zunichte machen, vielleicht sogar negativen Einfluß ausüben könnten. Deshalb wurden Versuche durchgeführt, auf Fe–NbTa zu verzichten und den Eisengehalt von 1,1% durch Reineisen zu ersetzen. Wie aus Abb. 4 ersichtlich, ist dadurch eine Steigerung der Zeitstandfestigkeit auf 19,5 kp/mm² eingetreten. Allerdings hat die Verwendung von Rein-NbTa gezeigt, daß nicht die in der Ferrolegierung evtl. störenden Verunreinigungen maßgebend waren, sondern NbTa an sich die Zeitstandfestigkeit in vorliegender Legierung ungünstig beeinflußt ($\sigma_{B_{100/900^\circ}} = 17{,}8$ kp/mm^2).

Die Kombination der bisherigen verbessernden Maßnahmen, also Zugabe von 1,6% Ti und Verzicht auf NbTa, brachte eine Steigerung der Zeitstandfestigkeit auf 20 kp/mm^2, wobei unbeabsichtigt der Fe-Gehalt sogar über 5% lag.

Der entscheidende Schritt zur Verbesserung der Legierung bestand in der Zugabe von 0,15% Bor (0,12% analysiert). Eine Legierung mit diesem Borgehalt, die noch mit 1,1% Ti und Fe-NbTa gattiert war, hat eine sprunghafte Erhöhung auf 22 kp/mm^2 erfahren (Abb. 4).

Dieses Ergebnis ist auffällig und kam überraschend, weil die Zeitstandfestigkeit nach Zugabe von 0,1% B gegenüber 0,05% B keine Anzeichen dafür erkennen ließ, daß durch weitere Erhöhung des Borgehalts eine Verbesserung eintreten könnte. Auch ist ein Borgehalt in dieser Höhe nicht üblich, und die günstige Wirkung von Bor auf die Zeitstandfestigkeit wird im allgemeinen nur bei wesentlich niedrigeren Gehalten erwartet.

Es konnte angenommen werden, daß bei Berücksichtigung der bisher gefundenen Verbesserungsmöglichkeiten, d. h. Zugabe von 0,15% B und 1,6% Ti, Verzicht auf Fe–NbTa, vorsorgehalber auch auf Mn und Fe, eine weitere Steigerung der Zeitstandfestigkeit erfolgen würde. Das ist auch, wie aus Abb. 4 ersichtlich, in vollem Umfange eingetreten. Eine solche Legierung ergibt reproduzierbare Zeitstandfestigkeitswerte zwischen 24 und 25 kp/mm^2 bei 900 °C Prüftemperatur im 100-h-Versuch. Die Bruchdehnung liegt zwischen 5 und 7%. Versuche bei 700 °C Prüftemperatur mit einer Belastung von 60 kp/mm^2 haben eine Laufzeit der Proben von rd. 1300 Stunden ergeben. Die Bruchdehnung war bei diesen Versuchen auf 3,4% abgesunken.

Auffallend ist bei dieser Legierung die Ausbildung des Gefüges. Während alle früheren Legierungen einen Gefügetyp aufweisen, wie er in Abb. 2a, vgl. Abb. 5, nächste Seite gezeigt wird, tritt hier im Verlaufe der Erstarrung der langsam abkühlenden Probestäbe eine besondere Ausscheidungsphase auf (Abb. 5a und b). Die Primärkristalle werden durch diese Ausscheidungen wabenartig in viele kleine, verhältnismäßig gleichgroße Kristallite gleicher Orientierung aufgeteilt. Bei stärkerer Vergrößerung (Abb. 5c und d) entsteht der Eindruck normaler Korngrenzen. Mit Hilfe der Karbidätzung nach Groesbeck wurde festgestellt, daß es sich hier zumindest teilweise um Karbidausscheidungen handelt (Abb. 6a). Durch elektronenmikroskopische Untersuchungen (Abb. 6b) konnte vorerst kein weiterer Aufschluß erzielt werden. Wohl aber hat eine erste Prüfung im Mikro-Analysator (Cambridge) gezeigt, daß innerhalb der Ausscheidungsphase eine Anreicherung an Chrom und Titan und eine Verarmung an Nickel auftritt, was auf komplexe Karbidbildung hindeutet. Es ist nicht ausgeschlossen, daß evtl. parallel zu den Karbiden auch Boride in den Ausscheidungen auftreten. Untersuchungen hierüber sind eingeleitet. Dieser Gefügeausbildung, die bei allen Güssen des letzten Legierungstyps in gleicher Weise vorhanden ist, dürfte ein wesentlicher Anteil an der ermittelten Festigkeitssteigerung zuzuschreiben sein.

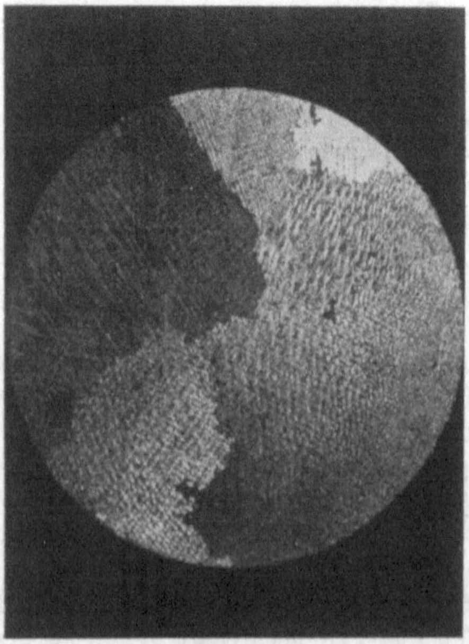

a) V = 10:1

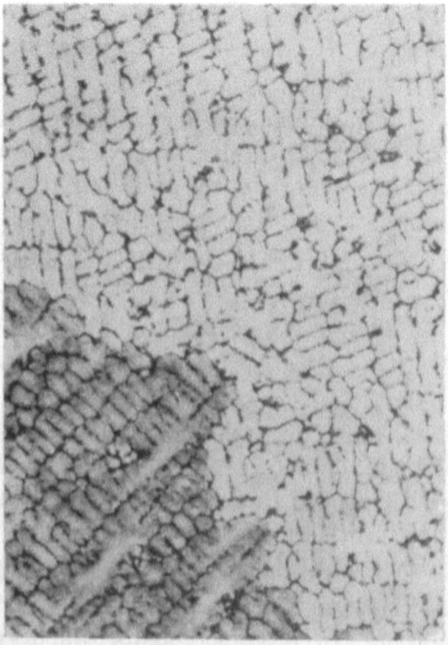

b) V = 50:1

nicht wärmebehandelt

c) V = 200:1

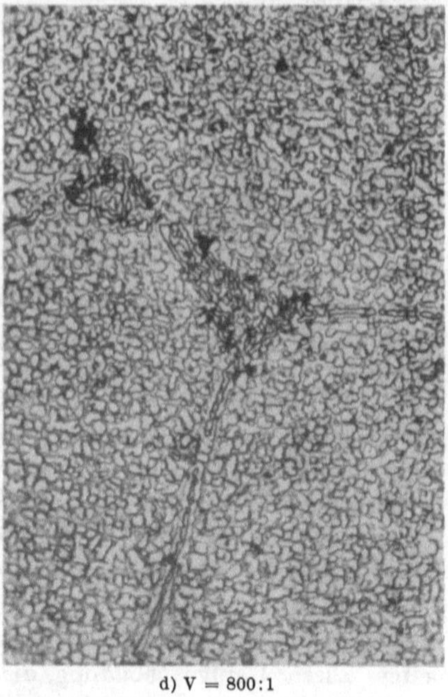

d) V = 800:1

Abb. 5. Ni–Cr-Hochtemperaturwerkstoff LW 2361 mit erhöhtem Ti- und B-Gehalt

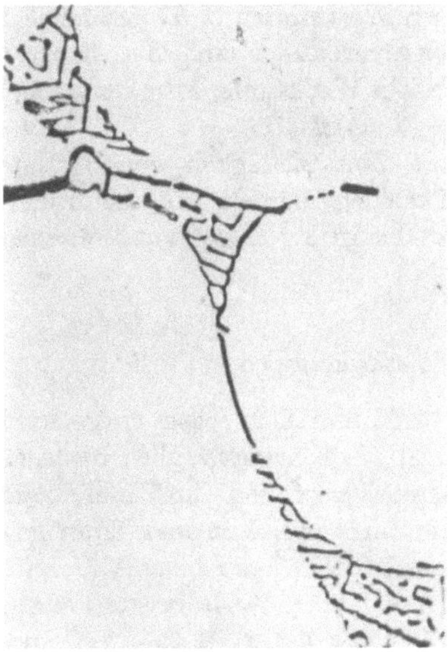

a) V = 800:1
GROESBECK-Ätzung auf Karbide

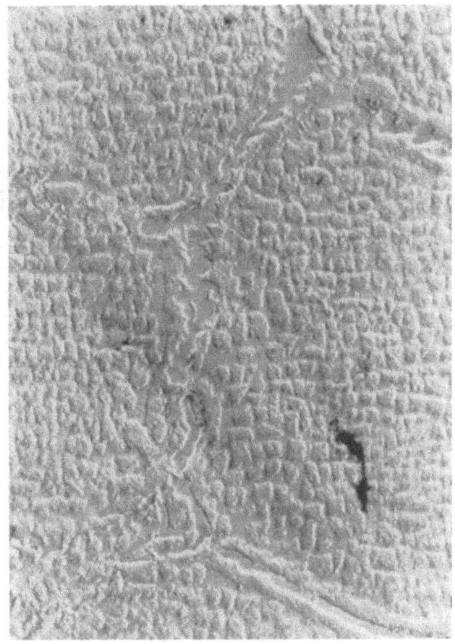

b) V = 2000:1
Normalätzung

nicht wärmebehandelt

Abb. 6. Ni–Cr-Hochtemperaturwerkstoff LW 2361 mit erhöhtem Ti- und B-Gehalt

Entwicklung des Legierungstyps LW 2362

Nachdem eine weitere Steigerung der Zeitstandfestigkeit in nennenswertem Umfang an dem bisher besprochenen Legierungstyp LW 2361, zumindest ohne erheblichen Aufwand, nicht zu erwarten war, lag es nahe, durch grundsätzliche Veränderung der Zusammensetzung zum Ziel zu gelangen. So wurde der günstige Einfluß, den Kobalt auf die Warmfestigkeit ausübt, genutzt und ein Teil des Nickels durch Kobalt ersetzt. Weiterhin wurde der Titangehalt auf Kosten von Chrom und Aluminium erhöht, der Borgehalt wieder auf 0,05% erniedrigt und der Zirkongehalt auf 0,1% angehoben. Auf die gleichzeitige Zugabe von Wolfram, das in einigen Spitzenlegierungen zusätzlich enthalten ist, wurde vorerst verzichtet, ebenso auf einen Vanadinzusatz, nachdem bei einem Stichversuch eine wesentliche Verschlechterung der mechanischen Werte eingetreten war.

Mit dieser Legierung konnte im nicht wärmebehandelten Zustand eine Zeitstandfestigkeit von $\sigma_{B_{100/900^\circ}} = 30$ kp/mm² erreicht werden. Die Bruchdehnung liegt dabei zwischen 5% und 8%. Die Legierung LW 2362 zeichnet sich gegenüber LW 2361 weiterhin durch eine geringere Streuung der Zeitstandfestigkeitswerte aus.

Wärmebehandlungen haben auch hier keine eindrucksvolle Verbesserung gebracht. Nach den bisher durchgeführten Versuchen konnte nur eine Festigkeitserhöhung um ca. 1 kp/mm² erreicht werden, wobei die Dehnung nicht abgesunken ist.

Weitere Prüfungen an beiden besprochenen Werkstoffen, z. B. bezüglich ihres Kerbschlagverhaltens, des Temperaturwechselverhaltens und des Korrosionsverhaltens, sind in den Laboratorien des Bereichs Werkstoffe, Pirna, und des Entwicklungsbaus Pirna angelaufen.

Um über die Schmelztechnologie und die Einsatzfähigkeit von Fertigteilen nähere Aufschlüsse zu erhalten, wurden Turbinenschaufeln und Laufräder abgegossen (Abb. 7). Nach den bisherigen Befunden ist der Abguß von Vollschaufeln und Laufrädern einwandfrei gelungen.

Entwicklung von Knetlegierungen

Die Entwicklung hochwarmfester Werkstoffe auf Nickelbasis erstreckte sich in unserem Institut auch auf Knetlegierungen, wobei ursprünglich beabsichtigt war, die Gußlegierung LW 2361 als Grundlage zu verwenden. Im Hinblick auf die Verformbarkeit sind aber z. B. den Zugaben an Aluminium und Titan gewisse Grenzen gesetzt, und es zeigte sich auch sehr bald, daß der hohe Al-Gehalt der Legierung LW 2361 eine Verformung unmöglich macht. Andererseits waren gute Zeitstandwerte nach Erniedrigung des Al-Zusatzes auf z. B. 2–3% kaum zu erwarten. Unter Berücksichtigung der Einflüsse, die auch den Elementen Kobalt, Molybdän, Wolfram und Bor im Zusammenwirken mit Aluminium und Titan bezüglich Duktilität und Kriechverhalten beizumessen sind, war es zweckmäßig, völlig neue Wege zu beschreiten. Zwei Legierungsgruppen sind auf Grund von Vorversuchen als besonders erfolgversprechend ausgewählt worden, wovon die eine auf Nickel–Chrom–Kobalt basiert (Cr = 18–20%, Co = 16–19%, Mo = 3–5%, Al + Ti = 5–8%) und die andere an Stelle von Kobalt 6–7% W enthält. Cr, Mo, Al + Ti liegen in ähnlicher Höhe wie bei der Nickel–Chrom–Kobalt-Gruppe. Weiterhin enthalten beide Legierungsgruppen geringe Mengen an C, Mn, Si, Fe und B.

Das günstigste Temperaturintervall für die Warmverformung wurde durch Stauchversuche mit Hilfe eines Fallhammers ermittelt und liegt für die erste Verformung der Ingots bei 1150–1200 °C. Dabei handelt es sich jedoch mehr um Anhaltswerte, weil die Anwärmtemperatur für die Verformung von den jeweiligen Umformbedingungen abhängt. Die Stauchproben bieten aber zusätzlich den Vorteil, daß – zumindest in erster Sicht – auch der Einfluß der Legierungskomponenten auf die Duktilität ermittelt werden kann. Die Erzielung einer ausreichenden Duktilität zur rißfreien Umwandlung des Gußgefüges in ein Verformungsgefüge ist ja weitgehend von der Abstimmung der Legierungskomponenten zueinander abhängig. Es hat sich z. B. als zweckmäßig erwiesen, bei Anwesenheit von Bor auf Zirkon zu verzichten und einen gewissen Eisengehalt zur Verbesserung der Duktilität vorzusehen.

Ein Freiformschmieden ist bei den hier in Frage kommenden Legierungen nicht möglich. Dagegen lassen sich beide Werkstoffe walzen, wobei sich sowohl das Walzen von Bändern aus flachen Ingots als auch von Stangen im Kaliberwalzwerk mit Achtkantkalibrierung aus Rundblöcken einwandfrei durchführen läßt. Das Strangpressen, insbesondere mit Mantel, kann bei Verwendung der Glas-

a) Schaufeltraube

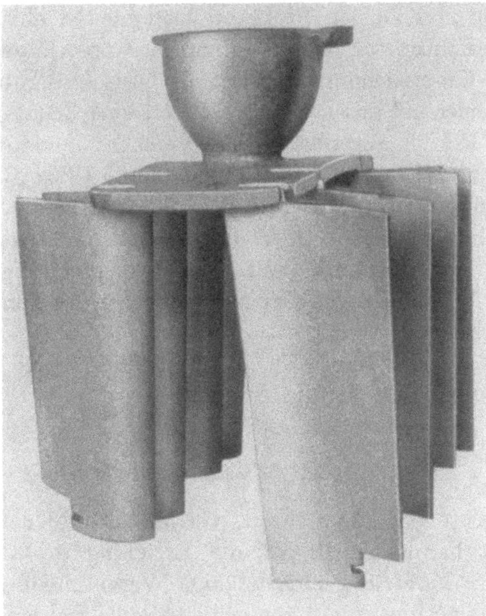

b) Verdichterrad für Kleinturbine

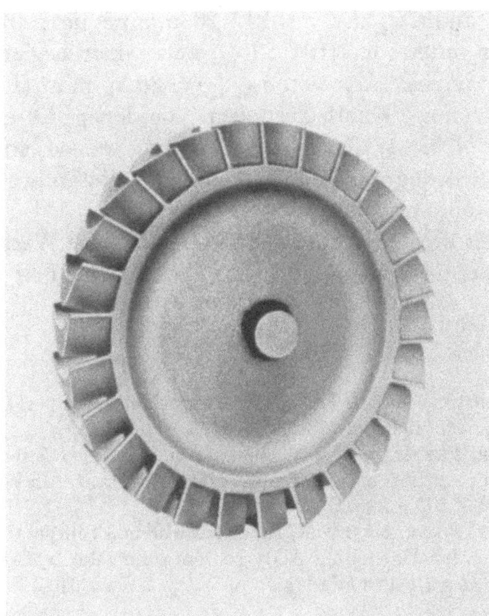

Abb. 7. Turbinenteile aus der warmfesten Gußlegierung LW 2361, hergestellt nach dem Wachsausschmelzverfahren

schmierung und kleinen Preßgeschwindigkeiten ebenfalls als ein gut geeignetes Umformverfahren für beide Legierungsgruppen bezeichnet werden.[1]) Nach den bisherigen Untersuchungen besitzt der beste Legierungstyp der Ni–Cr–Co-Gruppe neben ausreichend guter Verformbarkeit eine Zeitstandfestigkeit von 20 kp/mm² bei 900 °C Prüftemperatur im 100-h-Versuch; die Standzeit beträgt bei 18 kp/mm² Belastung im Mittel 170 h, die Bruchdehnung 18%. Bei 12 kp/mm² Belastung und 900 °C Prüftemperatur beläuft sich die Standzeit im Mittel auf 1400 h (Bruchdehnung 15%). Die Ni–Cr–W-Legierungen liegen mit einer Zeitstandfestigkeit von $\sigma_{B_{100/900^\circ}} = 14$ kp/mm² und einer Bruchdehnung von im Mittel 9% etwas niedriger. Ergebnisse von Langzeitversuchen bei Temperaturen von 700–800 °C stehen noch aus.

Legierungen der Ni–Cr–Co-Gruppe befinden sich für einige industrielle Verwendungszwecke im Einsatz.

Zusammenfassung

Die beschriebene Entwicklung von Guß- und Knetlegierungen auf Nickelbasis ist vorerst hauptsächlich auf die Erzielung praktischer Ergebnisse gerichtet worden, um kurzfristig einsatzfähige Werkstoffe bereit zu haben. Die Untersuchungen sind noch nicht abgeschlossen und werden, insbesondere bezüglich der Deutung von Ausscheidungen und deren Einflusses auf das mechanische Verhalten der Werkstoffe, weitergeführt.

Es wird die Entwicklung einer Legierung auf Ni–Cr-Basis beschrieben, die zu einer Zeitstandfestigkeit von 24–25 kp/mm² im 100-h-Versuch bei 900 °C Prüftemperatur geführt hat (LW 2361), sowie einer Legierung auf Ni-Cr-Co-Basis mit einer Zeitstandfestigkeit von $\sigma_{B_{100/900^\circ}} = 30$ kp/mm² (LW 2362).

Zwei warmfeste Knetlegierungen, von denen die eine auf Ni–Cr–Co- und die zweite auf Ni–Cr–W-Basis aufgebaut ist, weisen gute Umformfähigkeit durch Walzen und Strangpressen auf und haben Zeitstandwerte von $\sigma_{B_{100/900^\circ}} = 20$ kp/mm² bzw. 14 kp/mm² ergeben.

Die Arbeit wurde im Auftrage des Instituts für Werkstoffe, Pirna, durchgeführt, dem wir für die Genehmigung zur Veröffentlichung unseren Dank aussprechen.

Literatur

[1] Pennington, W. J., Improvement in High-Temperature Alloys by Boron and Zirconium. Metal Progr. **73** (1958) H. 3, 82–86.

[2] Decker, Freeman, The Mechanism of Beneficial Effects of Boron and Zirconium on Creep Properties of a Complex Heat-Resistant Alloy. Trans. Metallurg. Soc. AIME **218** (1960) 277–285.

[3] Decker, Rowe, Freeman, Relations of High-Temperature Properties of a Nickel-Base Precipitation-Hardening Alloy to Contamination by Crucibles. High-Temp. Materials, Hehemann u. Ault, Verlag John Wiley & Sons, Inc., London/New York 1959.

---

[1]) Die Strangpreßversuche wurden im Bereich Umformtechnik des Institutes für Fertigungstechnik Zwickau durchgeführt, wofür wir auch an dieser Stelle unseren Dank aussprechen.

[4] GLENNY, E., Alloys for Aircraft Gas-turbine Rotor Blades. Foundry Trade Journ. **111** (1961) Nr. 2335, 293–302.
[5] PRIDANCEV, Některé otázky žárupevnosti ocelí a slitin. (Einige Fragen über die Warmfestigkeit von Stählen und Legierungen.) Hutnické Listy **14** (1959) H. 12, 1154–1158. (Symposium über Probleme der Entwicklung warmfester Stähle und Legierungen, Mariánské Lázně, 11.–13. 9. 59.)
[6] MORRIS, R. J., René 41 ... New Higher-Strength Nickel-Base Alloy. Metal Progr. **76** (1959) H. 6, 67—70.
[7] BETTERIDGE, FRANKLIN, SMITH, Verfahren zum Herstellen von Gegenständen aus Ni-Cr-Co-Al-Legierungen. Auslegeschrift 1133566, Anmeld. International Nickel Co. Ltd., London.
[8] RICHMOND, F. M., The Effect of Vacuum Melting on High-Temperature Properties of Nickel-Base Superalloys. High-Temp. Materials, HEHEMANN u. AULT, Verlag John Wiley & Sons, Inc., London/New York 1959.
[9] DOUGLAS, D. A., WEIR, J. R., The Recrystallization and Grain Growth of Inconel. Oak Ridge National Laboratory ORNL-2406 Metallurgy and Ceramics (U. S. Atomic Energy Commission), Atomkernenergie-Dokumentation beim Gmelin-Institut S. 1–29.
[10] KLEMM, H., Segregation und warmfestes Verhalten. Metall **13** (1959) H. 8, 752–759.
[11] ALLEN, N. P., Engineering Properties of Metals at High Temperatures. Aus: Behaviour of Metals at Elevated Temperatures, Illiffe & Sons Ltd., London, Phil. Library, New York 1957.
[12] HAYNES, F. G., WOOD, D. R., Some Effects of Grain-size on the Mechanical Properties of Nimocast. Met. Treatment **27** (1960) H. 177, 219–223.

DISKUSSION

Zum Vortrag Dipl.-Chem. I. Kalning

Prof. Dr. J. Kubelík (Košice, ČSSR)

Herr Kalning sagte, daß Phosphor entweder als Nickel-Phosphor oder als Kupfer-Phosphor zugesetzt wurde. Die mechanischen Eigenschaften der mit Nickel-Phosphor hergestellten Proben waren eindeutig besser. Sind nun die schlechteren Ergebnisse bei den Proben mit Kupfer-Phosphor auf einen Kirkendall-Effekt zurückzuführen?

Eine zweite Frage betrifft die Korrosionsbeständigkeit der Proben. Die Löslichkeit von Kupfer im Stahl ist bei der Sinter- und Raumtemperatur unterschiedlich. Beim Abkühlen der Proben nach dem Sintern ist zu erwarten, daß Kupfer sich vorzugsweise an den Korngrenzen ausscheidet und dort die interkristalline Korrosion begünstigt. Die hier angewandte Methode der Korrosionsprüfung setzt aber einen flächenhaften Angriff voraus. Sind zwischen den Proben mit Nickel-Phosphor- und Kupfer-Phosphor-Zusatz Unterschiede im Korrosionsverhalten beobachtet worden?

Dipl.-Chem. I. Kalning

Die bei der Verwendung von Nickel-Phosphor und Kupfer-Phosphor als sinterfördernde Zusätze bei gleichem Phosphorgehalt auftretenden Unterschiede in der Dichte und in den mechanischen Eigenschaften der Proben könnten mit dem Kirkendall-Effekt erklärt werden. Da die Proben allerdings nur eine Dichte bis höchstens 7,6 g/cm^3 aufweisen, ist es schwierig zu entscheiden, ob die vorhandenen Poren noch von ungenügender Verdichtung herrühren oder erst nachträglich durch Diffusion entstanden sind. Ein Kirkendall-Effekt läßt sich einwandfrei nur am kompakten Werkstoff nachweisen.

Aus der Literatur ist bekannt, daß bis zu 4% Cu im Chrom-Nickel-Stahl gelöst bleiben und seine Beständigkeit gegen Schwefelsäure erhöhen. Bei unseren Versuchen hatten nur die Proben mehr als 5% Cu, denen Kupfer und Phosphor als Vorlegierung zugesetzt worden waren und die über 0,6% P enthielten. Da die besten mechanischen Eigenschaften bei Gehalten unter 3% Cu und 0,6% P auftreten, wurden höhere Kupfergehalte nur für Vergleiche angewandt. Im Gefüge von Proben mit niedrigen Kupfer- und Phosphorgehalten waren Korngrenzenausscheidungen nicht erkennbar. Ein interkristalliner Angriff war bei dem angewandten Prüfverfahren nicht nachweisbar.

Zum Vortrag Dr. A. Merz/Dipl.-Chem. H. Kotsch

Dozent Dr. W. Rutkowski (Kraków, Volksrepublik Polen)

Die Größen *h* und *r* sind auch von der Tropfengröße abhängig.

Wie wurde dieser Einfluß berücksichtigt?

Bei Benetzungsversuchen besteht eine Wechselwirkung zwischen den drei Phasen: fest flüssig und gasförmig. Welcher Art ist die Gasphase bei den beschriebenen Versuchen?

Dr. A. Merz

Der Zusammenhang zwischen den aus der Tropfenform bestimmbaren Größen h und r und der Größe a, die zur Berechnung der Oberflächenspannung notwendig ist, wurde von T. Lohnstein und A. Heydweiller tabelliert. Die Größe des Tropfens, die bei allen Versuchen annähernd konstant gehalten wurde, war so gewählt worden, daß sie innerhalb des tabellierten Bereichs lag.

Die Versuche wurden in einem Ofen unter verhältnismäßig gutem Vakuum durchgeführt. Die Gasatmosphäre wird bestimmt durch den Dampfdruck des Metalls; der Dampfdruck des Zirkoniumborids ist zu vernachlässigen. Auch wenn die Größe des Tropfens durch Verdampfung abnahm, beeinflußte dies nicht die Ergebnisse der anschließenden Berechnungen.

Prof. Dr. C. Agte (Immelborn, Deutsche Demokratische Republik)

Das Benetzungsverhalten zwischen Metallen und Schwermetallboriden ist von großer technischer Bedeutung und wurde auch in Immelborn untersucht. Werkstoffe aus Schwermetallboriden sind bis jetzt nur mit einer Festigkeit von 40–50 kp mm^{-2} herstellbar. Sie ist für den praktischen Gebrauch als Schneidwerkstoff zu gering, während Härte und Verschleißfestigkeit eine technische Anwendung zweifellos erwarten lassen. Es wäre wünschenswert, wenn ein geeignetes Bindemetall gefunden würde. Sind im Zusammenhang mit den Benetzungsversuchen hierüber Untersuchungen durchgeführt worden?

Dr. A. Merz

Unsere Untersuchungen sollten zunächst klären, für welche Metalle Zirkoniumborid als Verdampferschiffchen geeignet ist. Die Ermittlung eines geeigneten Bindemetalls für Schwermetallboride ist jedoch auch für unsere Arbeiten von großem Interesse.

Zum Vortrag Dr.-Ing. E. Strobel

Prof.-Ing. A. Domşa (Cluj, Volksrepublik Rumänien)

War im Gefüge der Eisen–Graphit-Verbundwerkstoffe freier Zementit vorhanden? Mit welchen Schmiermitteln wurde gearbeitet?

Dr.-Ing. E. Strobel

Bei der Herstellung der Eisen–Graphit-Verbundwerkstoffe waren wir bemüht, die Technologie so zu leiten, daß ferritisch-perlitisch-graphitische Gefüge entstehen. Freier Zementit wurde durch niedrige Sintertemperaturen unterhalb 1000 °C und durch eine spezielle Abkühlungsmethode vermieden. Bei höheren Sintertemperaturen trat teilweise freier Zementit auf, doch wurden Untersuchungen hierüber nicht durchgeführt. Zur zweiten Frage sei angeführt, daß nur feste Schmiermittel wie Graphit, Blei, Kupfer, Zinn u. ä. verwendet wurden.

Prof. Dr. C. Agte (Immelborn, Deutsche Demokratische Republik)

Wurde auch Molybdändisulfid verwendet?

Dr.-Ing. E. Strobel

Dies ist versuchsweise geschehen. Die von E. Gilbert, H. Wiemer und R. Hanebuth [1] gemachten schlechten Erfahrungen waren nicht nachweisbar. Es konnten aber auch keine wesentlichen Vorteile bei Zusätzen von Molybdändisulfid festgestellt werden.

Dr. W. Jellinghaus (Düsseldorf, Bundesrepublik)

Mich hat das Thema des Eisen–Graphit-Werkstoffs sehr interessiert, weil ich mich bei Untersuchungen an Gußeisen mit der Frage der Beständigkeit des Zementits befaßt habe und mich auch damit beschäftigte, massiven Zementit herzustellen. Deswegen wollte ich fragen, ob der Zementit, von dem eben gesagt wurde, daß er bei hohen Sintertemperaturen gelegentlich entsteht, auf die Dauer beständig ist und auch bei nachträglichem Glühen bei tieferen Temperaturen beständig bleibt. Sind solche Versuche gemacht worden? Aus meinen Erfahrungen kann ich sagen, daß der Zementit in feinkörniger Form schon bei Temperaturen um 450 °C zum Zerfall neigt, und zwar auch ohne das Vorhandensein von Stoffen wie Silizium und Kieselsäure oder unter Begleitumständen, welche die Graphitisierung fördern. Bekannterweise ist die Bildungswärme des Zementits außerordentlich gering, und es ist heute noch umstritten, ob das metastabile System Eisen–Kohlenstoff in Gegenwart von Graphit existenzfähig ist. Bei Gußeisen sind die Übergangsgefüge wie Ledeburit, in dem Zementit auftritt, aber auch die Graphitisierung lokal anfängt, bekannt. Bei Ihren Arbeiten gehen Sie eigentlich von dem stabilen System Eisen–Graphit aus. Kommen Sie hierbei auf das metastabile System Eisen–Kohlenstoff und haben Sie die Erfahrung gemacht, ob diese Übergänge an die Gegenwart weiterer Bestandteile gebunden sind, die die Beständigkeit des Zementits begünstigen? Spielen dabei auch Raumfragen eine Rolle oder gibt es für den Übertritt aus dem stabilen System Eisen–Graphit in das metastabile System Eisen–Kohlenstoff Temperaturgrenzen? Ich selbst habe mich außerordentlich gewundert, daß Zementit in unlegiertem Gußeisen, also ohne Zusatz von Silizium und dergleichen, bei tagelangem Glühen bei 1050 °C außerordentlich beständig ist. Wenn der für die Graphitisierung benötigte freie Raum nicht zur Verfügung steht, begünstigt dies offenbar die Beständigkeit des Zementits. Falls Sie diesen außerordentlich interessanten Übertritt aus dem Eisen–Graphit gefunden haben, möchte ich Sie um Aufklärung dieser Dinge bitten.

Prof. Dr. Dr.-Ing. F. Eisenkolb

Im Jahre 1944 wurden im Kaiser-Wilhelm-Institut für Eisenforschung von H. Wiemer und W. A. Fischer [2] Untersuchungen an Sinterkörpern aus Eisen und Kohlenstoff bei Sintertemperaturen von 1000°–1200 °C in verschiedenen Sinteratmosphären und im Vakuum durchgeführt. Einzelheiten kann ich im Moment dazu nicht nennen. Außerdem liegen sowjetische Arbeiten von W. I. Lichtman und Mitarbeitern [3] über die Sinterung von Eisen und Graphit und über die Übergänge, die sich hier ergeben, vor. In unserem Falle wurden diese an sich sehr interessanten Vorgänge deshalb nicht weiter verfolgt. Die vorhandenen Unterlagen reichten zunächst aus, einen praktisch verwertbaren Werkstoff zu entwickeln.

Dr. St. Drápal (Prag, ČSSR) weist darauf hin, daß der Zementit an sich instabil ist, durch Zusätze von Mangan oder Chrom kann es aber zur Bildung von Zementit beim Sintern kommen. Die Bildung von Zementit hängt also von der Reinheit bzw. von den Zusätzen zu dem Eisenpulver nach seiner Meinung ab [4, 5].

Dr. W. Jellinghaus bestätigt diese Auffassung und erkundigt sich nach den im verwendeten Eisenpulver enthaltenen Beimengungen.

Prof. Dr. Dr. F. Eisenkolb erklärt, daß das verwendete, aus Blechabfällen hergestellte Hametag-Pulver keine hohen Silizium- oder Mangangehalte aufweist; das gleiche gilt für das ebenfalls verwendete verdüste Eisenpulver.

Dr. W. Cegielski (Gliwice, Volksrepublik Polen)

Muß der Werkstoff Zinn–Bronze–Graphit unter Druck abgekühlt werden? Warum waren Belastungen über 15 kp/cm² bei Gleitgeschwindigkeiten über 1,1 m nicht möglich?

Dr.-Ing. E. Strobel

Bei Abkühlung ohne Druck bläht sich das Material schwammartig auf. Was die Belastungsgrenze anlangt, so kann gesagt werden, daß nach den gezeigten Grenzbelastungskurven aus den Lagerversuchen bei 1,1 m/sec auch hohe Belastungen bis etwa 75 kp/cm^2 möglich sind. Bei pendelnden Bewegungen oder bei ebenen Gleitflächen haben die Versuche in der Praxis noch weit höhere Belastungsmöglichkeiten ergeben.

[1] Gilbert, E., Wiemer, H., Hanebuth, R., Versuche über den Einfluß von Molybdändisulfid auf die Gleiteigenschaften von Sintermetall- und Kunstkohlelagern. Schmiertechnik **3** (1956) H. 2, 74–77.

[2] Wiemer, H., Fischer, W. A., Sinterkörper aus Eisen und Kohlenstoff. Arch. Eisenhüttenw. **19** (1948) 125–35; Mitt. K.-Wilh.-Inst. Eisenforschg., Abh. 470.

[3] Lichtman, W. I., Smirnowa, I. N., Phasenumwandlungen im pulvermetallurgischen System Eisen–Graphit beim Sintern. Ber. Akad. Wiss. UdSSR, Bd. 86 (1952), H. 9, 1151–1153 (vgl. F. Eisenkolb, Die neuere Entwicklung der Pulvermetallurgie, VEB Verlag Technik, Berlin 1955, S. 245).

[4] Drápal, St., Die Thermodynamik der Graphitbildung in Eisenlegierungen. Freiberger Forschungsh. Reihe B **35** (1959) 98–111.

[5] Drápal, St., Contribution à la théorie de la décomposition de la cémentite dans les fontes malléables. Mém. sci. Rev. Métallurgie **59** (1962) H. 4, 263–272.

Zum Vortrag Dipl.-Met. H. D. Wiesinger

Dipl.-Ing. H. Wich

Handelt es sich bei den Oxidpartikeln wirklich um Oxide oder liegt nicht etwa eine Versetzungsätzung vor?

Dipl.-Met. H. D. Wiesinger

Die Oxidpartikel wurden von uns lichtmikroskopisch und elektronenmikroskopisch untersucht. Die Ergebnisse stehen im Einklang mit Beobachtungen von Ferro, Sari und Venturello [1] an Eisen-Silizium. Ein ganz ähnliches Oxydationsverhalten zeigen auch Nickel-Chrom-Legierungen [2]. Eine Beziehung zwischen Oxidkernen und Versetzungen ist möglich [3].

Prof. Dr. P. Ryš (Brno, ČSSR)

Ich habe zwei Fragen: In welcher Weise wird die Einstellung der Probe durchgeführt, um eine gute Stromübertragung zu sichern und dennoch die Entstehung von Spannungen bei der Wärmeausdehnung zu verhindern? Wie sieht die Temperaturverteilung längs der Probe aus?

Dipl.-Met. H. D. Wiesinger

Die Probeneinspannung zeigt die beigefügte Abbildung. Der Anpreßdruck der sehr schwachen Feder (Bild oben) war so gering, daß es bei Blechen von über 0,08 mm Dicke zu keiner Durchbiegung der Probe kam. Der elektrische Kontakt war trotzdem gut. Bei 50 μm-Blechen wurde die Probe unter sehr geringem Zug gehalten (unteres Bild). Das Temperaturgefälle zu den elektrischen Kontakten kann je nach Wunsch durch die Probenform beeinflußt werden. Durch Kerben nahe den Probenenden können z. B. ein steiles Temperaturgefälle und ein großes Gebiet ziemlich gleichmäßiger Temperatur in Probenmitte erzielt werden.

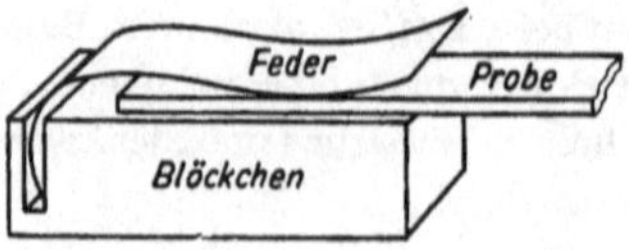

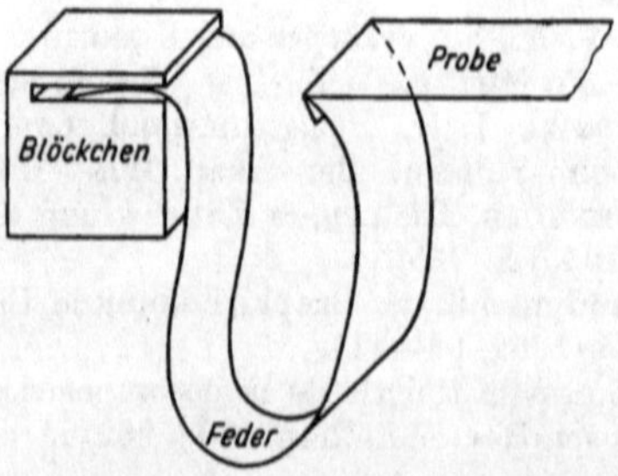

Halterung der Probe im Mikroskopierheiztisch

[1] Ferro, A., Sari, C., Venturello, G., Metallurgia Ital. **50** (1958) 484.
[2] Moreau, J., Benard, J., J. Inst. Metals **83** (1954) 87.
[3] Young jr., F. W., Acta metallurg. 8 (1960) 117.

Zum Vortrag Dr.-Ing. A. Hentsch

Doz. Dr. W. Rutkowski (Kraków, Volksrepublik Polen)

Wurde bei den Feinwanderungsmessungen auch der Widerstand des Schaltkreises berücksichtigt?

Dr.-Ing. A. Hentsch

In dem Diagramm, das den Einfluß der Induktivität auf die Feinwanderung zeigte, mußte zur Einhaltung des Kurzschlußstroms beim Anlegen einer bestimmten Spannung auch der Ohmsche Widerstand geändert werden. Die gezeigten Diagramme stellten jedoch nur einen kleinen Ausschnitt aus der Arbeit dar, welche teilweise bereits durchgeführt wurde, zum großen Teil jedoch noch durchzuführen ist.

In dem festgelegten Arbeitsprogramm ist die Untersuchung des Einflusses der verschiedenen Parameter auf die Feinwanderung vorgesehen, wobei der Einfluß des Ohmschen, des induktiven und kapazitiven Widerstands natürlich im einzelnen noch stärker berücksichtigt wird.

FSC
www.fsc.org
MIX
Papier | Fördert gute Waldnutzung
FSC® C083411

Zeitfracht Medien GmbH
Ferdinand-Jühlke-Straße 7
99095 Erfurt, Deutschland
produktsicherheit@kolibri360.de